超值版

Windows 10 入门与提高

龙马高新教育 编著

人民邮电出版社
北京

图书在版编目（CIP）数据

Windows 10入门与提高 ：超值版 / 龙马高新教育编著. -- 北京 ：人民邮电出版社，2017.4（2022.8重印）
ISBN 978-7-115-45071-5

Ⅰ. ①W… Ⅱ. ①龙… Ⅲ. ①Windows操作系统 Ⅳ. ①TP316.7

中国版本图书馆CIP数据核字(2017)第035932号

内 容 提 要

本书通过精选案例引导读者深入学习，系统地介绍了 Windows 10 的相关知识和应用技巧。

全书共 11 章。第 1～2 章主要介绍 Windows 10 的基础知识、安装方法和基本操作等；第 3～4 章主要介绍 Windows 10 的个性化设置和 Windows 用户账户的管理方法等；第 5～6 章主要介绍电脑打字的方法以及文件、文件夹和软硬件的管理方法等；第 7～9 章主要介绍组建与配置网络的方法、多媒体娱乐以及在 Windows 10 中如何上网等；第 10 章主要介绍电脑系统的优化与维护方法等；第 11 章主要介绍 Windows 10 的实战秘技，包括使用 OneDrive 和云盘同步数据，以及 Windows 10 的常用快捷键等。

在本书附赠的 DVD 多媒体教学光盘中，包含了与图书内容同步的教学录像。此外，还赠送了大量相关学习内容的教学录像及扩展学习电子书等。

本书不仅适合 Windows 10 的初、中级用户学习使用，也可以作为各类院校相关专业学生和计算机培训班学员的教材或辅导用书。

♦ 编　　著　龙马高新教育
　责任编辑　张　翼
　责任印制　彭志环

♦ 人民邮电出版社出版发行　　北京市丰台区成寿寺路 11 号
　邮编　100164　　电子邮件　315@ptpress.com.cn
　网址　http://www.ptpress.com.cn
　北京九州迅驰传媒文化有限公司印刷

♦ 开本：700×1000　1/16
　印张：15　　　　2017 年 4 月第 1 版
　字数：350 千字　　2022 年 8 月北京第 9 次印刷

定价：29.80 元（附光盘）

读者服务热线：(010)81055410　印装质量热线：(010)81055316
反盗版热线：(010)81055315
广告经营许可证：京东市监广登字 20170147 号

前言 PREFACE

随着社会信息化的不断普及，计算机已经成为人们工作、学习和日常生活中不可或缺的工具，而计算机的操作水平也成为衡量一个人综合素质的重要标准之一。为满足广大读者的实际应用需要，我们针对不同学习对象的接受能力，总结了多位计算机高手、国家重点学科教授及计算机教育专家的经验，精心编写了这套“入门与提高”系列图书。本套图书面市后深受读者喜爱，为此我们特别推出了对应的单色超值版，以便满足更多读者的学习需求。

写作特色

从零开始，循序渐进

无论读者是否从事计算机相关行业的工作，是否接触过 Windows 10，都能从本书中找到最佳的学习起点，循序渐进地完成学习过程。

紧贴实际，案例教学

全书内容均以实例为主线，在此基础上适当扩展知识点，真正实现学以致用。

紧凑排版，图文并茂

紧凑排版既美观大方又能够突出重点、难点。所有实例的每一步操作，均配有对应的插图和注释，以便读者在学习过程中能够直观、清晰地看到操作过程和效果，提高学习效率。

单双混排，超大容量

本书采用单、双栏混排的形式，大大扩充了信息容量，从而在有限的篇幅中为读者奉送了更多的知识和实战案例。

独家秘技，扩展学习

本书在每章的最后，以“高手私房菜”的形式为读者提炼了各种高级操作技巧，为知识点的扩展应用提供了思路。

书盘结合，互动教学

本书配套的多媒体教学光盘内容与书中知识紧密结合并互相补充。在多媒体光盘中，我们模拟工作、生活中的真实场景，通过互动教学帮助读者体验实际应用环境，从而全面理解知识点的运用方法。

光盘特点

5 小时全程同步教学录像

光盘涵盖本书所有知识点的同步教学录像，详细讲解每个实战案例的操作过程及关键步骤，帮助读者更轻松地掌握书中所有的知识内容和操作技巧。

超值学习资源大放送

除了与图书内容同步的教学录像外，光盘中还赠送了大量相关学习内容的教学录像、扩展学习电子书等，以方便读者扩展学习。

配套光盘运行方法

（1）将光盘放入光驱中，几秒钟后系统会弹出【自动播放】对话框。

（2）单击【打开文件夹以查看文件】链接以打开光盘文件夹，用鼠标右键单击光盘文件夹中的 MyBook.exe 文件，并在弹出的快捷菜单中选择【以管理员身份运行】菜单项，打开【用户账户控制】对话框，单击【是】按钮，光盘即可自动播放。

（3）光盘运行后会首先播放片头动画，之后进入光盘的主界面。其中包括【课堂再现】、【龙马高新教育 APP 下载】、【支持网站】3 个学习通道和【赠送资源】、【帮助文件】、【退出光盘】3 个功能按钮。

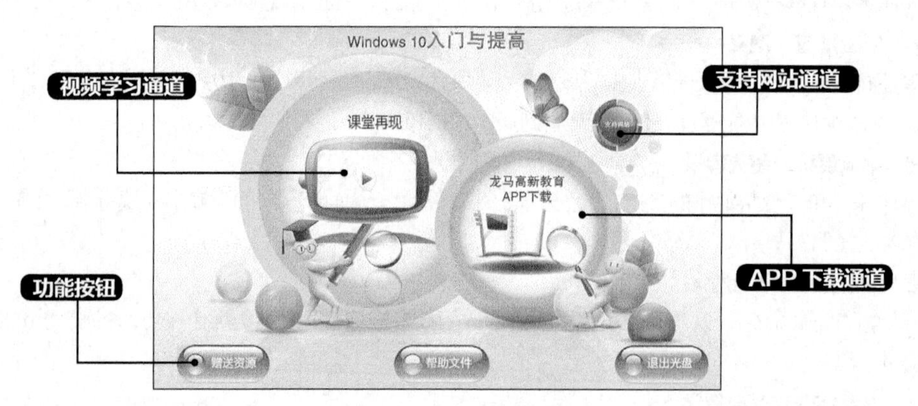

（4）单击【课堂再现】按钮，进入多媒体同步教学录像界面。在左侧的章号按钮上单击，在弹出的快捷菜单上单击要播放的节名，即可开始播放相应的教学录像。

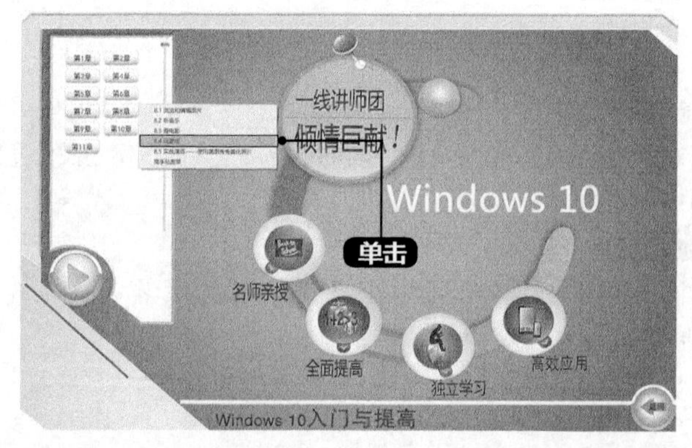

（5）单击【龙马高新教育 APP 下载】按钮，在打开的文件夹中包含有龙马高新教育的 APP 安装程序，可以使用 360 手机助手、应用宝将程序安装到手机中，也可以将安装程序传输到手机中进行安装。

（6）单击【支持网站】按钮，用户可以访问龙马高新教育的支持网站，在网站中进行交流学习。

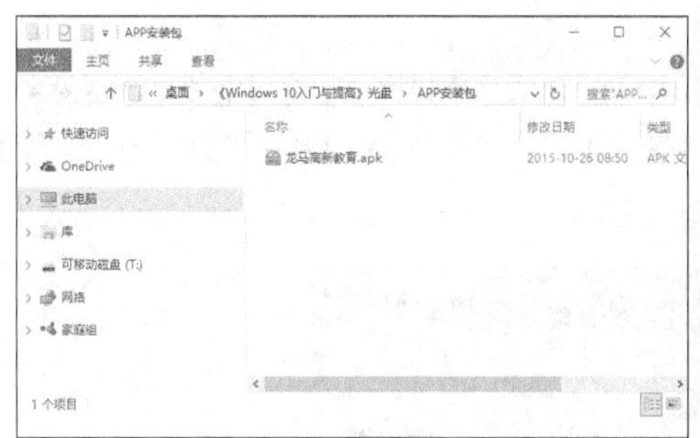

（7）单击【赠送资源】按钮，可以查看对应的学习资源。

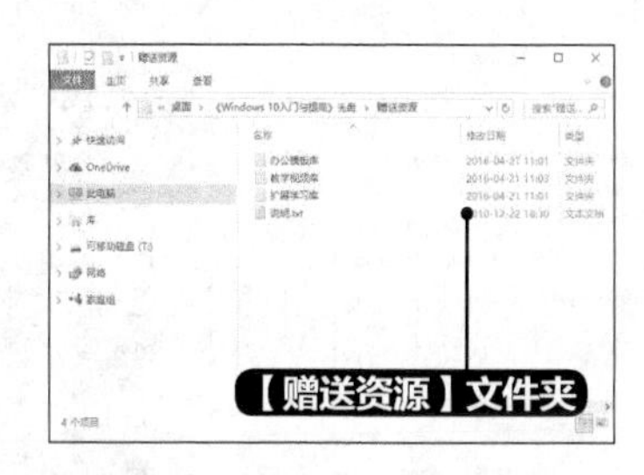

（8）单击【帮助文件】按钮，可以打开“光盘使用说明 .pdf”文档，该说明文档详细介绍了光盘在电脑上的运行环境和运行方法。

（9）单击【退出光盘】按钮，即可退出本光盘系统。

龙马高新教育 APP 使用说明

（1）下载、安装并打开龙马高新教育 APP，可以直接使用手机号码注册并登录。在【个人信息】界面，用户可以订阅图书类型、查看问题及添加的收藏、与好友交流、管理离线缓存、反馈意见并更新应用等。

（2）在首页界面单击顶部的【全部图书】按钮，在弹出的下拉列表中可查看订阅的图书类型，在上方搜索框中可以搜索图书。

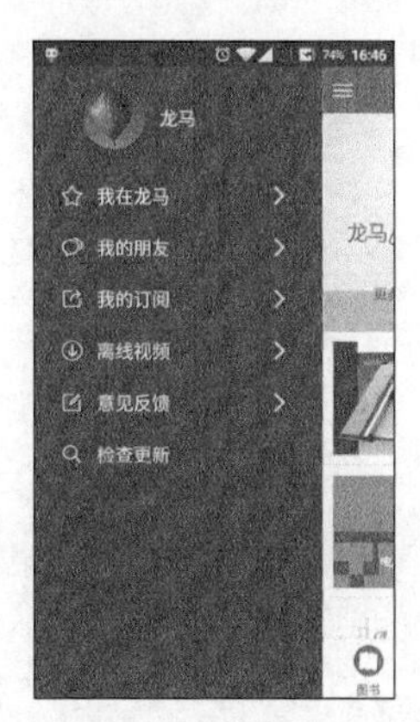

（3）进入图书详细页面，单击要学习的内容即可播放视频。此外，还可以发表评论、收藏图

书并离线下载视频文件等。

（4）首页底部包含 4 个栏目：在【图书】栏目中可以显示并选择图书，在【问同学】栏目中可以与同学讨论问题，在【问专家】栏目中可以向专家咨询，在【晒作品】栏目中可以分享自己的作品。

创作团队

本书由龙马高新教育策划，孔长征任主编，李震、赵源源任副主编。参与本书编写、资料整理、多媒体开发及程序调试的人员有孔万里、周奎奎、张任、张田田、尚梦娟、李彩红、尹宗都、王果、陈小杰、左琨、邓艳丽、崔姝怡、侯蕾、左花苹、刘锦源、普宁、王常吉、师鸣若、钟宏伟、陈川、刘子威、徐永俊、朱涛和张允等。

在本书的编写过程中，我们竭尽所能地将最好的内容呈现给读者，但也难免有疏漏和不妥之处，敬请广大读者不吝指正。读者在学习过程中有任何疑问或建议，可发送电子邮件至 zhangyi@ptpress.com.cn。

编者

目录 CONTENTS

第 1 章 认识与安装Windows 10操作系统

本章视频教学时间 22 分钟

第 2 章 Windows 10的基本操作

本章视频教学时间 20 分钟

第 3 章 Windows 10的个性化设置

本章视频教学时间 16 分钟

第 4 章 管理Windows用户账户

本章视频教学时间 14 分钟

第 5 章 电脑打字

本章视频教学时间
22 分钟

第 6 章 文件、文件夹和软硬件的管理

本章视频教学时间
22 分钟

第 7 章 网络的组建与配置

本章视频教学时间
31 分钟

第 8 章 多媒体娱乐

本章视频教学时间
29 分钟

第 9 章 Windows 10上网体验

本章视频教学时间 23 分钟

第 10 章 电脑系统的优化与维护

本章视频教学时间 20 分钟

第 11 章 Windows 10实战秘技

本章视频教学时间
9 分钟

DVD 光盘赠送资源

办公模板库

- 2000 个 Word 精选文档模板
- 1800 个 Excel 典型表格模板
- 1500 个 PPT 精美演示模板

扩展学习库

- Excel 函数查询手册
- Office 2016 快捷键查询手册
- Word\Excel\PPT 2016 技巧手册
- 常用五笔编码查询手册
- 电脑技巧查询手册
- 电脑维护与故障处理技巧查询手册
- 网络搜索与下载技巧手册
- 移动办公技巧手册

教学视频库

- Windows 10 操作系统安装教学录像
- 7 小时 Photoshop CC 教学录像
- 12 小时电脑选购、组装、维护与故障处理教学录像
- Office 2016 软件安装教学录像

第1章 认识与安装Windows 10操作系统

重点导读

本章视频教学时间：22分钟 

Windows 10是微软公司最新推出的新一代跨平台及设备应用的操作系统，涵盖PC、平板电脑、手机、XBOX和服务器端等，在使用Windows 10操作系统之前，首先要将Windows 10操作系统安装到系统中。本章将主要介绍Windows 10的安装方法。

学习效果图

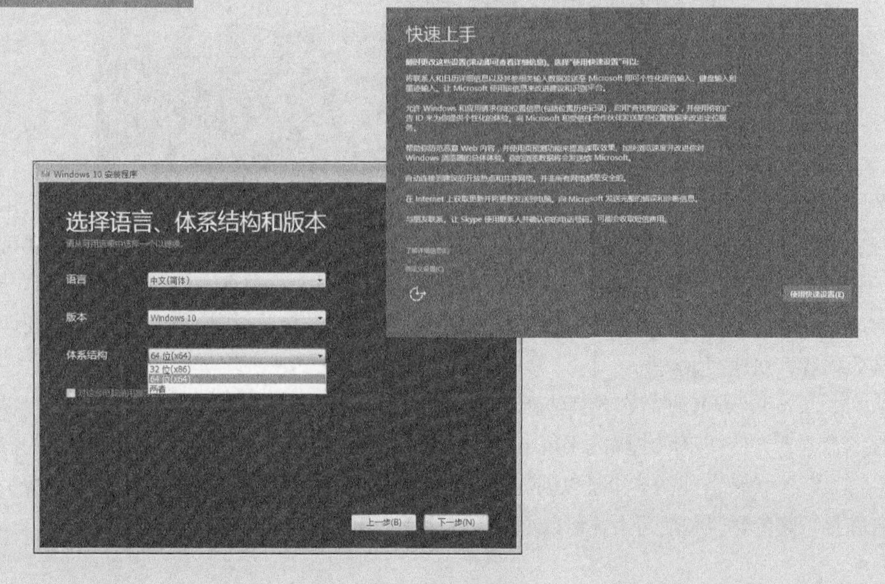

1.1 认识Windows 10

本节视频教学时间 / 6分钟

Windows 10是微软公司继Windows 8之后推出的新一代操作系统，与其他版本的操作系统相比，具有很多新特性和优点，并且完美支持平板电脑。本节主要介绍Windows 10操作系统的新特性、Windows 10各版本及配置要求等。

1.1.1 Windows 10操作系统的新特性

Windows 10操作系统结合了Windows 7和Windows 8操作系统的优点，更符合用户的操作体验，下面就来简单介绍Windows 10操作系统的新特性。

Windows 10重新使用了【开始】按钮，但采用全新的【开始】菜单，在菜单右侧增加了Modern风格的区域，将传统风格和现代风格有机地结合在一起，兼顾了老版本系统用户的使用习惯。如下图，即为Windows 10开始屏幕。

在Windows 10中，增加了个人智能助理——Cortana（小娜），它可以记录并了解用户的使用习惯，帮助用户在电脑上查找资料、管理日历、跟踪程序包、查找文件、跟你聊天，还可以推送关注的资讯等。另外，Windows 10提供了一种新的上网方式——Microsoft Edge，它是一款新推出的Windows浏览器，用户可以更方便地浏览网页、阅读、分享、做笔记等，而且可以在地址栏中输入搜索内容，快速搜索浏览。

此外，Windows 10还有许多其他新功能和改进，如增加了云存储OneDrive，用户可以将文件保存在网盘中，方便在不同电脑或手机中访问；增加了通知中心，可以查看各应用推送的信息；增加了Task View（任务视图），可以创建多个传统桌面环境；另外还有平板模式、手机助手等。相信读者在接下来的学习和使用中，可以更好地体验新一代的操作系统。

1.1.2 Windows 10 操作系统的版本

Windows 10操作系统根据不同的用户群体，共划分为7个版本，以下分别介绍。

（1）Windows 10家庭版（Home）

主要是面向个人或者家庭电脑用户，其包含了Windows 10所有基本功能。

（2）Windows 10专业版（Pro）

专业版是在家庭版的基础上提供了Windows Update for Business功能，可以控制更新部署，让用户更快地获得安全补丁，类似于Windows 7操作系统的专业版，适用于个人和企业用户。

（3）Windows 10企业版（Enterprise）

主要是在专业版基础上，增加了专门给大中型企业的需求开发的高级功能，适合企业用户，类似于Windows 7的旗舰版，只有企业用户或具有批量授权协议的用户才能够对该版本系统进行激活。

（4）Windows 10教育版（Education）

主要基于企业版进行开发，专门为了符合学校教职工、管理人员、老师和学生的需求。

（5）Windows 10移动版（Mobile）

主要面向普通消费者的移动版本，主要针对智能手机、小型平板电脑等移动设备。

（6）Windows 10移动企业版（Mobile Enterprise）

主要面向企业用户的移动版本，在移动版基础上增加了企业管理更新，适用于智能手机和小型平板设备的企业用户，只有通过批量授权协议的用户才能够激活。

（7）Windows 10物联网核心版（IoT Core）

面向物联网设备推出了超轻量级Windows 10操作系统，如智能家居和智能设备，为用户提供一块易用的应用，以控制所有联网的硬件设备。

通过对以上7个Windows 10操作系统版本的认识，一般用户主要可以选择Windows 10家庭版和专业版。

1.1.3 选择32位还是64位操作系统

在选择系统时，会发现Windows 10操作系统分为32位（x86）和64位（x64），那么32位和64位有什么区别呢？选择哪种系统更好呢？本节简单介绍32位和64位操作系统，以帮助读者选择合适的安装系统。

1．32位和64位区别

在选择安装系统时，x86代表32位操作系统，x64代表64位操作系统，而它们之间具体有什么区别呢?

（1）设计初衷不同

64位操作系统的设计初衷是：满足机械设计和分析、三维动画、视频编辑和创作，以及科学计算和高性能计算应用程序等领域中需要大量内存和浮点性能的客户需求。换句简明的话说就是：它们是高科技人员使用本行业特殊软件的运行平台。而32位操作系统是为普通用户设计的。

（2）要求配置不同

64位操作系统只能安装在64位电脑上（CPU必须是64位的）。同时需要安装64位常用软件以发挥64位（x64）的最佳性能。32位操作系统则可以安装在32位（32位CPU）或64位（64位CPU）电脑上。当然，32位操作系统安装在64位电脑上，其硬件恰似“大牛拉小车”：64位效能就会大打折扣。

（3）运算速度不同

64位CPU GPRs（General-Purpose Registers，通用寄存器）的数据宽度为64位，64位指令集可以运行64位数据指令，也就是说处理器一次可提取64位数据（只要2个指令，一次提取8字节的数据），比32位（需要4个指令,一次提取4字节的数据）提高了1倍，理论上性能会相应提升1倍。

（4）寻址能力不同

64位处理器的优势还体现在系统对内存的控制上。由于地址使用的是特殊的整数，因此一个ALU（算术逻辑运算器）和寄存器可以处理更大的整数，也就是更大的地址。比如，Windows 10 x64支持多达128 GB的内存和多达16 TB的虚拟内存，而32位CPU和操作系统最大只可支持4GB内存。

2．选择32位还是64位

关于如何选择32位和64位操作系统，用户可以从以下几点考虑。

（1）兼容性及内存

与64位系统相比，32位系统普及性好，有大量的软件支持，兼容性也较强。另外，64位内存占用较大，如果无特殊要求，配置较低的电脑，建议选择32位系统。

（2）电脑内存

目前，市面上的处理器基本都是64位处理器，完全可以满足安装64位操作系统，用户一般不需要考虑是否满足安装条件。由于32位最大只支持3.25G的内存，如果电脑安装的是4GB、8GB的内存，为了最大化利用资源，建议选择64位系统。

（3）工作需求

如果从事机械设计和分析、三维动画、视频编辑和创作，可以发现新版本的软件仅支持64位，如Matlab，因此就需要选择64位系统。

用户可以根据上述几点，选择最适合自己的操作系统。不过，随着硬件与软件的快速发展，64位将是未来的主流。

1.1.4 硬件配置要求

为了拥有更多的用户量，微软兼顾了高中低档电脑配置的用户，确保大部分电脑能够运行Windows 10 操作系统，对系统配置要求并不高，只要能够安装Windows 7 和Windows 8 操作系统的电脑都能够安装Windows 10，硬件配置要求具体如下。

处理器	1 GHz 或更快的处理器或SoC
内存	1 GB（32 位）或 2 GB（64 位）
硬盘空间	16 GB（32 位操作系统）或 20 GB（64 位操作系统）
显卡	DirectX 9 或更高版本（包含 WDDM 1.0 驱动程序）
显示器	800×600分辨率

1.2 完全安装Windows 10操作系统

本节视频教学时间 / 4分钟

了解Windows 10操作系统后，下面介绍如何安装Windows 10操作系统。

一般最为常用的安装方法是使用DVD安装盘安装和下载系统映像文件安装，本节以DVD的安装方法为例，介绍安装操作系统的步骤。

1.2.1 设置BIOS

在安装操作系统之前首先需要设置BIOS，将电脑的启动顺序设置为光驱启动。下面以技嘉主板BIOS为例介绍。

1 进入BIOS设置界面

在开机时按下键盘上的【Del】键，进入BIOS设置界面。选择【System Information】（系统信息）选项，然后单击【System Language】(系统语言)后面的【English】按钮。

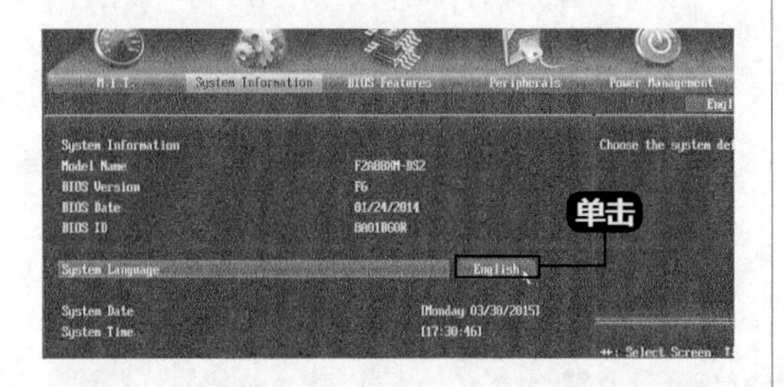

提示

不同的电脑主板，其BIOS启动热键也是不同的，如常见的有ESC、F2、F8、F9和F12等，具体可以参见主板说明书或上网查找对应主板的启动热键。

2 选择【简体中文】选项

在弹出的【System Language】列表中，选择【简体中文】选项。

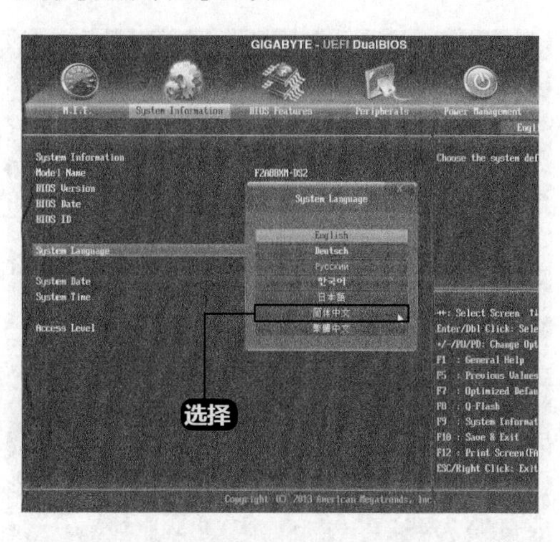

3 改成中文界面

此时，BIOS界面变为中文语言界面如下图所示。

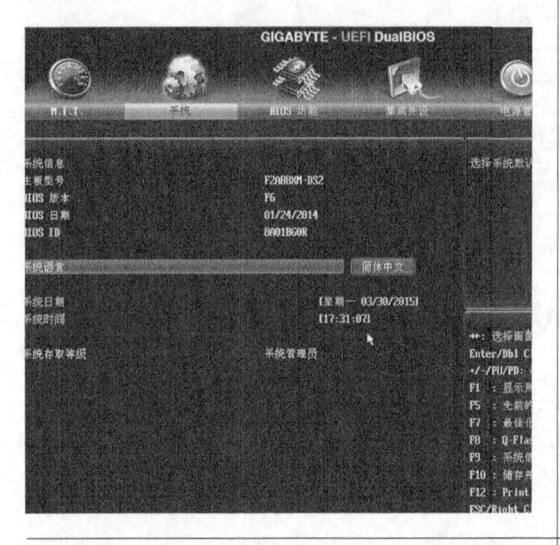

4 选择【BIOS功能】选项

选择【BIOS功能】选项，在下面功能列表中，选择【启动优先权 #1】后面的按钮 SCSIDIS... 。

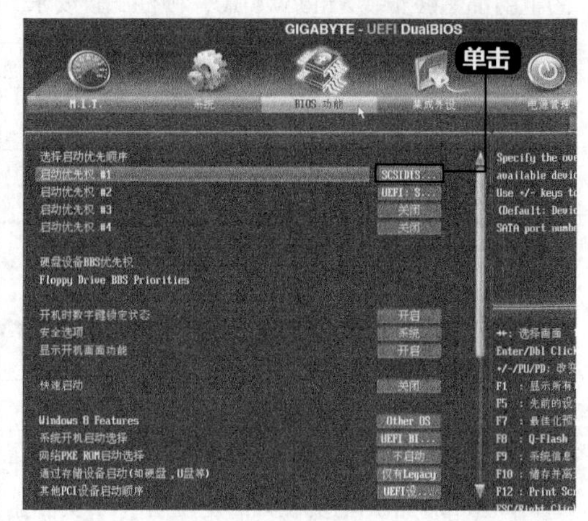

5 设置DVD光驱

弹出【启动优先权 #1】对话框，在列表中选择要优先启动的介质，如果是DVD光盘则设置DVD光驱为第一启动；如果是U盘，则设置U盘为第一启动。如下图，选择为【TSSTcorpCDDVDW SN-208AB LA02】选项设置DVD光驱为第一启动。

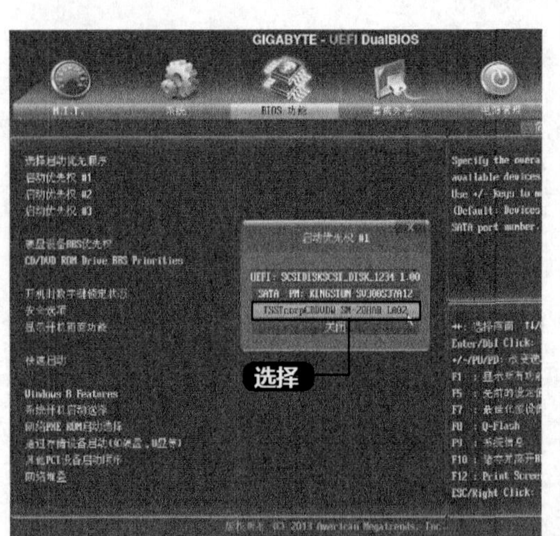

提示 在弹出的列表中，如果用户不知道哪一个选项是DVD光驱，哪一个是U盘，其实辨别最简单的办法就是，看哪一项包含“DVD”字样，则是DVD光驱；哪一个包含U盘的名称，则是U盘项。另外一种方法就是看硬件名称，右键单击【计算机】桌面图标，在弹出的窗口中，单击【设备管理器】超链接，打开【设备管理器】窗口，然后展开DVD驱动器和硬盘驱动器，如下图所示。即可看到不同的设备名称，如硬盘驱动器中包含“ATA”可以理解为硬盘，而包含“USB”的一般指U盘或移动硬盘。

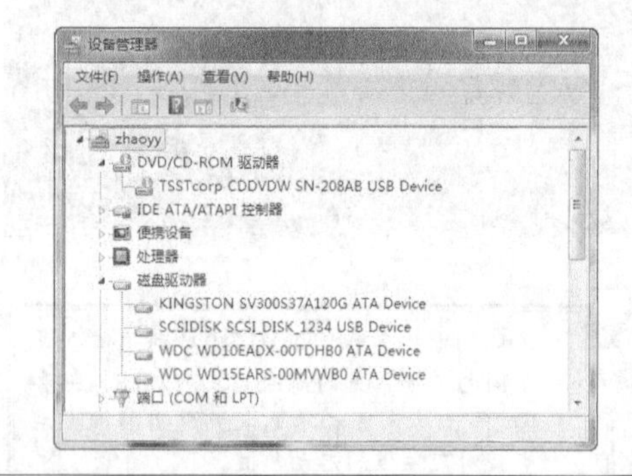

6 完成BIOS设置

设置完毕后，按【F10】键，弹出【储存并离开BIOS设定】对话框，选择【是】按钮完成BIOS设置。

1.2.2 启动安装程序

设置启动项之后，就可以放入安装光盘来启动安装程序。

1 光盘启动安装

Windows 10操作系统的安装光盘放入光驱中，重新启动计算机，出现“Press any key to boot from CD or DVD...”提示后，按任意键开始从光盘启动安装。

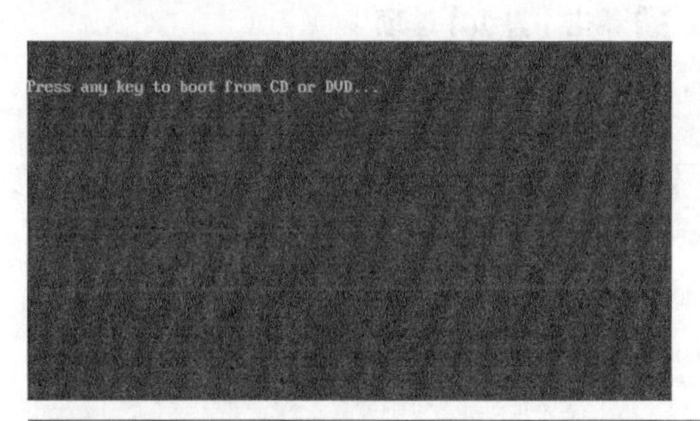

2 安装程序

在Windows 10安装程序加载完毕后，将进入下图所示界面，用户无需任何操作。

3 单击【下一步】按钮

启动完毕后，弹出【Windows 安装程序】窗口，设置安装语言、时间格式等，用户可以保持默认，直接单击【下一步】按钮。

4 单击【现在安装】按钮

单击【现在安装】按钮，开始正式安装。

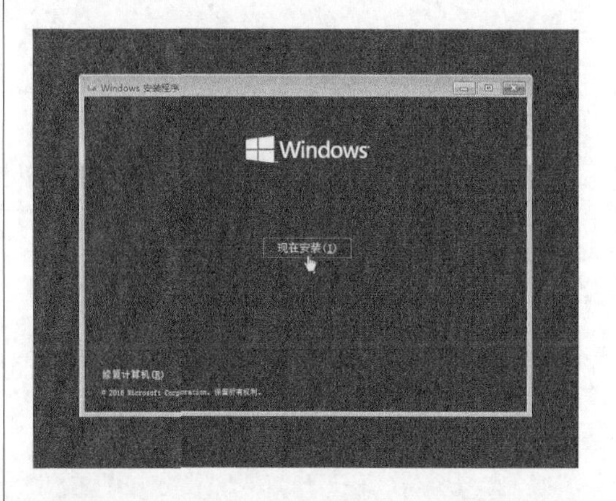

提示

单击【修复计算机】选项，可以修复已安装系统中的错误。

5 单击【下一步】按钮

在【输入产品密钥以激活Windows】界面，输入购买Windows系统时微软公司提供的密钥，为5组5位阿拉伯数字和英文字母组成，然后单击【下一步】按钮。

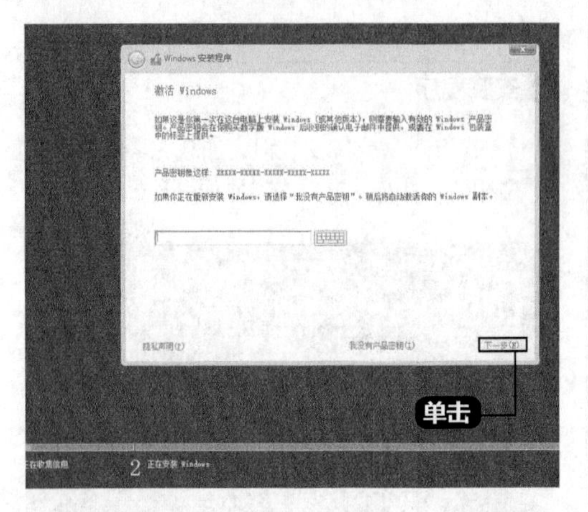

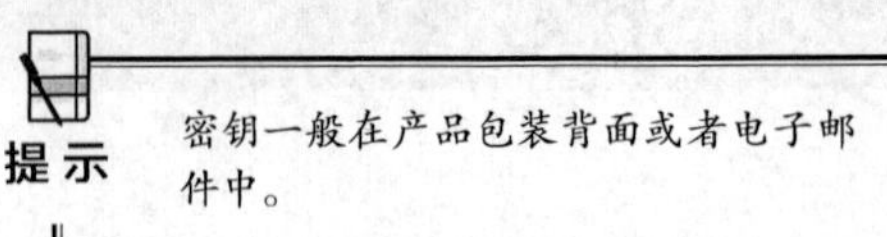

提示 密钥一般在产品包装背面或者电子邮件中。

6 进入【许可条款】界面

进入【许可条款】界面，勾选【我接受许可条款】复选项，单击【下一步】按钮。

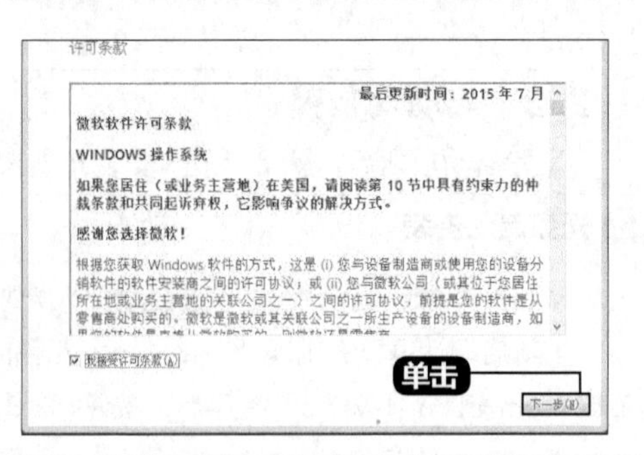

7 单击【升级】选项

进入【你想执行哪种类型的安装？】界面，单击选择【自定义：仅安装Windows（高级）】选项，如果要采用升级的方式安装Windows系统，可以单击【升级】选项。

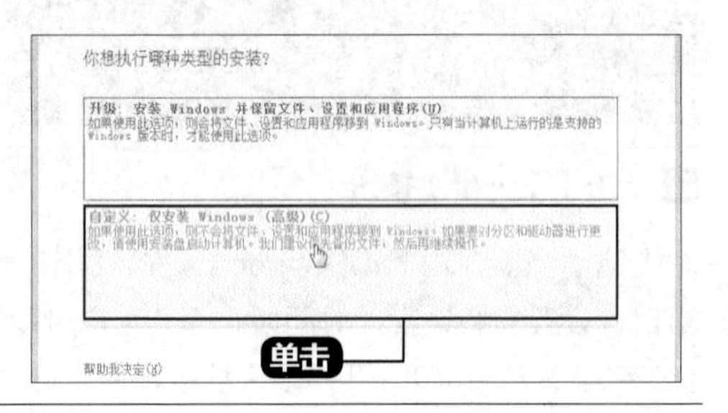

1.2.3 磁盘分区

在选择安装位置时，可以将磁盘进行分区并格式化处理，最后选择常用的系统盘C盘。

1 单击【下一步】按钮

进入【你想将Windows安装在哪里？】界面，选择要安装的硬盘分区，单击【下一步】按钮即可。如果硬盘是新硬盘，则可对其进行分区，下面以新硬盘为例。

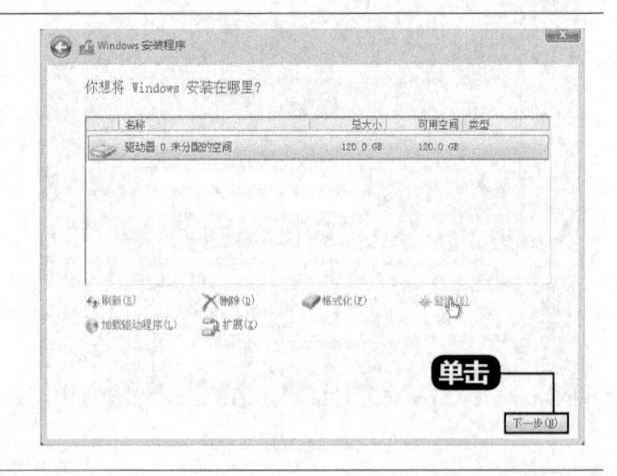

2 单击【新建】按钮

单击【新建】按钮，在对话框的下方显示用于设置分区大小的参数，这时在【大小】文本框中输入“60000”。

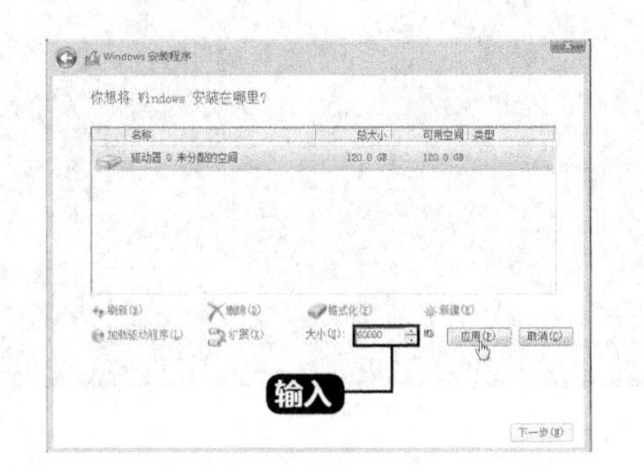

提示

1GB=1024MB，上图中“60000MB”约为“58.6GB”。对于Windows 10操作系统，建议系统盘容量在50GB~80GB以上最为合适。

3 单击【应用】按钮

单击【应用】按钮，将打开信息提示框，提示用户若要确保Windows的所有功能都能正常使用，Windows可能要为系统文件创建额外的分区。单击【确定】按钮，即可增加一个未分配的空间。

4 单击【下一步】按钮

返回【你想将Windows安装在哪里？】界面，即可看到新建的分区，所下图所示。分区建立完成后，选中需要安装系统的分区，如“分区 2”，单击【下一步】按钮。

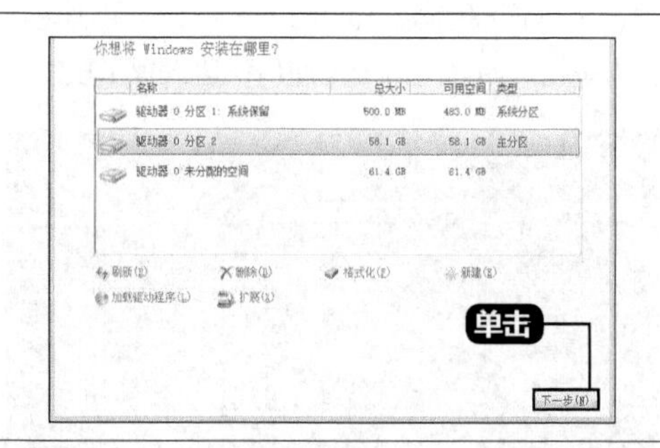

1.2.4 安装设置

设置完成之后，就可以开始进行系统的安装和系统设置。

1 等待复制、安装、更新

打开【正在安装Windows】界面，并开始复制和展开Windows文件，此步骤为系统自动进行，用户需要等待其复制、安装和更新完成。

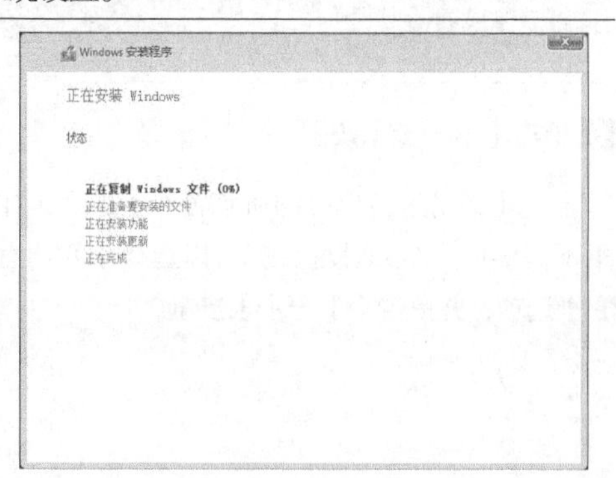

2 提示信息

安装更新完毕后，将弹出【Windows需要重新启动才能继续】界面，提示用户系统将在10秒内重新启动。

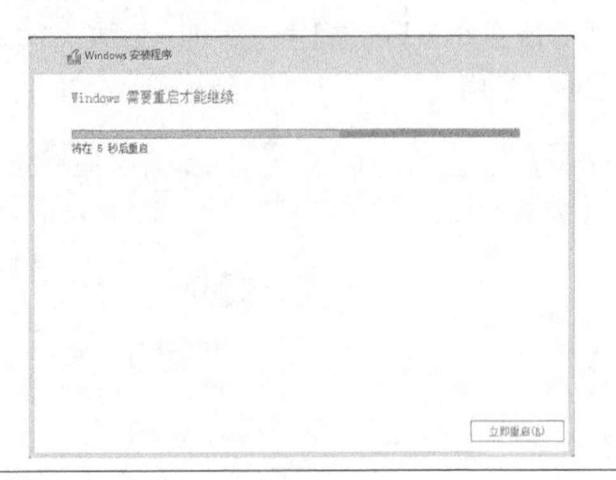

3 安装设置

电脑重启后，需要等待系统的安装设置。

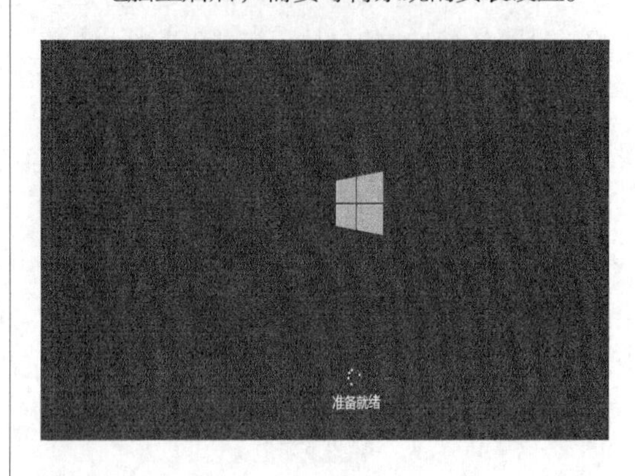

4 单击【自定义设置】按钮

在【快速上手】界面，系统提示用户可进行的自定义设置。可以单击【自定义设置】按钮，了解详细信息，也可以单击【使用快速设置】按钮。如这里单击【使用快速设置】按钮。

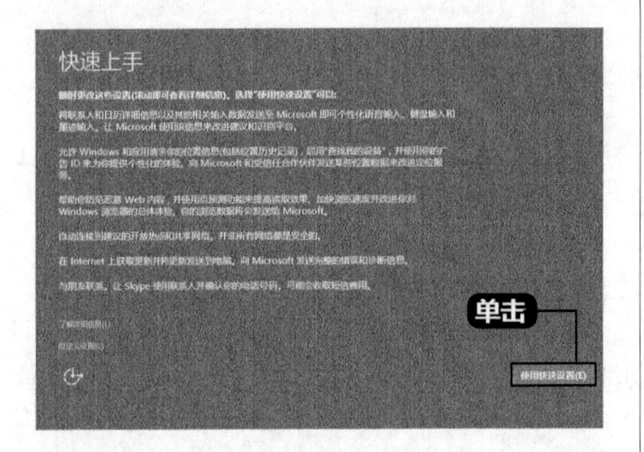

5 系统自动更新

此时，系统则会自动获取关键更新，用户不需要任何操作。

6 单击【下一步】按钮

在【谁是这台电脑的所有者？】界面，如果不需要加入组织环境，就可以选择【我拥有它】选项，并单击【下一步】按钮。

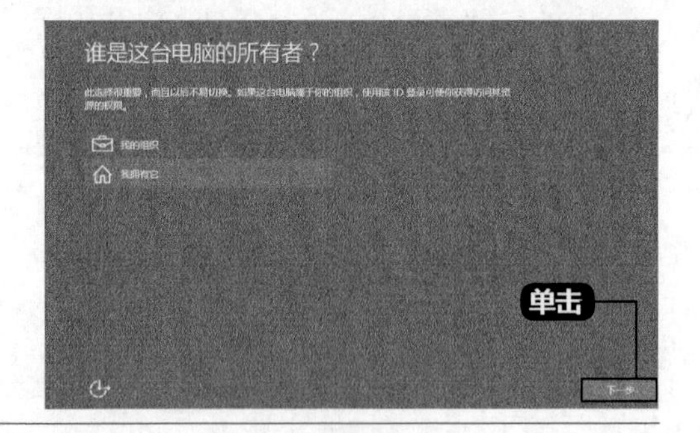

7 进入下一步

在【个性化设置】界面，用户可以输入Microsoft账户，如果没有可单击【创建一个】超链接进行创建，也可以单击【跳过此步骤】超链接，进入下一步。如这里单击【跳过此步骤】超链接。

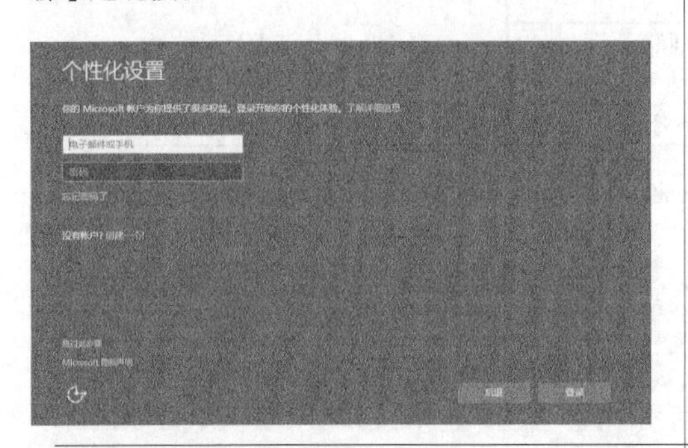

8 创建用户名、密码

进入【为这台电脑创建一个账户】界面，输入要创建的用户名、密码和提示内容，单击【下一步】。

9 单击【是】按钮

系统会对前面的设置进行保存和设置，稍等片刻后，系统即会进入Windows 10桌面，并提示用户是否启用网络发现协议，单击【是】按钮。

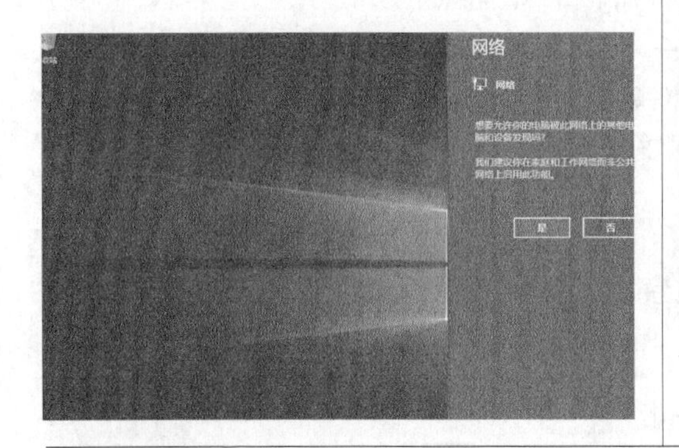

10 完成设置后

完成设置后，Windows 10操作系统的安装全部完成，如下图即为Windows 10系统桌面。

1.3 升级安装Windows 10操作系统

本节视频教学时间 / 4分钟

Windows 10操作系统提供了极为便利的升级机制，用户可以在Windows 10操作系统正式发布之后的一年内，即在2016年7月29日之前完成升级，则可获得免费的完整版Windows 10操作系统，本节主要介绍如何将当前系统升级为Windows 10操作系统。

1.3.1 升级后版本的变化

在当前系统进行升级后，用户可以拥有同类型的Windows版本，如下表所示。

系统	升级前系统版本	升级后系统版本
Windows 7操作系统	Windows 7 简易版	Windows 10 家庭版
	Windows 7 家庭普通版	
	Windows 7 家庭高级版	
	Windows 7 专业版	Windows 10 专业版
	Windows 7 旗舰版	
Windows 8操作系统	Windows 8.1 专业版	
	Windows Phone 8.1	Windows 10 移动版

其中，Windows 7企业版、Windows 8/8.1企业版和Windows RT/RT 8.1并不在升级范围内。

1.3.2 升级Windows 10的注意事项

在升级Windows 10之前一定要做好充分的准备，以避免升级失败和数据丢失的问题。建议用户注意以下问题。

（1）升级到Windows 10需要至少8GB的可用空间。如果电脑没有足够的空间，建议进行以下操作。

① 删除不再需要的文件或应用。

② 使用磁盘清理来释放空间。

（2）在升级之前，激活当前Windows。

只有在符合条件的电脑上运行的是正版Windows时，微软才会提供免费升级到Windows 10的服务。因此可以在升级之前，使用产品密钥激活当前版本的Windows。

（3）备份系统盘中的数据。

虽然Windows 10升级将保留原有的一切文件，但是为了数据安全，建议将重要数据备份到云盘或者外置存储器（如U盘、移动硬盘等），以避免在升级中出现其他问题。

（4）确保电脑联网正常。

在升级时，需要通过电脑连网下载Windows 10系统安装包，因此应具备良好的上网条件。

另外，需要注意的是只有在2016年7月29日之前完成升级，才能免费。

1.3.3 通过微软官方推送升级系统

如果电脑符合升级条件，且为Windows 7以上系统，就可能收到微软公司推送的Windows 10升级通知，在电脑的通知区域，会出现【获取Windows 10】图标，具体操作步骤如下。

1 获取Windows 10

单击电脑区域中的【获取Windows 10】图标。

2 单击【立即升级】按钮

弹出【获取Windows 10】对话框，单击【立即升级】按钮。

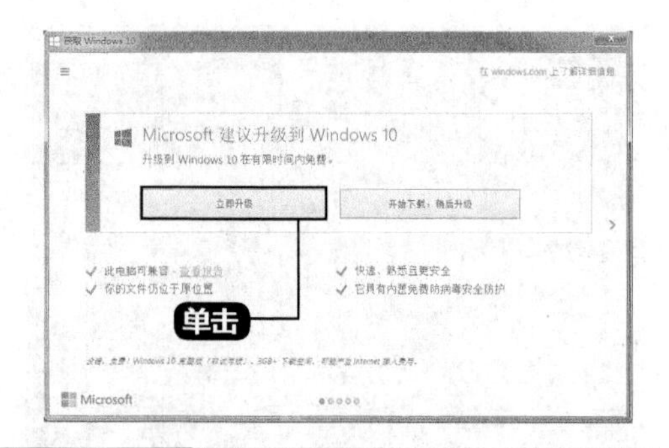

3 开始下载

此时，对话框显示“正在开始下载”字样，如下图所示。

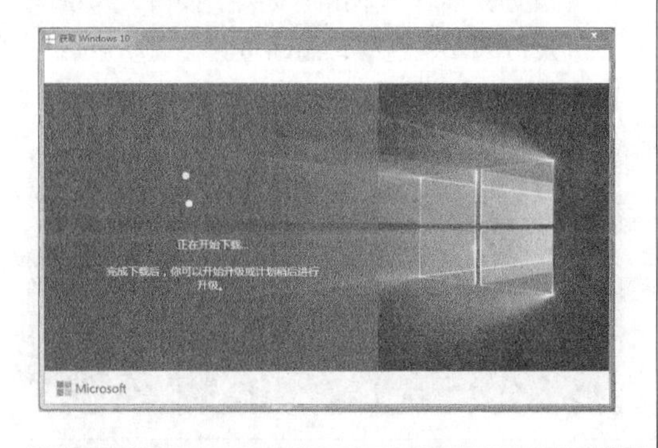

4 下载Windows 10安装包

稍等片刻后，弹出【Windows Update】对话框，即可看到正在下载Windows 10安装包。

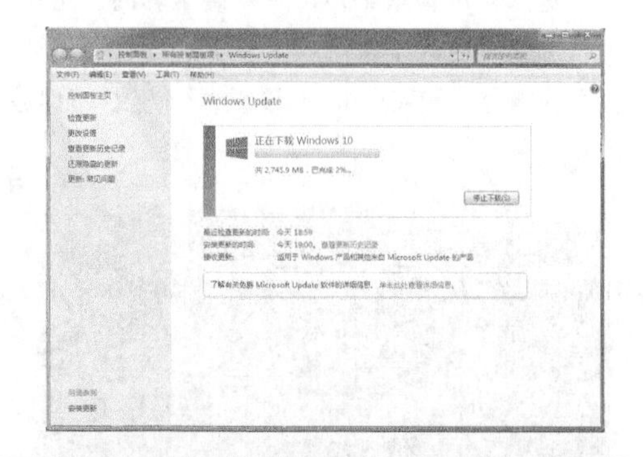

5 单击【下一步】按钮

下载完毕后，即会弹出【获取重要更新】对话框。Windows会提示是否安装更新，也可以选择不更新，这里选择【不是现在】单选项，并单击【下一步】按钮。

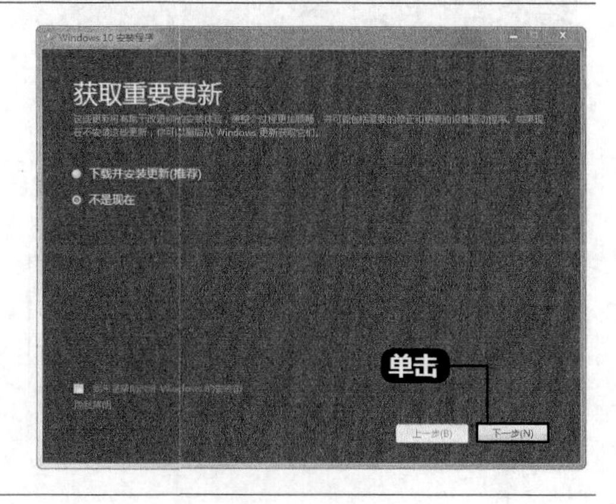

6 单击【接受】按钮

进入【许可条款】界面，单击【接受】按钮。

7 稍等片刻

进入【正在确保你已准备好进行安装】界面，此时无需操作，稍等片刻。

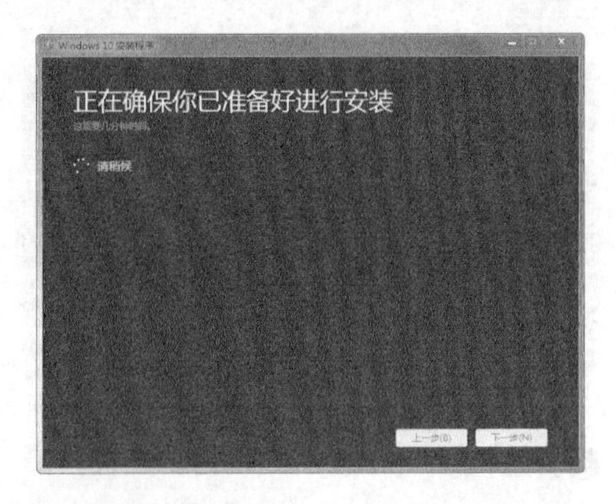

8 设置各种应用

进入【准备就绪，可以安装】界面，用户可以单击【更改要保留的内容】选项，设置要保留的内容，如Windows设置、个人文件和应用等。

> **提示**
> 升级系统完成后，旧版操作系统的系统和个人文件都会保存于系统盘中的Windows.old目录中。

9 单击【安装】按钮

设置完毕后，单击【安装】按钮，系统即会进入自动安装过程，期间电脑会自动重启几次，无需任何操作。

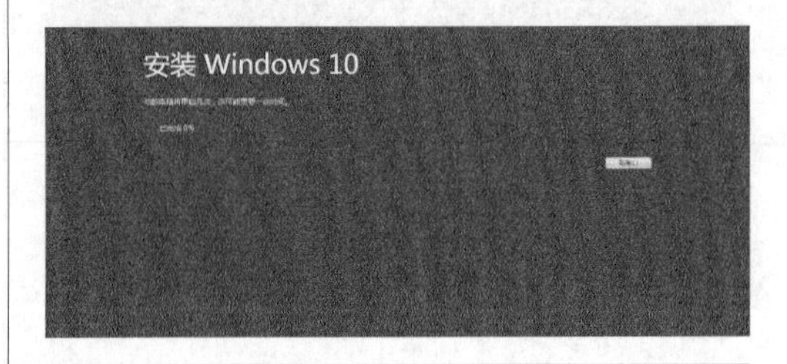

10 进入OOBE阶段

安装完成后系统会进入OOBE阶段，用户可以选择设置账户信息等，完成后即可进入Windows 10操作系统桌面。

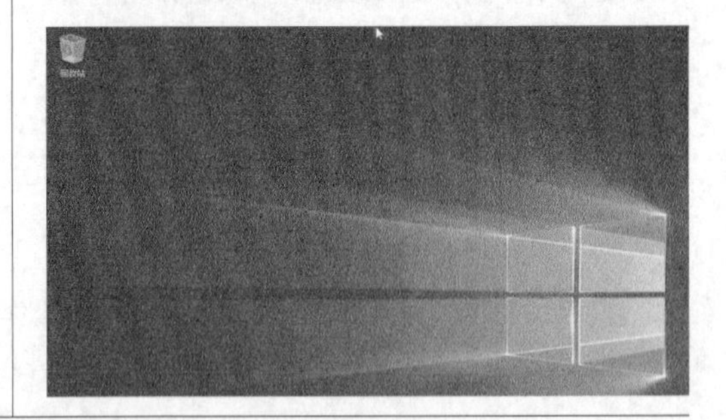

1.3.4 通过微软官方升级助手升级

如果电脑没有接收到Windows 10升级图标，或者电脑是Windows XP、Windows Vista系统，就可以通过软件官方升级助手升级，具体步骤如下。

1 单击【立即升级】按钮

打开网页浏览器，输入“http://www.microsoft.com/zh-cn/software-download/windows10”地址，进入获取Windows 10页面，单击【立即升级】按钮。

2 单击【运行】按钮

弹出【查看下载】对话框，单击【运行】按钮。

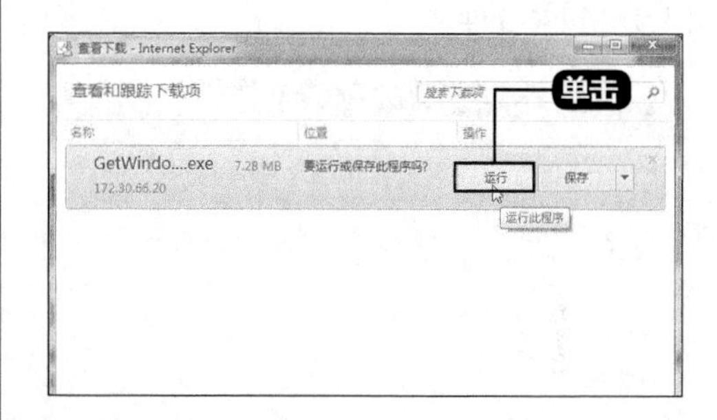

3 升级助手

升级助手下载完成后，会弹出准备对话框。

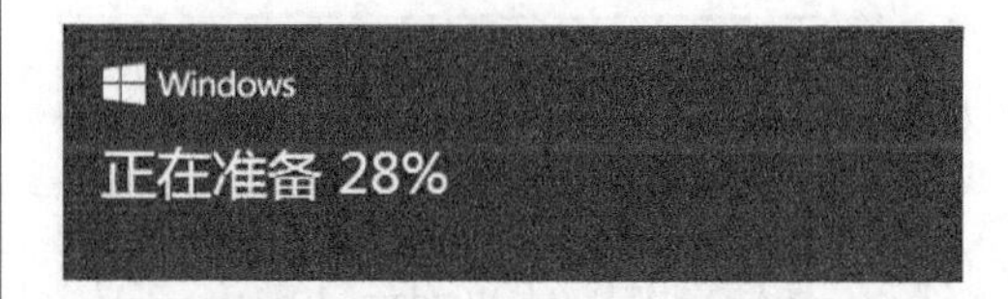

4 下载Windows 10安装包

准备完成后，进入【Windows 10安装程序】对话框，即可下载Windows 10安装包。

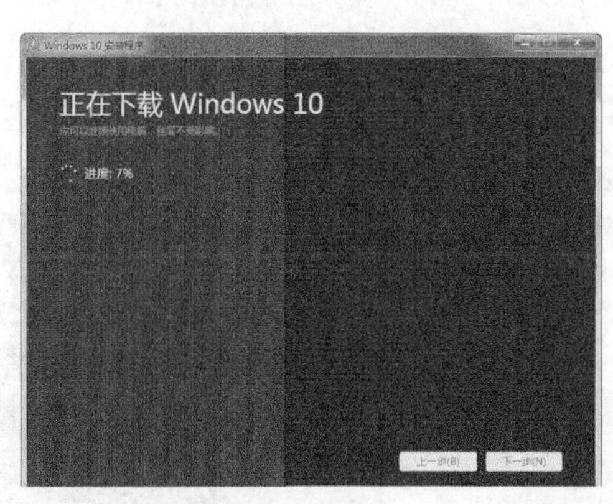

此时无需任何操作，等待其下载完成后，即可进行安装，其安装步骤和1.3.3节中步骤5~10一致，这里不再赘述。

1.3.5 通过微软官方发布的ISO文件升级

ISO（Isolation）文件一般以.iso为扩展名，是复制光盘上全部信息而形成的镜像文件，它在系统安装中会经常用到，为了满足广大用户的需求，微软官方也提供了Windows 10的ISO镜像文件，方便用户下载，使用ISO文件升级的具体操作步骤如下。

1 下载ISO文件

从微软官方或其他网站下载ISO文件，如下即为一个ISO文件。

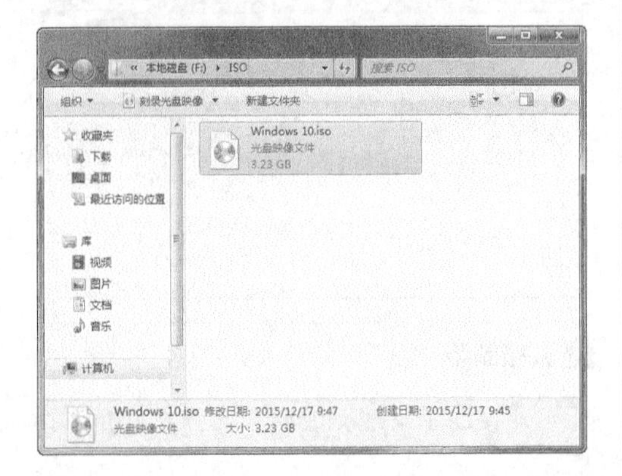

提示

在下载ISO时，请注意Windows 10的版本，32位系统只能使用32位Windows系统版本升级，64位系统只能使用64位Windows系统版本升级。不过如果32位系统希望升级到64位Windows 10的话，可以使用NT6 HDD Installer硬盘安装器实现。

2 解压缩软件

右键单击ISO镜像文件，在弹出的快捷菜单中，选择【打开方式】命令，在其子菜单中，选择解压缩软件打开。

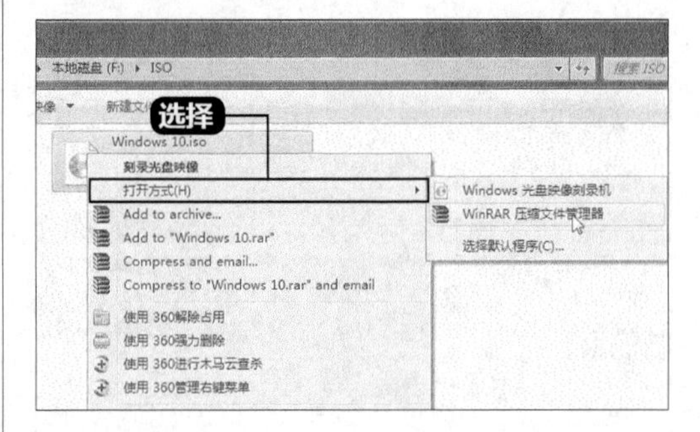

提示

用户也可以将ISO挂载为虚拟光盘，打开该文件。如快压、Daemon Tools等都可以实现。

3 双击【setup.exe】文件

弹出解压缩软件界面，可以看到压缩文件中包含的文件，此时双击【setup.exe】文件。

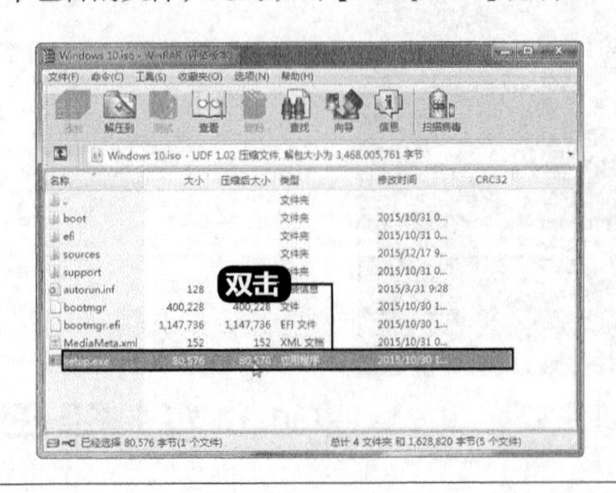

4 用户升级

解压缩完毕后，即可弹出【Windows安装程序】对话框，用户可以参考1.2.2节的内容进行升级，这里不再赘述。

1.3.6 使用360的 Windows 10升级助手

为了推广Windows 10操作系统，微软与360、腾讯、百度等互联网公司合作，而这些合作公司均推出了自己的Windows 10升级助手，方便用户升级，其特点就是一键升级，减少了用户操作。

本节以360 Windows 10升级助手为例，介绍其升级的操作方法。

1 单击【更多】按钮

下载并安装最新版360安全卫士，打开360安全卫士主界面，单击右下角【更多】按钮。

2 单击【全部工具】

单击【全部工具】下的【升级助手】图标。

3 单击【立刻免费升级】按钮

弹出【360升级助手——Windows 10】窗口，单击【立刻免费升级】按钮。

4 单击【确认】按钮

在弹出的【许可条款】窗口中，单击【确认】按钮。

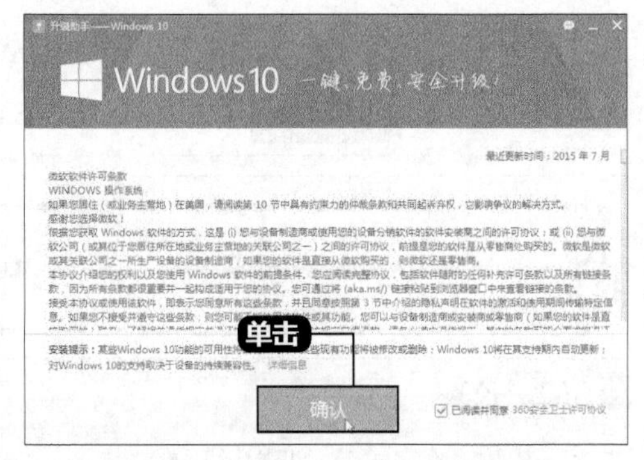

5 开始检测电脑

此时，360升级助手开始检测电脑的硬件及兼容性问题。

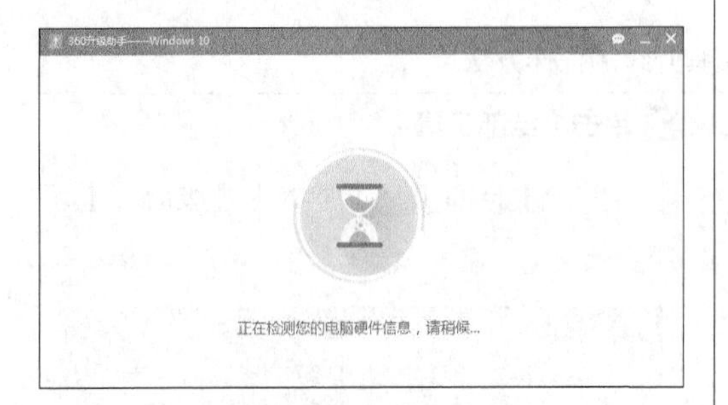

提示

此处检测电脑配置信息，根据计算机的配置检测结果不尽相同，可能会检测出不适合升级的原因，可根据问题提示，参考解决办法进行解决。

6 单击【继续升级】按钮

弹出手机验证界面，输入手机号，单击【获取验证码】按钮，在验证码文本框中输入手机中收到的验证信息，并单击【继续升级】按钮。

7 单击【立即升级】按钮

在弹出的硬件信息检测通过界面，单击【立即升级】按钮。

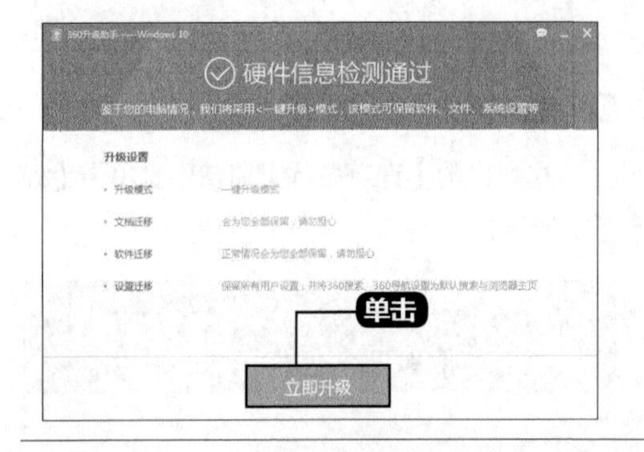

8 下载Windows 10镜像文件

此时，升级助手即会下载Windows 10镜像文件。

提示

由于Windows 10安装包较大，需要下载时间较长，无需等待其下载完成。

9 下载并校验

下载并校验完成后，即提示开始安装。

10 执行Windows 10安装

升级助手会自动安装Windows 10，无需任何操作，等待其安装完成即可。

除了360升级助手外，用户还可以使用百度直通车一键升级Windows 10系统，无需守候。

1.4 使用微软官方工具制作U盘\DVD安装工具

本节视频教学时间 / 2分钟

U盘和DVD可以方便地给任一电脑安装系统，非常适合随身携带，避免了长时间的下载，也是较为常用的系统安装方式。微软公司为了满足更多用户的需求，推出了创建USB、DVD或ISO安装介质的工具。

1.4.1 创建安装介质

在创建USB、DVD或ISO安装介质时，需要确保U盘、DVD和保存IOS的磁盘空间在4GB以上，如果使用的是U盘，需要及时备份所有重要数据，否则U盘上所有的数据将被抹掉。本节介绍创建U盘安装介质，具体步骤如下。

1 单击【立即下载工具】按钮

将U盘插入电脑USB端口后，打开网页浏览器，输入"http://www.microsoft.com/zh-cn/software-download/windows10"地址，进入获取Windows 10页面，单击【立即下载工具】按钮，下载并运行该工具。

2 单击【下一步】按钮

弹出【Windows 10安装程序】对话框，可以选择Windows 10的语言、版本和体系结构，如这里选择"64位（x64）"体系结构，并单击【下一步】按钮。

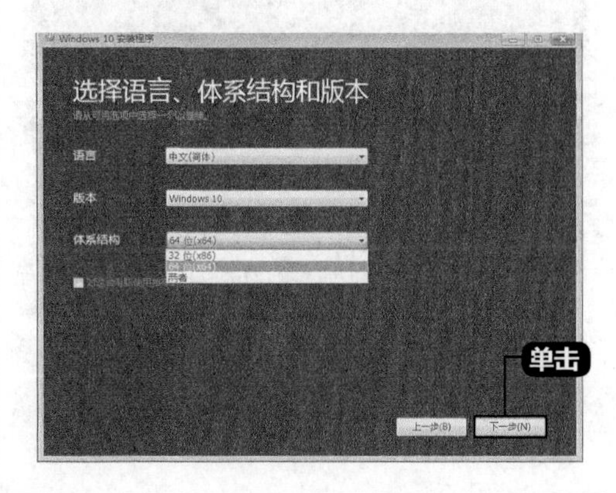

3 进入操作页面

进入【你想执行什么操作？】界面，选择【为另一台电脑创建安装介质】单选项，并单击【下一步】按钮。

4 选择【U盘】单选项

进入【选择要使用的介质】界面，选择【U盘】单选项，并单击【下一步】按钮。

5 进入【选择U盘】界面

进入【选择U盘】界面，选择要使用的U盘，并单击【下一步】按钮。

6 下载Windows 10

此时，进入【正在下载Windows 10】界面，需要等待其下载，具体时长主要与网速相关，无需进行任何操作。

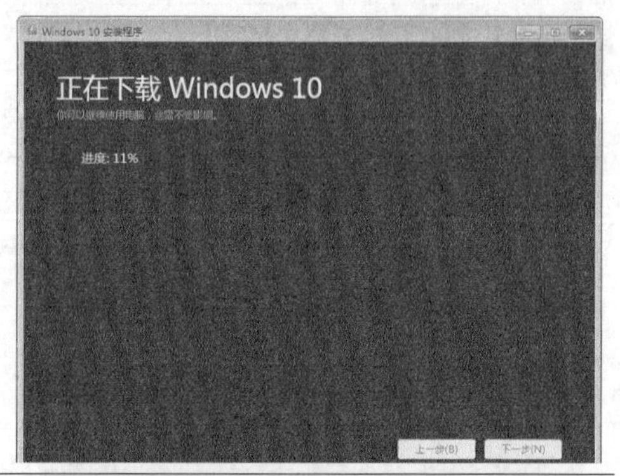

7 下载完成

下载完成后，软件会自动创建Windows 10介质，无需任何操作。

8 单击【完成】按钮

弹出【你的U盘已准备就绪】界面，单击【完成】按钮即可。

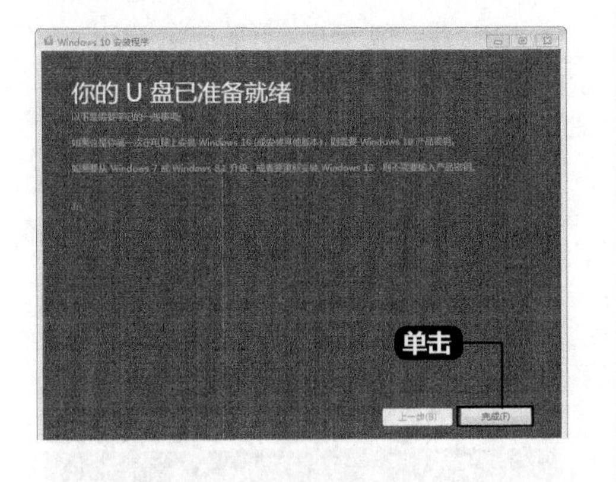

9 自动关闭

系统介质创建成功后，弹出【安装程序正在进行清理，完成之后才会关闭】界面，无需任何操作，稍等片刻后会自动关闭。

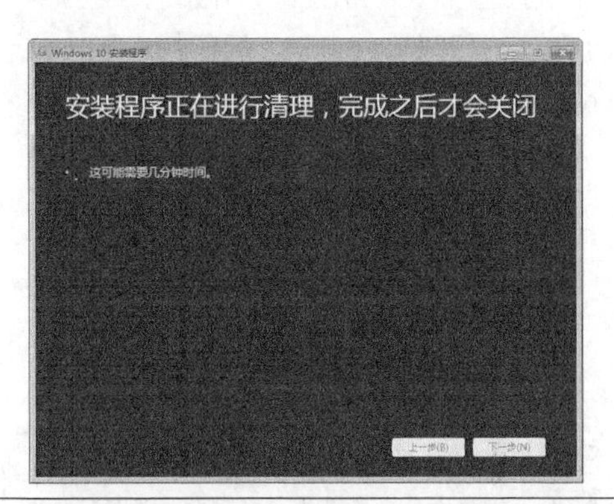

10 打开U盘

打开U盘，即可看到U盘中包含了多个程序文件，如下图所示。

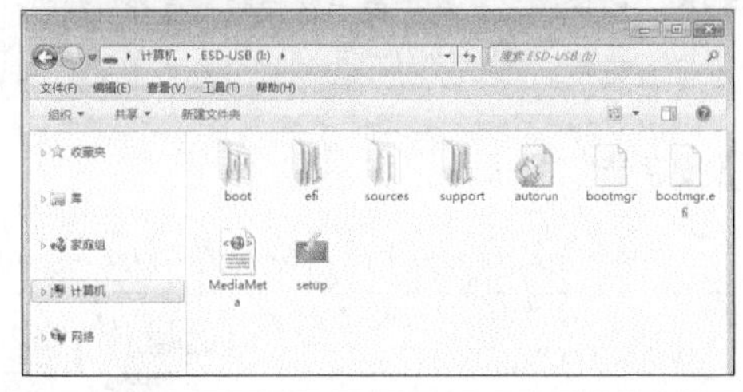

1.4.2 安装系统

U盘安装介质制作完成后，即可使用该U盘进行系统安装，不仅可以对任一台电脑进行升级安装，而且也可以全新安装。

1. 升级安装Windows 10

如果对当前电脑进行升级安装，首先将U盘插入电脑USB端口，然后打开U盘，单击运行【Setup.exe】程序，即可打开【Windows 10安装程序】对话框，此时的升级安装步骤和1.3.2节一致，具体安装步骤这里不再赘述。

2. 全新安装Windows 10

使用U盘全新安装Windows 10的方法和使用DVD安装的方法相同，操作步骤如下。

1 设置U盘

将U盘插入USB接口，并设置U盘为第一启动后，打开电脑电源键，屏幕中出现“Start booting from USB device...”提示。

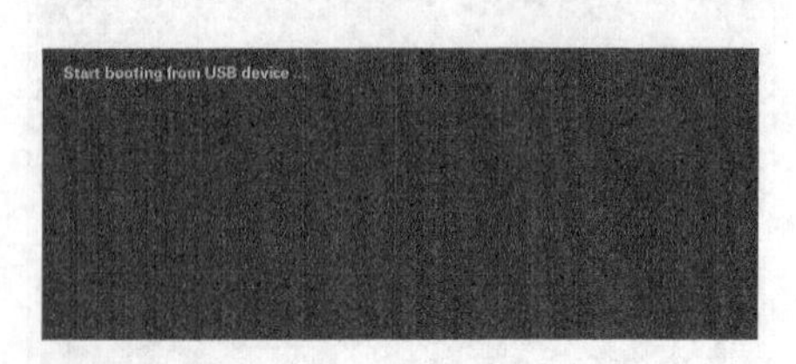

提示

设置U盘为第一启动的方法参见1.2.1小节的方法，在选择第一启动时，选择U盘的名称即可。

2 加载USB设备

此时，即可看到电脑开始加载USB设备中的系统。

3 安装步骤相同

接下来的安装步骤和光盘安装的方法一致，可以参照1.2.2~1.2.4小节的安装方法，在此不再一一赘述。

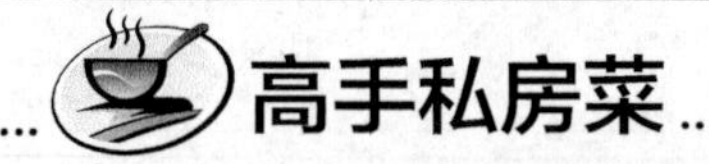

高手私房菜

技巧1：删除Windows.old文件夹

在重新安装新系统时，系统盘下会产生一个“Windows.old”文件夹，占了大量系统盘容量，无法直接删除，需要使用磁盘工具进行清除，具体步骤如下。

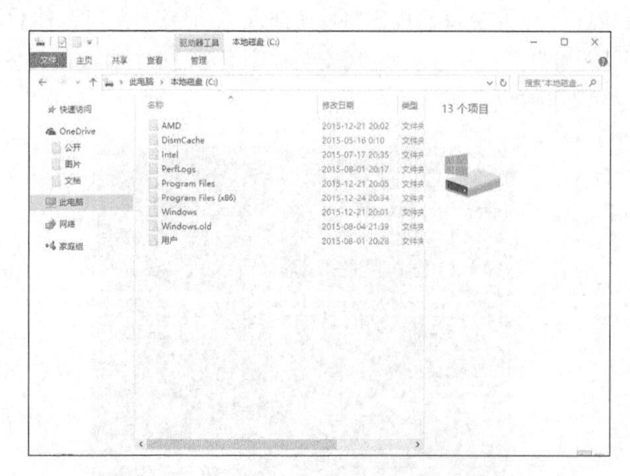

1 选择【属性】菜单命令

打开【此电脑】窗口，右键单击系统盘，在弹出的快捷菜单中，选择【属性】菜单命令。

2 单击【常规】选项

弹出该盘的【属性】对话框，单击【常规】选项卡下的【磁盘清理】按钮。

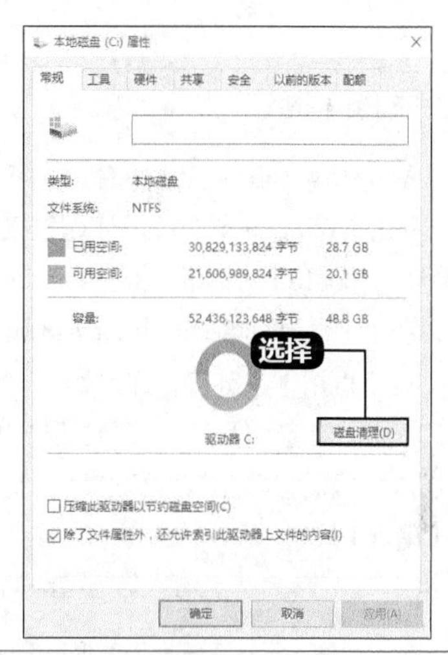

3 系统扫描

系统扫描后，弹出【磁盘清理】对话框，单击【清理系统文件】按钮。

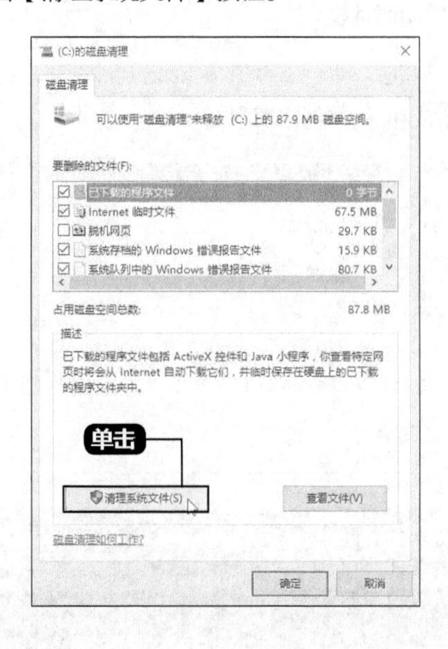

4 单击【确定】按钮

系统扫描后，在【要删除的文件】列表中勾选【以前的Windows安装】选项，并单击【确定】按钮，在弹出的【磁盘清理】提示框中，单击【确定】按钮，即可进行清理。

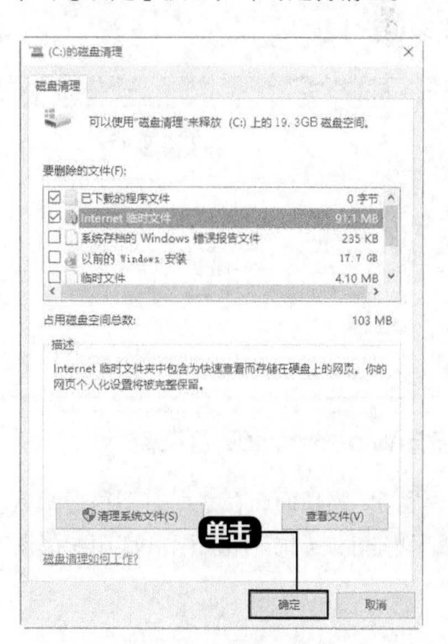

技巧2：解决Windows 7系统中无Windows 10升级推送消息的问题

在1.3.3节可以了解到，微软官方会为符合条件的电脑推送Windows 10升级通知，桌面通知区域会出现Windows 10升级图标，如果用户电脑符合升级条件，但无升级图标，可采用以下步骤解决。

1 单击【确定】按钮

按【Windows+Break】组合键，打开属性对话框，单击【Windows Update】超链接，打开【Windows Update】对话框，检查Windows更新情况后，在【下载并安装您的更新】区域中，单击【重要更新可用】超链接，弹出如下对话框，在该对话框中，勾选名字为“用于基于x64的系统的Windows 7更新程序（KB3035583）”复选框，并单击【确定】按钮。

提 示

32位系统的名字为“用于基于x86的系统的Windows 7更新程序（KB3035583）”，其主要为代码KB3035583的更新程序，有的电脑中存在【重要】列表中，有的存在于【可选】列表中。

2 单击【安装更新】按钮

返回【Windows Update】对话框，单击【安装更新】按钮。

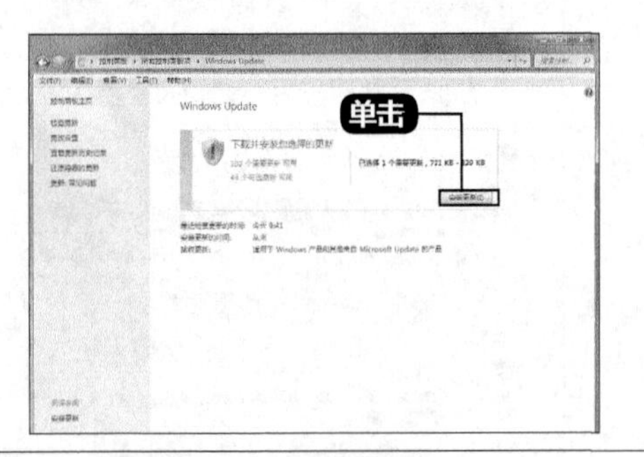

3 关闭对话框

此时，即会下载并安装该更新程序。提示更新成功后，关闭对话框。

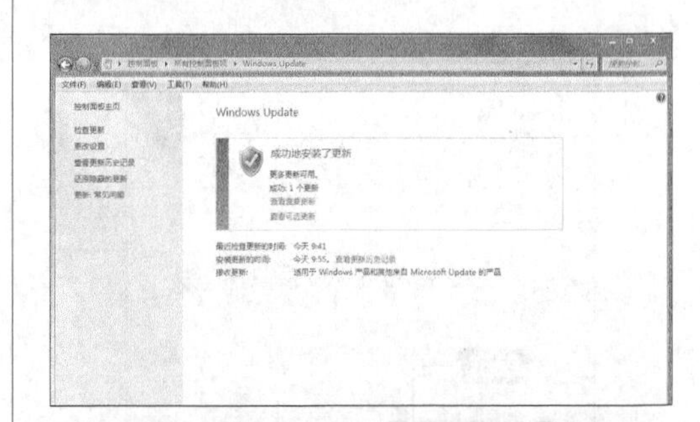

4 显示Windows 10升级图标

返回电脑桌面，在桌面右下角通知区域即会显示Windows 10升级图标，如下图所示。

技巧3：在32位系统下安装64位系统

在升级系统时，如果希望在32位系统下安装64位的系统，可以使用NT6 HDD Installer硬盘安装器，具体操作步骤如下。

1 复制文件

将Windows 10光盘中的所有文件复制到非系统盘的根目录下。

提示

如果是ISO镜像文件，可以使用虚拟光驱软件装载后复制安装文件，或者将其直接解压到非系统盘根目录中，请注意一定不能为系统盘。

2 选择【模式1】选项

下载并运行NT6 HDD Installer，在弹出的窗口中选择【模式1】选项。

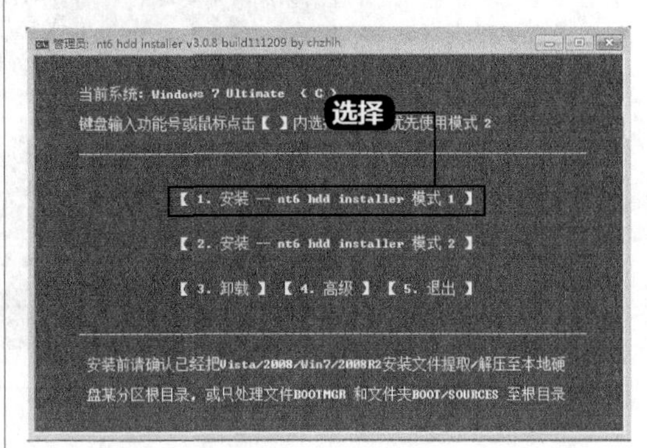

3 单击【2.重启】选项

程序自动安装，安装完成之后单击【2.重启】选项。

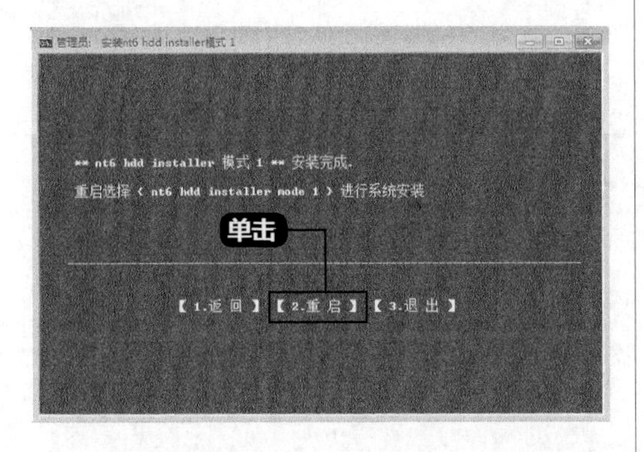

4 自动重启电脑

此时，电脑会自动重启，在开机过程中使用方向键选择【nt6 hdd installer mode 1】选项。

5 进入Windows 10安装界面

即会进入Windows 10安装界面，如下图所示。此时即可进行系统安装，具体安装步骤和1.2节的安装方法一致。

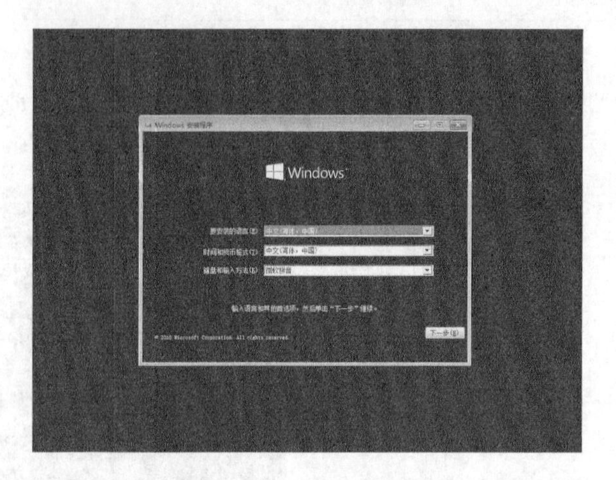

第2章
Windows 10的基本操作

重点导读

本章视频教学时间：20分钟

了解电脑的基本知识后，还需要进一步学习操作系统的相关知识。对于首次接触Windows 10的初学者，首先需要掌握系统的基本操作。本章主要介绍Windows 10的基本操作，包括Windows 10的启动与退出、认识Windows桌面、开始菜单和窗口的基本操作等。

学习效果图

2.1 Windows 10的启动与退出

本节视频教学时间 / 2分钟 

在使用Windows 10之前，首先要掌握Windows 10启动与退出的方法。

2.1.1 启动Windows 10——开机

在确保电脑各硬件连接正常的情况下，按主机上的电源按钮，即可进入系统启动界面。如果设置了开机密码，用户登录账户进入桌面，具体操作步骤如下。

1 进入Window 10的系统

电脑启动并自检后，首先进入Window 10的系统加载界面。

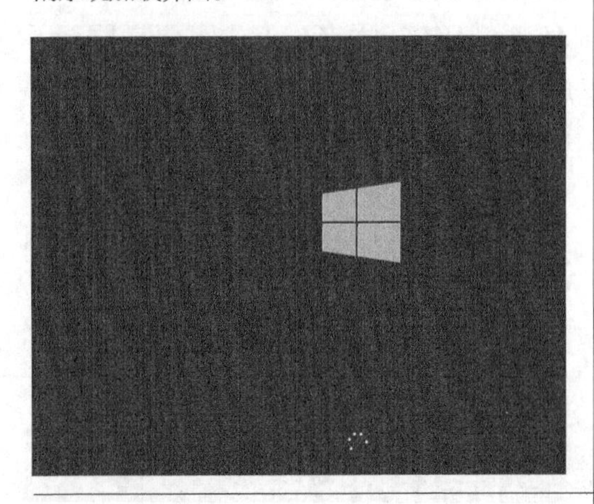

2 进入登录界面

加载完成后，即可进入欢迎界面，如下图所示。在欢迎桌面上单击鼠标或按键盘任意键，进入登录界面。

3 输入登录密码

进入系统登录界面，用户在登录密码框中输入登录密码，单击右侧的按钮。

提示

初次使用，如提示输入密码，则该密码为安装系统时所设置的密码。另外用户也可以使用Windows账户，具体设置方法参见本书的第4章内容。

4 密码验证

密码验证通过后，即可进入系统桌面，如下图所示。

2.1.2 退出Windows 10——关机

“开始”菜单的回归，使得Windows 10并不像Windows 8那样找不到关机按钮。本节将介绍三种关机方法。

1. 使用“开始”菜单

打开“开始”菜单，单击【电源】选项，在弹出的选项菜单中单击【关机】选项即可关闭计算机。

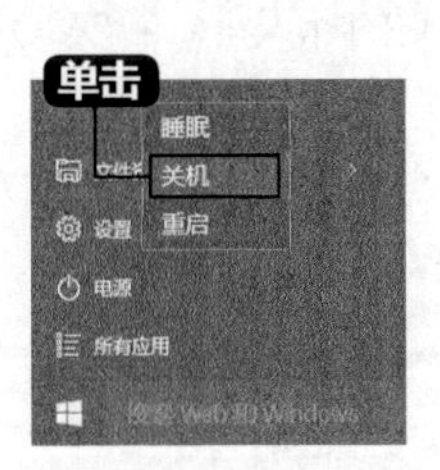

2. 使用快捷键

在桌面环境中，按【Win+F4】组合键打开【关闭Windows】对话框，其默认选项为【关机】，单击【确定】按钮即可关闭计算机。

3. 右键快捷菜单

右键单击【开始】按钮，或按【Win+X】组合键，在打开的菜单中单击【关机或注销】➤【关机】，进行关机操作。

2.2 认识Windows 10的桌面

本节视频教学时间 / 4分钟 

进入Windows 10操作系统后，用户首先看到的是桌面。本节主要介绍Window 10桌面。

2.2.1 Windows 10的桌面组成

桌面的组成元素主要包括桌面背景、桌面图标和任务栏等。

1. 桌面背景

桌面背景可以是个人收集的数字图片、Windows 提供的图片、纯色或带有颜色框架的图片，也可以显示幻灯片图片。

Windows 10操作系统自带了很多漂亮的背景图片，用户可以从中选择自己喜欢的图片作为桌面背景。除此之外，用户还可以把自己收藏的精美图片设置为背景图片。

2. 桌面图标

Windows 10操作系统中，所有的文件、文件夹和应用程序等都由相应的图标表示。桌面图标一般是由文字和图片组成，文字说明图标的名称或功能，图片是它的标识符。新安装的系统桌面中只有一个【回收站】图标。

用户双击桌面上的图标，可以快速地打开相应的文件、文件夹或者应用程序，如双击桌面上的【回收站】图标，即可打开【回收站】窗口。

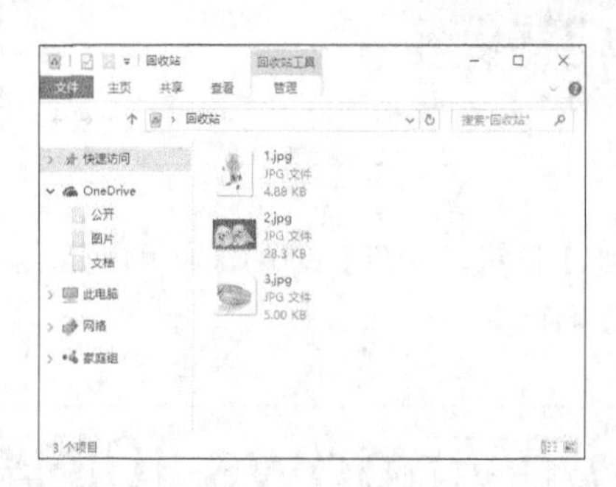

3. 任务栏

【任务栏】是位于桌面的最底部的长条，显示系统正在运行的程序、当前时间等，主要【开始】按钮、搜索框、任务视图、快速启动区、系统图标显示区和【显示桌面】按钮组成。和以前的操作系统相比，Windows 10中的任务栏设计得更加人性化，使用更加方便，功能和灵活性更强大。用户按【Alt +Tab】组合键可以在不同的窗口之间进行切换操作。

4. 通知区域

默认情况下，通知区域位于任务栏的右侧。它包含一些程序图标，这些程序图标提供有关传入的电子邮件、更新、网络连接等事项的状态和通知。安装新程序时，可以将此程序的图标添加到通知区域。

新的电脑在通知区域经常已有一些图标，而且某些程序在安装过程中会自动将图标添加到通知区域。用户可以更改出现在通知区域中的图标和通知，对于某些特殊图标（称为“系统图标”），还可以选择是否显示它们。

用户可以通过将图标拖动到所需的位置来更改图标在通知区域中的顺序以及隐藏图标的顺序。

5.【开始】按钮

单击桌面左下角的【开始】按钮⊞或按下Windows徽标键，即可打开“开始”菜单，左侧依次为用户账户头像、常用的应用程序列表及快捷选项，右侧为“开始”屏幕。

6. 搜索框

Windows 10中，搜索框和Cortana高度集成，在搜索框中直接输入关键词或打开“开始”菜单输入关键词，即可搜索相关的桌面程序、网页、我的资料等。

2.2.2 找回传统桌面的系统图标

刚装好Windows 10操作系统时，桌面上只有【回收站】一个图标，用户可以添加【此电脑】、【用户的文件】、【控制面板】和【网络】图标，具体操作步骤如下。

1 选择【个性化】菜单命令

在桌面上空白处右击，在弹出的快捷菜单中选择【个性化】菜单命令。

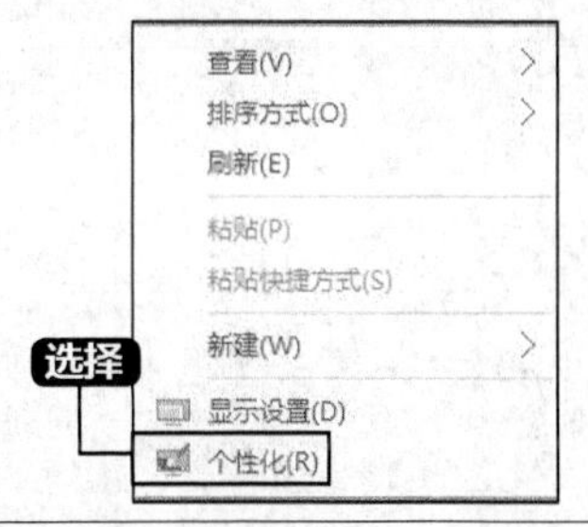

2 单击【主题】选项

在弹出【设置】窗口中，单击【主题】➤【桌面图标设置】选项。

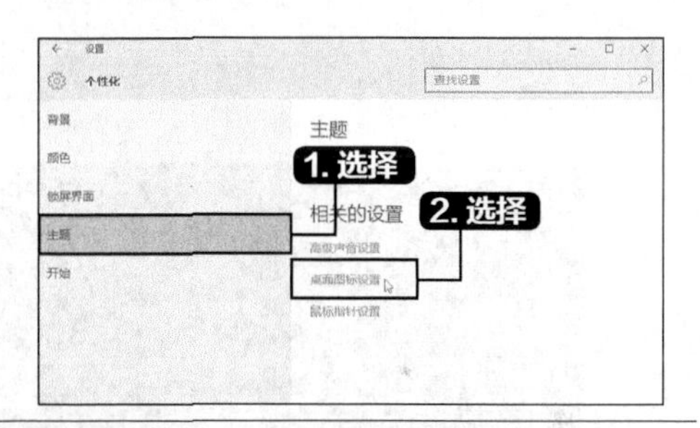

3 单击【确定】按钮

弹出【桌面图标设置】窗口，在【桌面图标】选项组中选中要显示的【桌面图标】复选框，单击【确定】按钮。

4 添加图标

选择相应的图标即可在桌面上添加该图标。

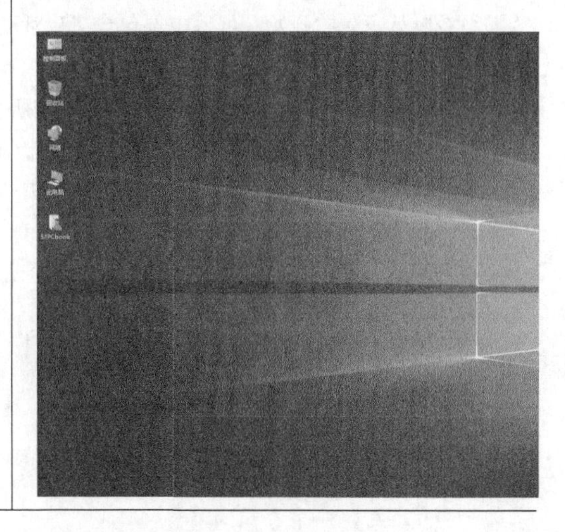

2.3 “开始”菜单的基本操作

本节视频教学时间 / 4分钟

在Windows 10操作系统中，“开始”菜单重新回归，与Windows 7系统中的“开始”菜单相比，界面经过了全新的设计，右侧集成了Windows 8操作系统中的“开始”屏幕。本节将主要介绍“开始”菜单的基本操作。

2.3.1 在“开始”菜单中查找程序

打开“开始”菜单，即可看到最常用程序列表或所有应用选项。最常用程序列表主要罗列了最近使用最为频繁的应用程序，可以查看最常用的程序。单击应用程序选项后面的 按钮，即可打开跳转列表。

单击【所有应用】选项，即可显示系统中安装的所有程序，并以数字和首字母升序排列，单击排列的首字母，可以显示排序索引，通过索引开始快速查找应用程序。

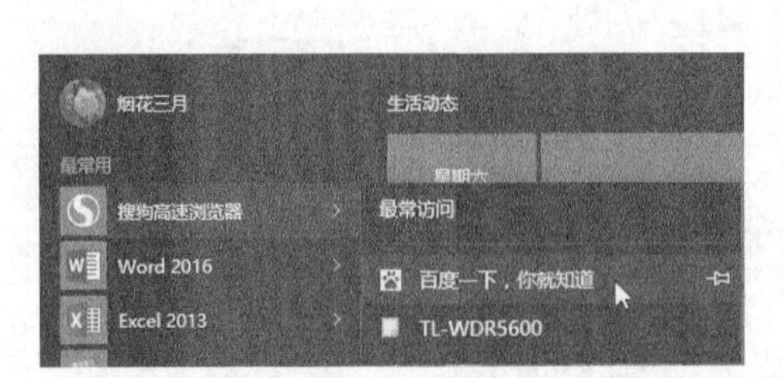

另外，也可以在“开始”菜单下的搜索框中，输入应用程序关键词，快速查找应用程序。

2.3.2 将应用程序固定到“开始”屏幕

系统默认下，“开始”屏幕主要包含了生活动态及播发和浏览的主要应用，用户可以根据需要添加到“开始”屏幕上。

打开“开始”菜单，在最常用程序列表或所有应用列表中，选择要固定到“开始”屏幕的程序，单击鼠标右键，在弹出的菜单中选择【固定到“开始”屏幕】命令，即可固定到“开始”屏幕中。如果要从“开始”屏幕取消固定，右键单击“开始”屏幕中的程序，在弹出的菜单中选择【从“开始”屏幕取消固定】命令即可。

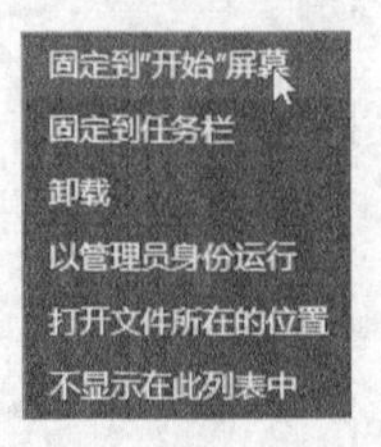

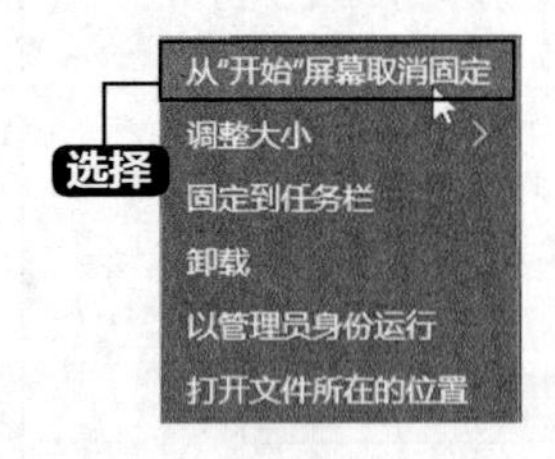

2.3.3 将应用程序固定到任务栏

用户除了可以将程序固定到“开始”屏幕外，还可以将程序固定到任务栏中的快速启动区域，方便使用程序时，可以快速启动。

单击【开始】按钮，选择要添加到任务栏的程序，单击鼠标右键，在弹出快捷菜单中，选择【固定任务栏】命令，即可将其固定到任务栏中。

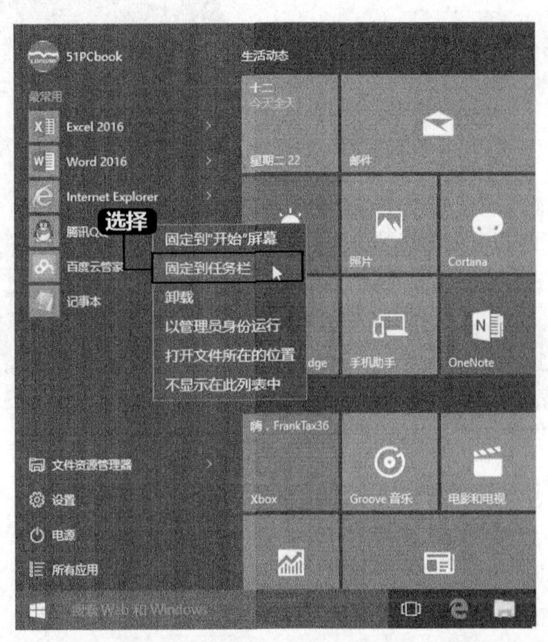

对于不常用的程序图标，用户也可以将其从任务栏中删除。右键单击需要删除的程序图标，在弹出的快捷菜单中选择【从任务栏取消固定此程序】命令即可。

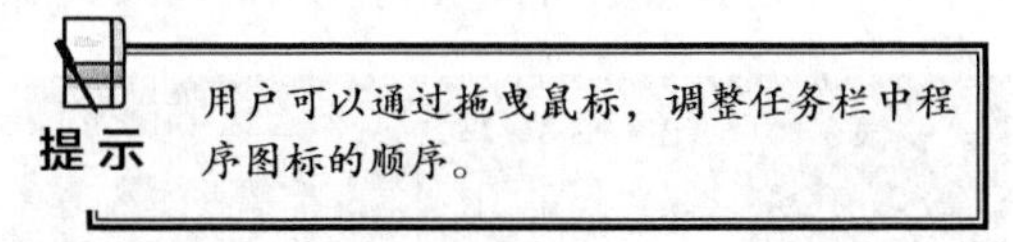

2.3.4 动态磁贴的使用

动态磁贴（Live Tile）是“开始”屏幕界面中的图形方块，也叫“磁贴”，通过它可以快速打开应用程序，磁贴中的信息是根据时间或发展活动的，如左下图即为“开始”屏幕中的日历程序，开启了动态磁贴，右下图则未开启动态磁贴，对比发现，动态磁贴显示了当前的日期和星期。

1. 调整磁贴大小

在磁贴上单击鼠标右键，在弹出的快捷菜单中选择【调整大小】命令，在弹出的子菜单中有4种显示方式，包括小、中、宽和大，选择对应的命令，即可调整磁贴大小。

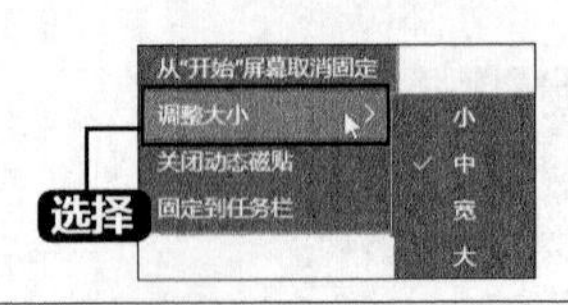

2. 打开\关闭磁贴

在磁贴上单击鼠标右键，在弹出的快捷菜单中选择【关闭动态磁贴】或【打开动态磁贴】命令，即可关闭或打开磁贴的动态显示。

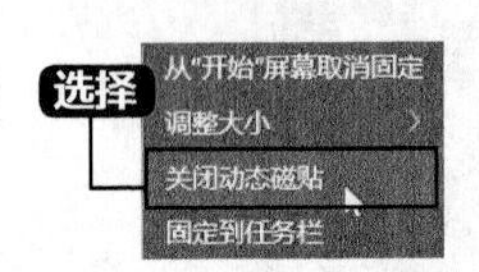

3. 调整磁贴位置

选择要调整位置的磁贴，单击鼠标左键不放，拖曳至任意位置或分租，松开鼠标即可完成位置调整。

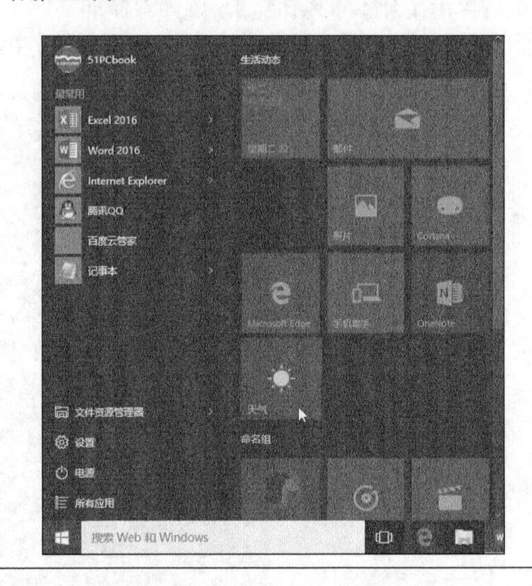

2.3.5 调整"开始"屏幕大小

在Windows 8系统中"开始"屏幕是全屏显示的，而在Windows 10中其大小并不是一成不变的，用户可以根据需要调整大小，也可以将其设置为全屏幕显示。

调整"开始"屏幕大小，是极为方便的，用户只要将鼠标放在"开始"屏幕边栏右侧，待鼠标光标变为⇔，可以横向调整其大小，如下图所示。

如果要全屏幕显示"开始"屏幕，按【Win+I】组合键，打开【设置】对话框，单击【个性化】➤【开始】选项，将【使用全屏幕"开始"菜单】设置为"开"即可。

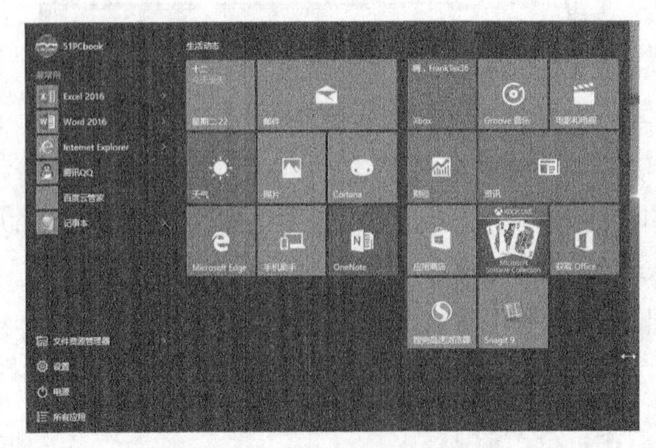

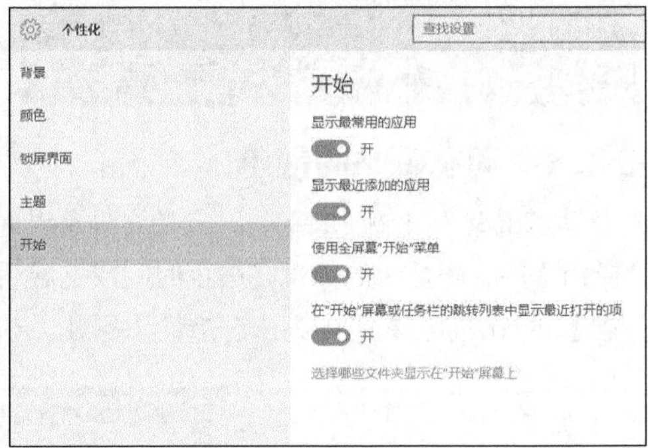

2.4 窗口的基本操作

本节视频教学时间 / 5分钟 

在Windows 10中，窗口是用户界面中最重要的组成部分，对窗口的操作是最基本的操作。

2.4.1 窗口的组成元素

窗口是屏幕上与一个应用程序相对应的矩形区域，是用户与产生该窗口的应用程序之间的可视界面。当用户开始运行一个应用程序时，应用程序就创建并显示一个窗口；当用户操作窗口中的对象时，程序会做出相应的反应。用户通过关闭一个窗口来终止一个程序的运行，通过选择相应的应用程序窗口来选择相应的应用程序。

下图所示是【此电脑】窗口，由标题栏、地址栏、工具栏、导航窗格、内容窗格、搜索框和细节窗口等部分组成。

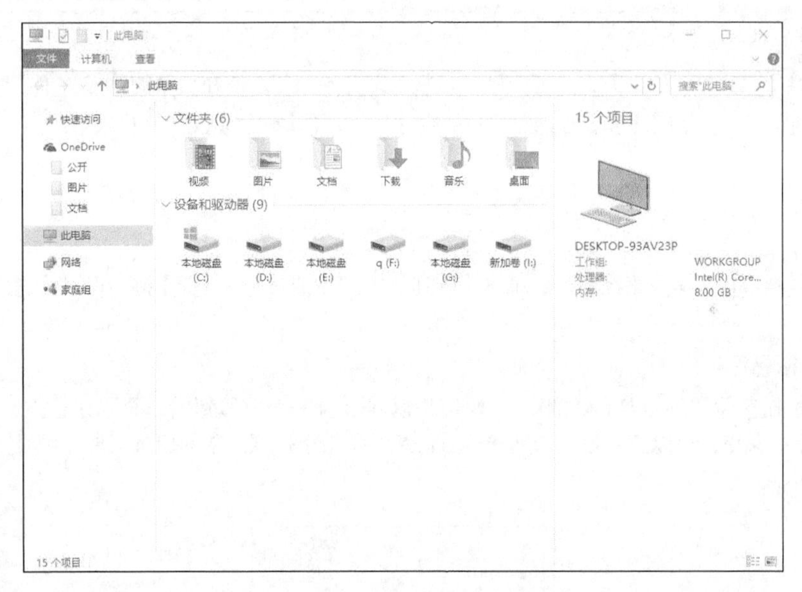

1. 标题栏

标题栏位于窗口的最上方，显示了当前的目录位置。标题栏右侧分别为“最小化”、“最大化/还原”、“关闭”三个按钮，单击相应的按钮可以执行相应的窗口操作。

2. 快速访问工具栏

快速访问工具栏位于标题栏的左侧，显示了当前窗口图标和查看属性、新建文件夹、自定义快速访问工具栏三个按钮。

单击【自定义快速访问工具栏】按钮▾，弹出下拉列表，用户可以单击勾选列表中的功能选项，将其添加到快速访问工具栏中。

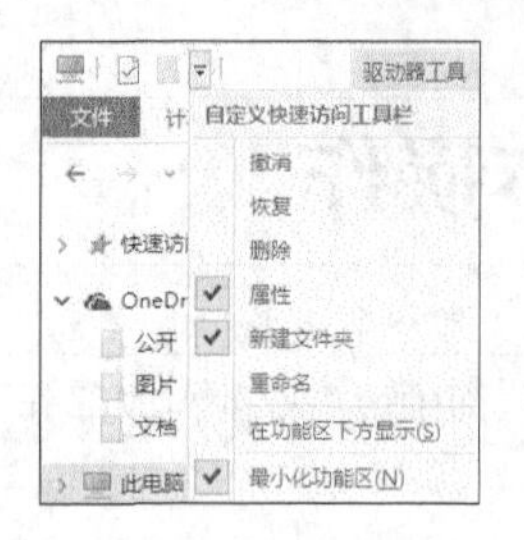

3. 菜单栏

菜单栏位于标题栏下方，包含了当前窗口或窗口内容的一些常用操作菜单。在菜单栏的右侧为“展开功能区/最小化功能区”和“帮助”按钮。

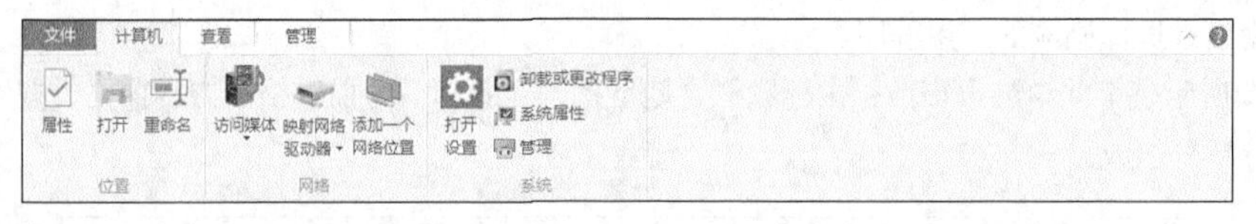

4. 地址栏

地址栏位于菜单栏的下方，主要反映了从根目录开始到现在所在目录的路径，单击地址栏即可看到具体的路径，如下图即表示当前路径位置在【D盘】下【软件】文件夹目录下。

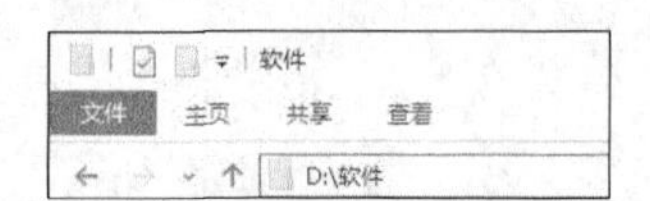

在地址栏中直接输入路径地址，单击【转到】按钮→或按【Enter】键，可以快速到达要访问的位置。

5. 控制按钮区

控制按钮区位于地址栏的左侧，主要用于返回、前进、上移到前一个目录位置。单击⌄按钮，打开下拉菜单，可以查看最近访问的位置信息，单击下拉菜单中的位置信息，可以实现快速进入该位置目录。

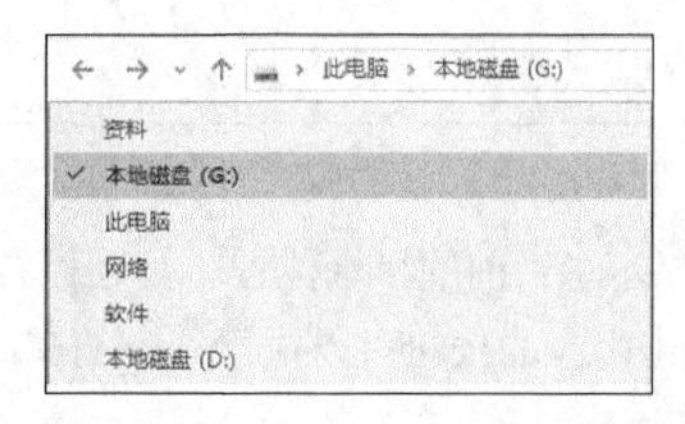

6. 搜索框

搜索框位于地址栏的右侧，通过在搜索框中输入要查看信息的关键字，可以快速查找当前目录中相关的文件、文件夹。

7. 导航窗格

导航窗格位于控制按钮区下方，显示了电脑中包含的具体位置，如快速访问、OneDrive、此电脑、网络等，用户可以通过左侧的导航窗格，快速访问相应的目录。另外，用户也可以导航窗格中的【展开】按钮 ∨ 和【收缩】按钮 >，显示或隐藏详细的子目录。

8. 内容窗口

内容窗口位于导航窗格右侧，是显示当前目录的内容区域，也叫工作区域。

9. 状态栏

状态栏位于导航窗格下方，会显示当前目录文件中的项目数量，也会根据用户选择的内容，显示所选文件或文件夹的数量、容量等属性信息。

10. 视图按钮

视图按钮位于状态栏右侧，包含了【在窗口中显示每一项的相关信息】和【使用大缩略图显示项】两个按钮，用户可以单击选择视图方式。

2.4.2 打开和关闭窗口

打开和关闭窗口是最基本的操作，本节主要介绍其操作方法。

1. 打开窗口

在Windows 10中，双击应用程序图标，即可打开窗口。在【开始】菜单列表、桌面快捷方式、快速启动工具栏中都可以打开程序的窗口。

另外，也可以在程序图标中右键单击鼠标，在弹出的快捷菜单中，选择【打开】命令，也可打开窗口。

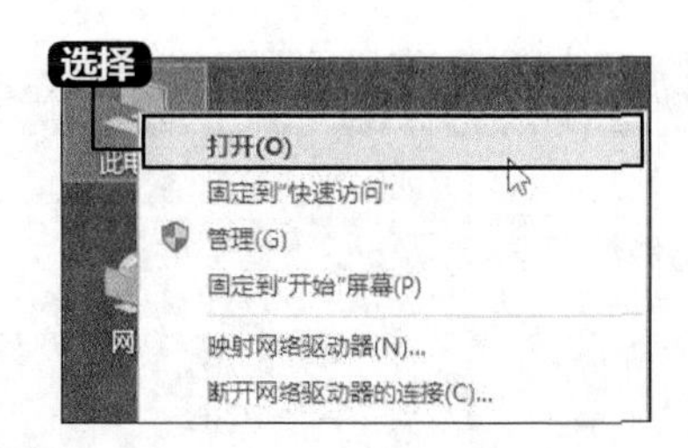

2. 关闭窗口

窗口使用完后，用户可以将其关闭。常见的关闭窗口的方法有以下几种。

（1）使用关闭按钮

单击窗口右上角的【关闭】按钮，即可关闭当前窗口。

（2）使用快速访问工具栏

单击快速访问工具栏最左侧的窗口图标，在弹出的快捷菜单中单击【关闭】按钮，即可关闭当前窗口。

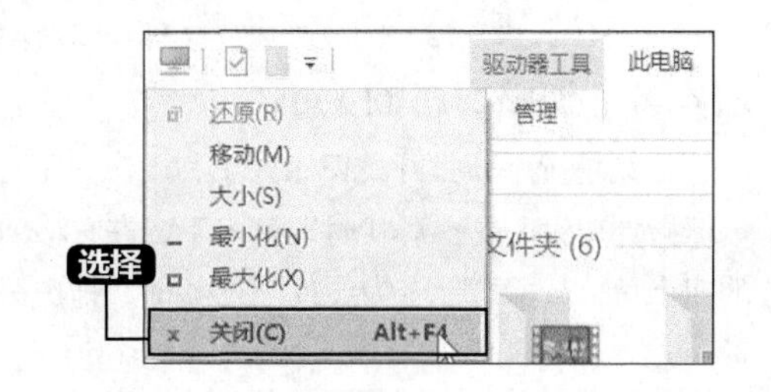

（3）使用标题栏

在标题栏上单击鼠标右键，在弹出的快捷菜单中选择【关闭】菜单命令即可。

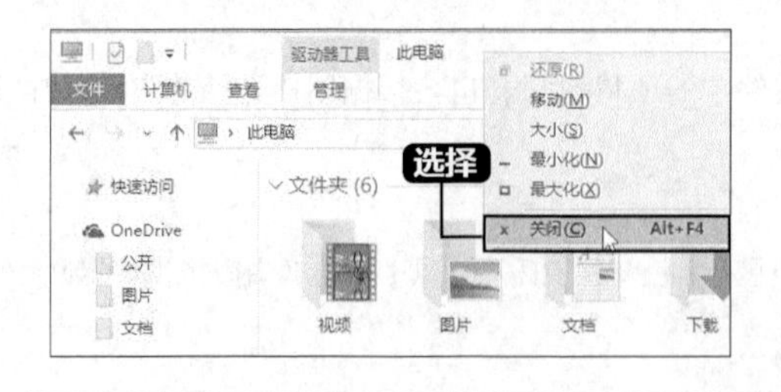

（4）使用任务栏

在任务栏上选择需要关闭的程序，单击鼠标右键并在弹出的快捷菜单中选择【关闭窗口】菜单命令。

（5）使用快捷键

在当前窗口上按【Alt+F4】组合键，即可关闭窗口。

2.4.3 移动窗口的位置

当窗口没有处于最大化或最小化状态时，将鼠标指针放在需要移动位置的窗口的标题栏上，鼠标指针此时是形状。按住鼠标左键不放，拖曳标题栏到需要移动到的位置，松开鼠标，即可完成窗口位置的移动。

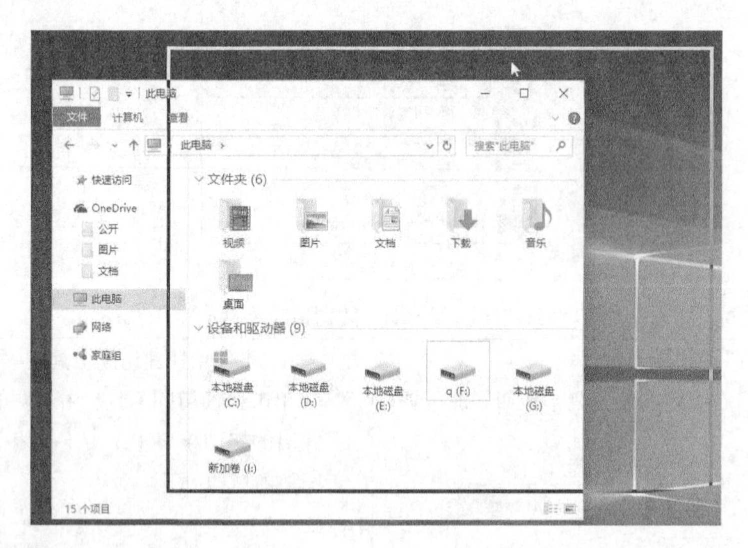

2.4.4 调整窗口的大小

默认情况下，打开的窗口大小和上次关闭时的大小一样。用户将鼠标指针移动到窗口的边缘，鼠标指针变为⇕或⇔形状时，可上下或左右移动边框以纵向或横向改变窗口大小。指针移动到窗口的四个角，鼠标指针变为⤡或⤢形状时，拖曳鼠标，可沿水平或垂直两个方向等比例放大或缩小窗口。

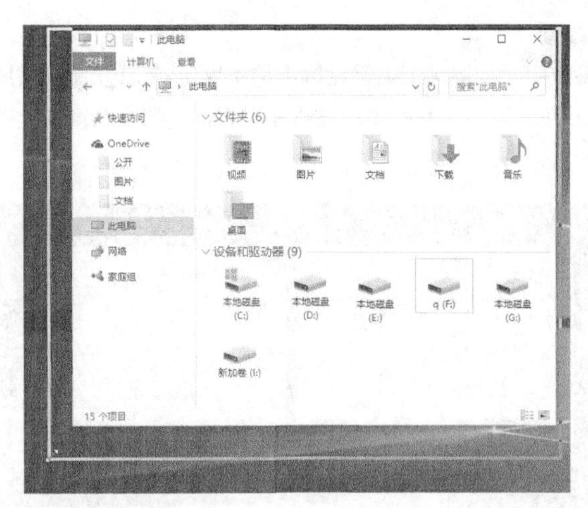

另外，单击窗口右上角的最小化按钮 - ，可使当前窗口最小化；单击最大化按钮 □ ，可以使当前窗口最大化；在窗口最大化时，单击【向下还原】按钮 ⧉ ，可还原到窗口最大化之前的大小。

提示 在当前窗口中，双击窗口，可使当前窗口最大化，再次双击窗口，可以向下还原窗口。

2.4.5 切换当前窗口

如果同时打开了多个窗口，用户有时会需要在各个窗口之间进行切换操作。

1. 使用鼠标切换

如果打开了多个窗口，使用鼠标在需要切换的窗口中任意位置单击，该窗口即可出现在所有窗口最前面。

另外，将鼠标指针停留在任务栏左侧的某个程序图标上，该程序图标上方会显示该程序的预览小窗口，在预览小窗口中移动鼠标指针，桌面上也会同时显示该程序中的某个窗口。如果是需要切换的窗口，单击该窗口即可在桌面上显示。

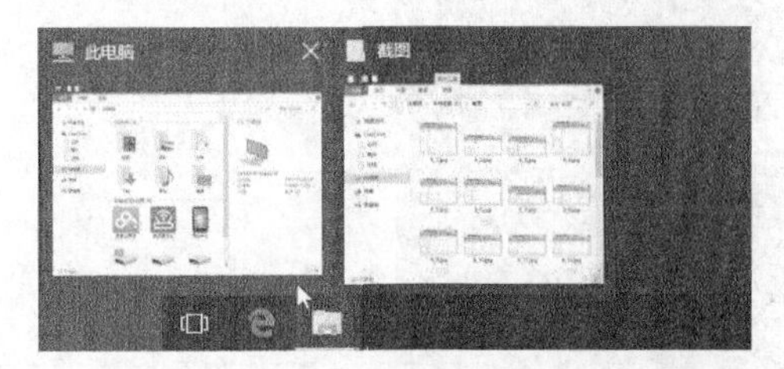

2.【Alt+Tab】组合键

在Windows 10系统中，按键盘上主键盘区中的【Alt+Tab】组合键切换窗口时，桌面中间会出现当前打开的各程序预览小窗口。按住【Alt】键不放，每按一次【Tab】键，就会切换一次，直至切换到需要打开的窗口。

3.【Win+Tab】组合键

在Windows 10系统中，按键盘上主键盘区中的【Win+Tab】组合键或单击【任务视图】按钮，即可显示当前桌面环境中的所有窗口缩略图，在需要切换的窗口上单击鼠标，即可快速切换。

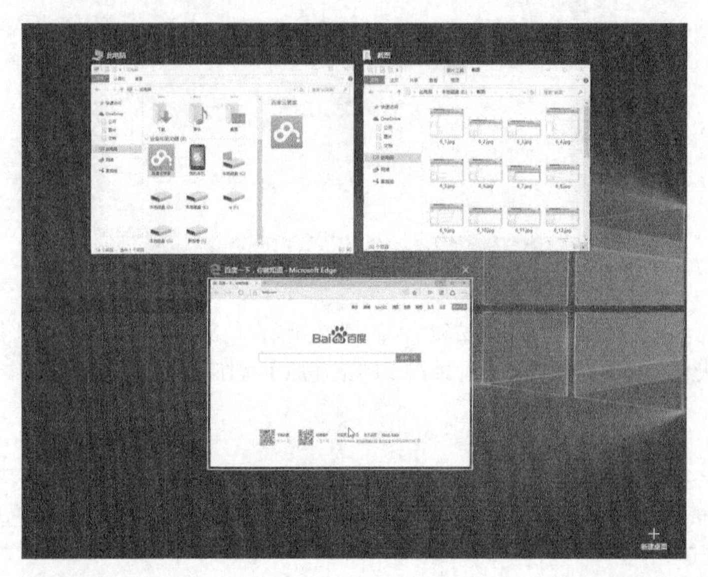

2.4.6 窗口贴边显示

在Windows 10系统中，如果需要同时处理两个窗口时，可以按住一个窗口的标题栏，拖曳至屏幕左右边缘或角落位置，窗口会出现气泡，此时松开鼠标，窗口即会贴边显示。

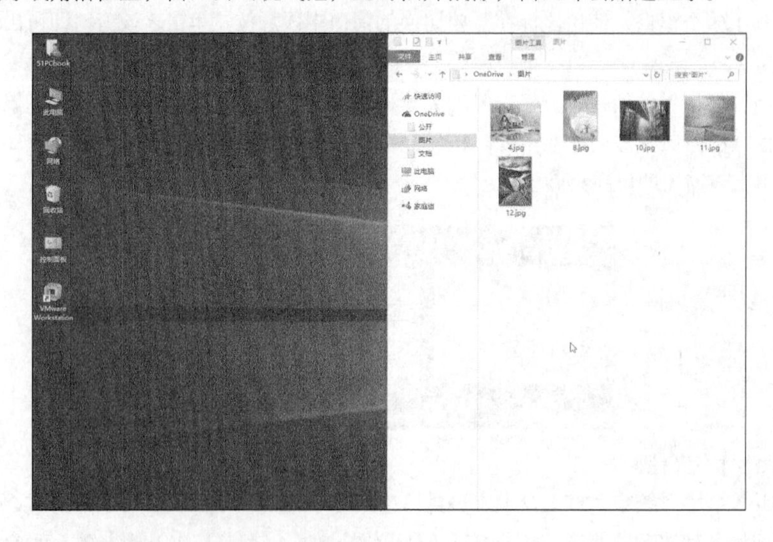

2.5 实战演练——管理“开始”屏幕的分类

本节视频教学时间 / 3分钟

用户可以根据所需形式，自定义“开始”屏幕，如将最常用的应用、网站、文件夹等固定到“开始”屏幕上，并对其进行合理的分类，以便可以快速访问，也可以使视觉效果更加美观。

1 进行移除磁贴

单击【开始】按钮，在打开的“开始”屏幕中，选择要移除的磁贴，单击鼠标右键，在弹出的快捷菜单中选择【从“开始”屏幕取消固定】命令，进行移除该磁贴。

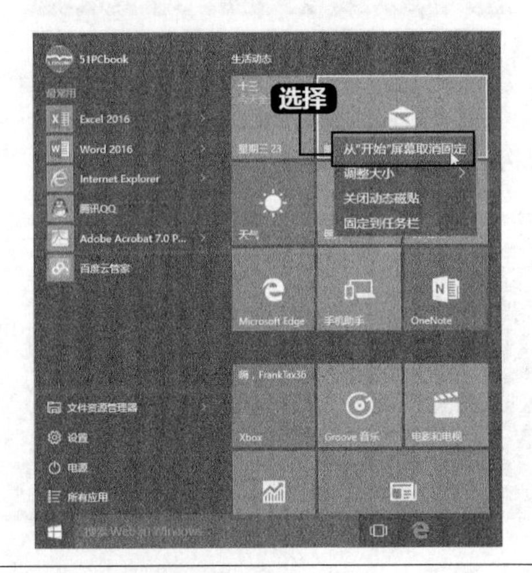

2 移除“开始”

使用该办法，将“开始”屏幕中所有不需要的磁贴移除，如下图所示。

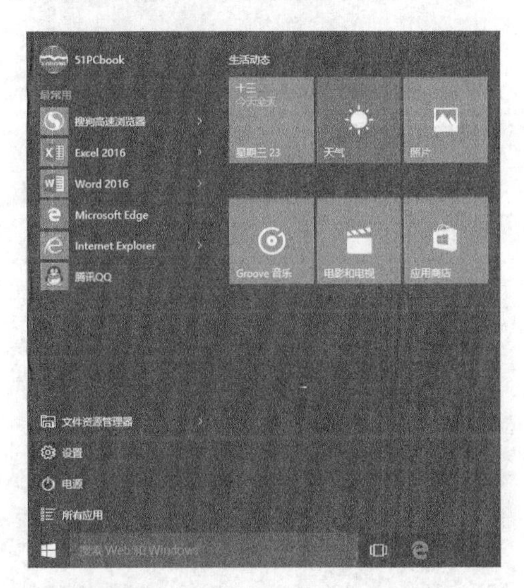

3 单击【所有应用】选项

单击【所有应用】选项，在弹出的所有应用列表中，选择要固定到“开始”屏幕的程序，并单击鼠标右键，在弹出的快捷菜单中，单击【固定到“开始”屏幕】命令即可。

4 固定常用程序

使用该方法，将最常用的程序固定到“开始”屏幕上，如下图所示。

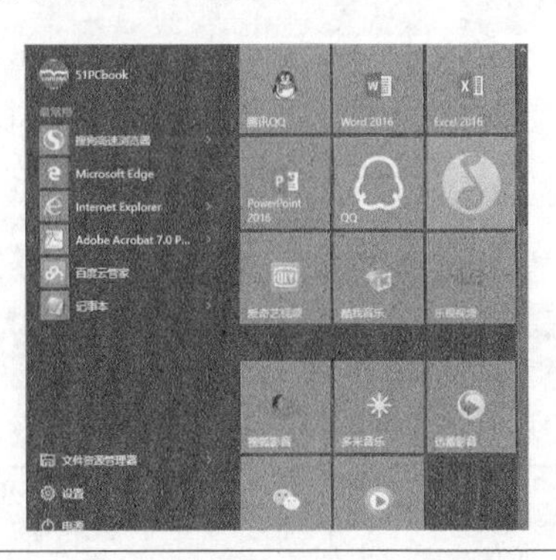

5 进行归类分组

程序添加到“开始”屏幕后，即可对其进行归类分组。选择一个磁贴向下空白处拖曳，即可独立一个组。

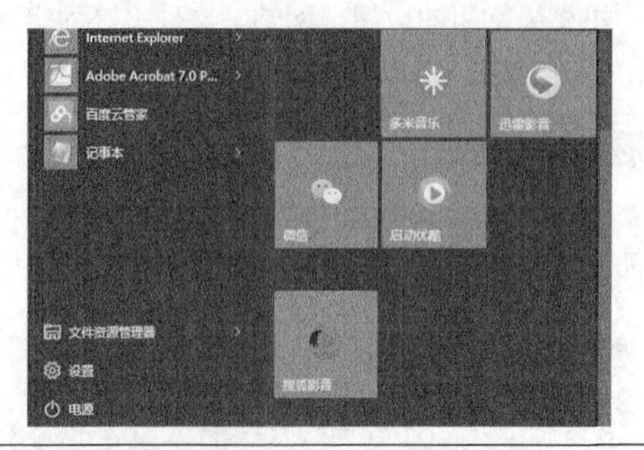

6 完成命名

将鼠标移至该磁贴上方空白处，则显示“命名组”字样，单击鼠标即可显示文本框，可以在框中输入名称，如输入“音乐视频”，按【Enter】键即可完成命名。

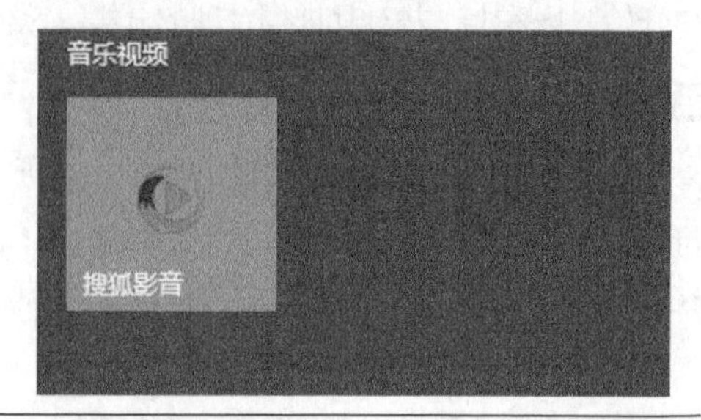

7 拖曳相关磁贴

此时可以拖曳相关的磁贴到该组中，如下图所示。

8 设置磁贴排列

用户可以根据需要设置磁贴的排列顺序和大小。

9 分类其他磁铁

使用同样办法，对其他磁贴进行分类，如下图所示。

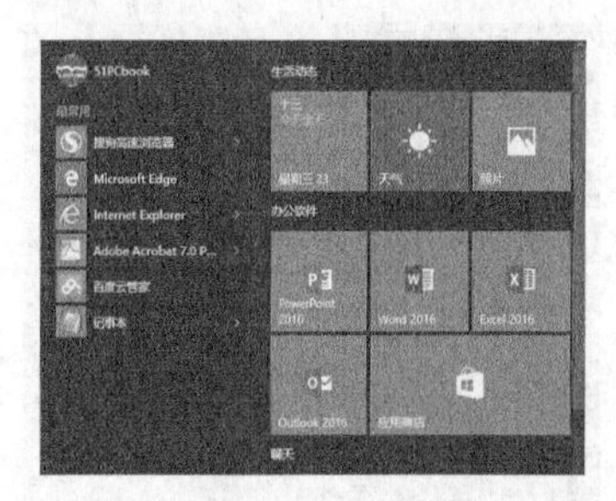

10 进行排序

用户也可以根据使用情况拖曳分类的组进行排序，如下图所示。

当然，如果磁贴过多，也可以调大“开始”屏幕，本节仅是给读者提供一种思路和方法，读者也可以自行尝试操作，随意调节磁贴位置，摆放一个喜欢的形状、分组等。

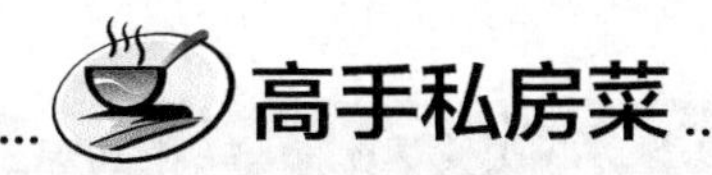

技巧1：滑动鼠标关机

Windows 10除了2.1.2小节介绍的关机方法外，下面介绍一种有趣的关机方法，使用鼠标滑动关机，具体操作步骤如下。

按【Win+R】组合键，打开【运行】对话框，在文本框中输入“C:\Windows\System32\SlideToShutDown.exe”命令，单击【确定】按钮。即可显示如下图界面， 使用鼠标向下滑动则可关闭电脑，向上滑动则取消操作。如果电脑支持触屏操作，也可以用手指向下滑动进行关机操作。

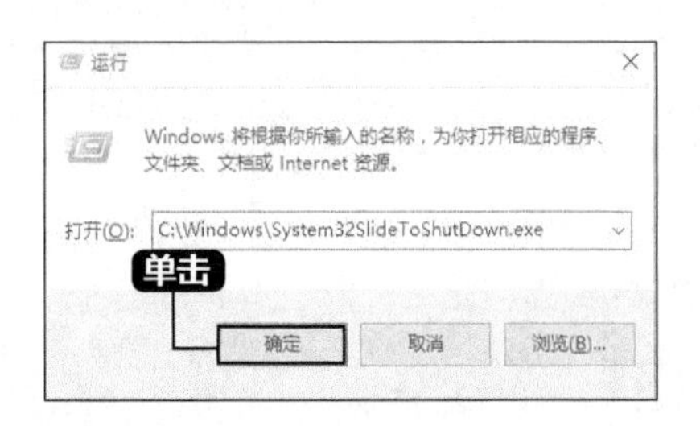

提示

输入的命令中，执行C盘Windows\System32文件夹下SlideToShutDown.exe应用，如果Windows 10不做C盘，则将C修改为对应的盘符即可，如D、E等。另外，也可以进入对应路径下，找到SlideToShutDown.exe应用，将其发送到桌面方便使用。

技巧2：隐藏搜索框

Windows 10操作系统任务栏默认显示搜索框，用户可以根据需要隐藏搜索框，具体操作步骤如下。

1 单击鼠标右键

在任务栏上单击鼠标右键，在弹出的快捷菜单中选择【搜索】➤【隐藏】菜单命令。

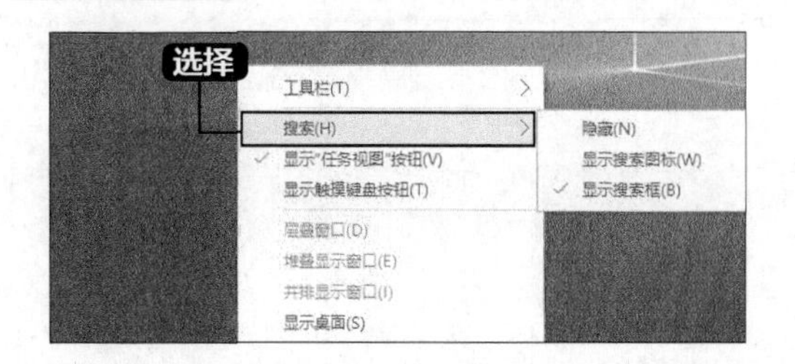

2 隐藏搜索框

即可隐藏搜索框，如下图所示。

第 3 章

Windows 10的个性化设置

重点导读

本章视频教学时间：16分钟

与之前的Windows系统版本相比，Windows 10进行了重大的变革，不仅延续了Windows家族的传统，而且带来了更多新的体验。本章主要介绍显示个性化设置、桌面图标的设置、屏幕保护程序的设置、日期和时间的设置。

学习效果图

3.1 设置日期和时间

本节视频教学时间 / 4分钟

如果系统时间不准确，用户可以更改Windows 10中显示的日期和时间。本节介绍如何调整日和时间。

1 设置时间日期

单击时间通知区域，在弹出的对话框中单击【改日期和时间设置】选项。

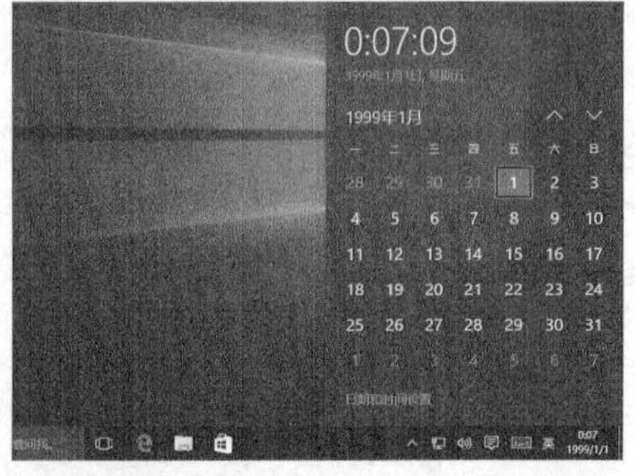

2 自动设置时间

打开【设置】面板，在【日期和时间】界面中，单击【自动设置时间】下方的按钮。

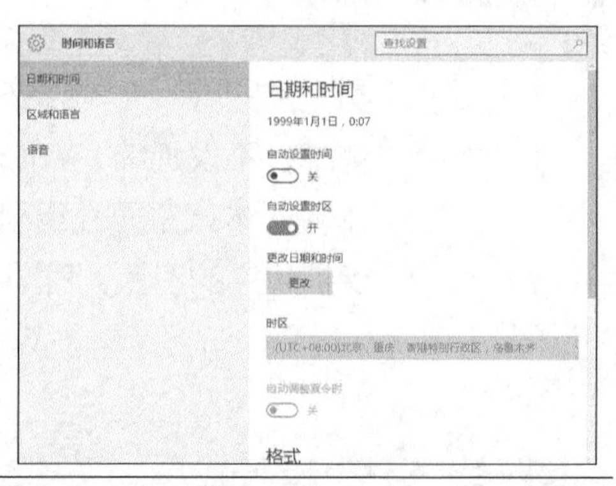

3 自动更新日期

如果电脑联网即会自动更新日期和时间，如下图所示。

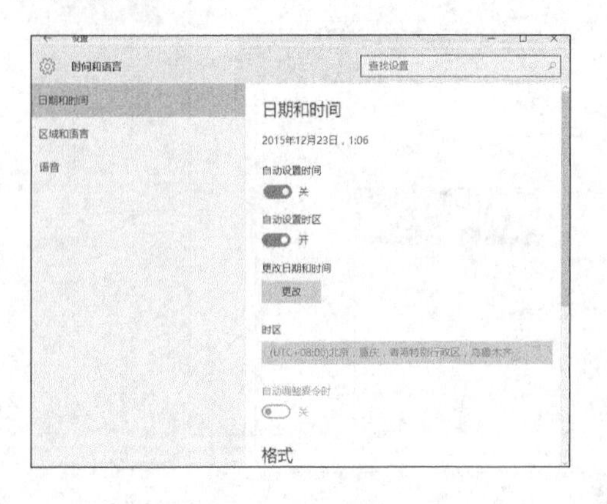

4 单击【格式】选项

在【日期和时间】界面中，单击【格式】区域中的【更改日期和时间格式】超链接。

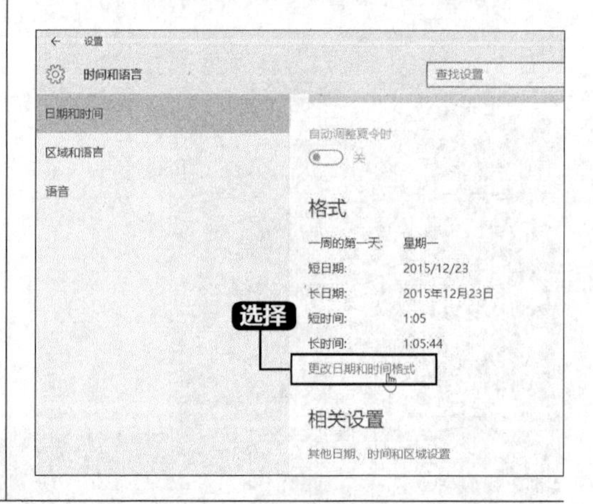

5 自定义设置

弹出【更改日期和时间格式】对话框，用户可以根据使用习惯设置日期和时间的格式。

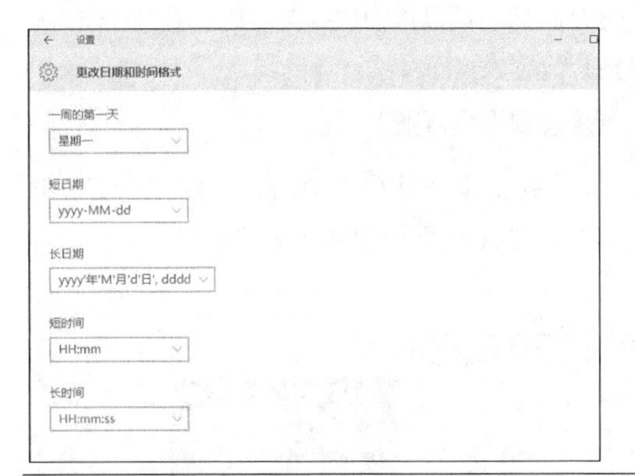

6 添加不同地区时间

单击 ← 按钮，即可看到格式区域中修改的日期和时间的格式，也可在通知区域中看到修改后的效果。如果希望添加多个时区的时钟，单击【添加不同时区的时钟】超链接。

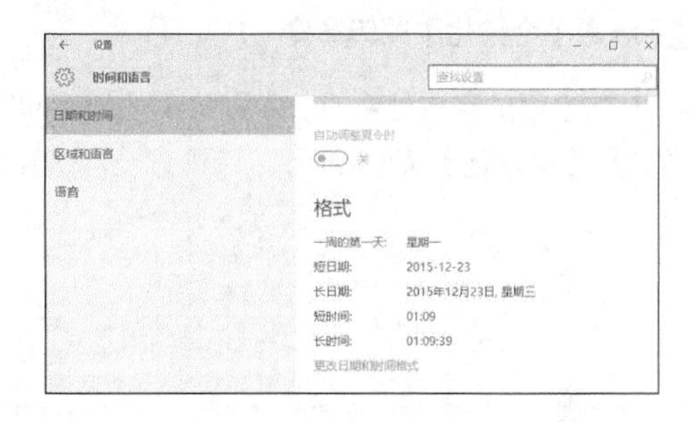

7 设置名称

弹出【日期和时间】对话框，在【附加时钟】选项卡下，勾选【显示此时钟】复选框，即可在【选择时区】列表中选择要显示的时区，也可设置“输入显示名称”。

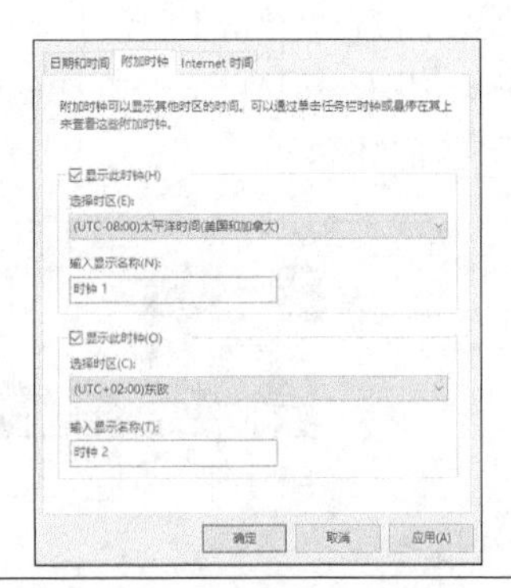

8 单击【确定】按钮

设置完成后，单击【确定】按钮，并关闭【设置】对话框，单击时间通知区域，弹出日期和时间信息，即可看到添加的不同时区的时钟。

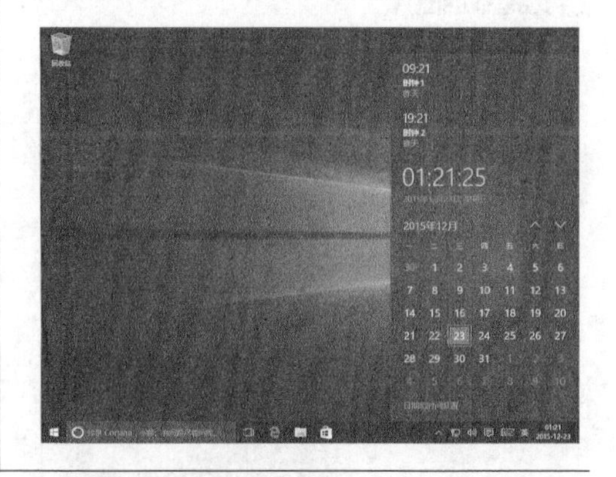

提示 如果要取消不同时区时钟的显示，打开【日期和时间】对话框，在【附加时钟】选项卡下，取消勾选【显示此时钟】复选框，并单击【确定】按钮即可。

3.2 显示个性化设置

本节视频教学时间 / 3分钟

桌面是打开电脑并登录Windows之后看到的主屏幕区域。用户可以对它进行个性化设置，让屏幕看起来更漂亮更舒服。

3.2.1 设置桌面的背景和颜色

桌面背景可以是个人收集的数字图片、Windows提供的图片、纯色或带有颜色框架的图片，也可以显示幻灯片图片。

Windows 10操作系统自带了很多漂亮的背景图片，用户可以从中选择自己喜欢的图片作为桌面背景，除此之外，用户还可以把自己收藏的精美图片设置为桌面背景。

1 选择【个性化】菜单命令

在桌面的空白处右击，在弹出的快捷菜单中选择【个性化】菜单命令。

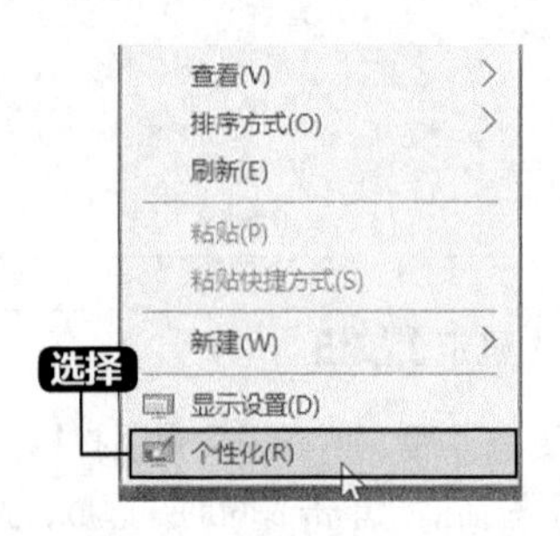

2 设置桌面背景

弹出【个性化】窗口，选择【背景】选项，在其右侧区域即可设置桌面背景。

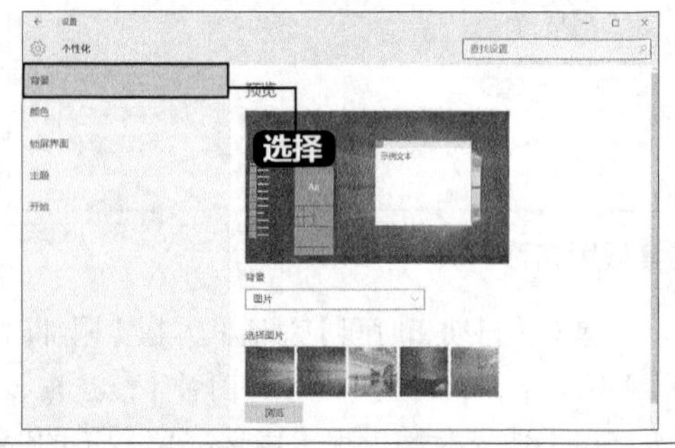

3 选择本地图片

设置桌面背景。桌面背景主要包含图片、纯色和幻灯片放映3种形式，用户可在图片缩略图中选择要设置的背景图片，也可以单击【浏览】按钮选择本地图片作为桌面背景图。

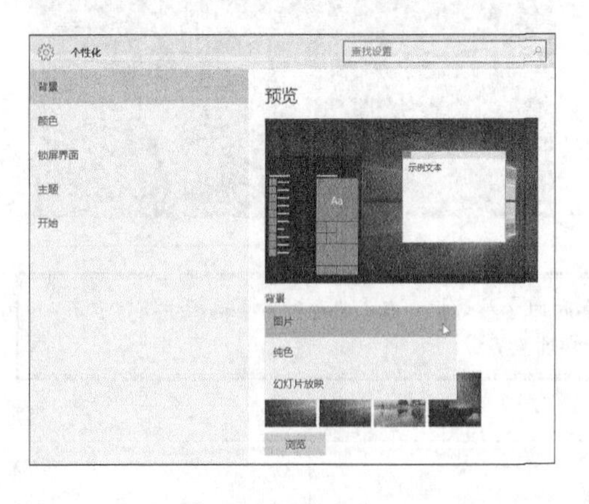

4 选择喜欢的主题

设置桌面颜色。单击【颜色】选项，可以让Windows 从背景中抽取一个主题色，也可以自己选择喜欢的主题色。

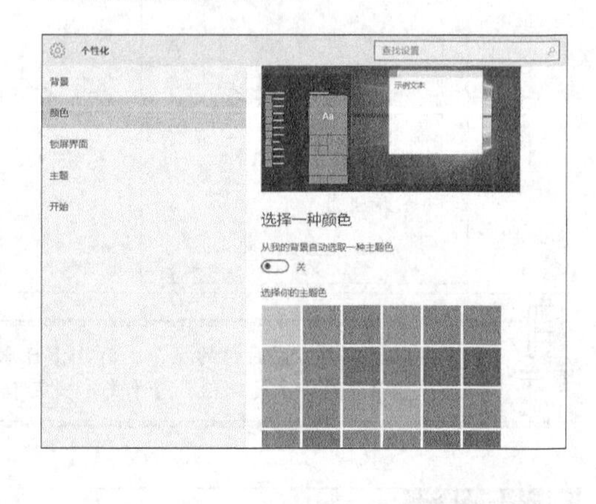

3.2.2 设置锁屏界面

用户可以根据自己的喜好，设置锁屏界面的背景、显示状态的应用等，具体操作步骤如下。

1 打开【个性化】窗口

打开【个性化】窗口，单击【锁屏界面】选项，用户可以将背景设置为喜欢的图片或幻灯片。

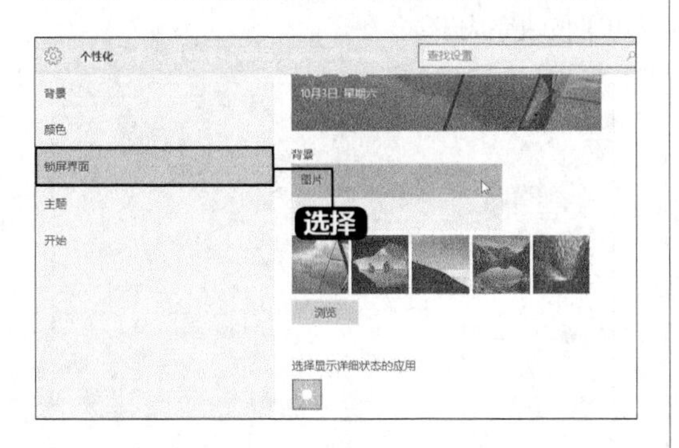

2 任意组合应用

另外，也可以选择显示详细状态和快速状态应用的任意组合，可以方便地向用户显示即将到来的日历事件、社交网络更新以及其他应用和系统通知。

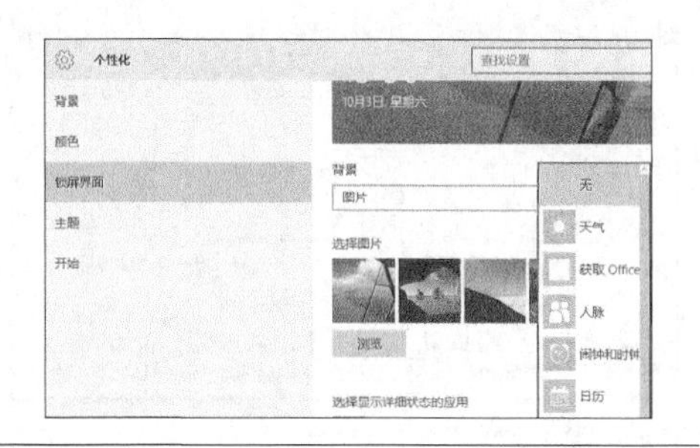

3.2.3　设置主题

主题是桌面背景图片、窗口颜色和声音的组合，Windows 10采用了新的主题方案，无边框设计的窗口、扁平化设计的图标等，使其更具现代感。本节主要介绍如何设置系统主题。

1 打开【个性化】窗口

打开【个性化】窗口，单击【主题】选项，然后单击【主题设置】超链接。

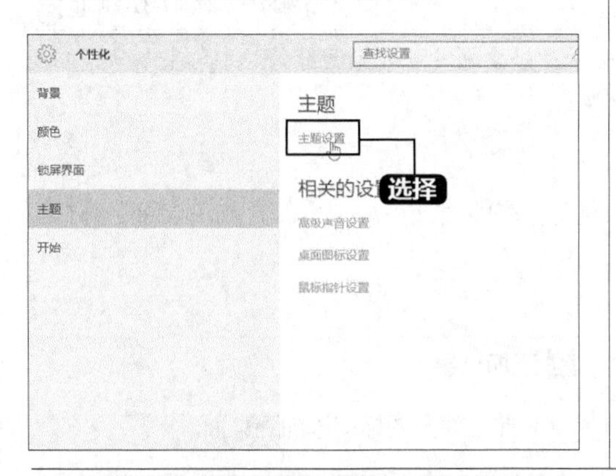

2 下载新主题

在打开的窗口中，即可看到系统自带的默认主题，单击选择即可应用该主题，也可以选择【联机获取更多主题】超链接来下载更多的新主题。

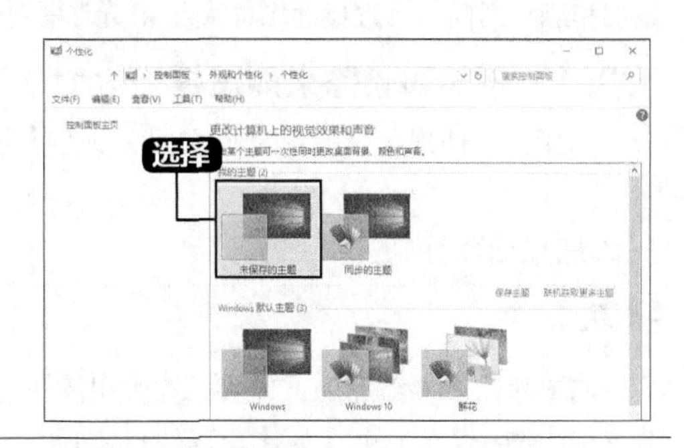

3.2.4　设置屏幕分辨率

屏幕分辨率指的是屏幕上显示的文本和图像的清晰度。分辨率越高，显示越清楚，同时屏幕上的项目越小，因此屏幕可以容纳越多的项目。分辨率越低，在屏幕上显示的项目越少，但尺寸越大。设置适当的分辨率有助于提高屏幕上图像的清晰度。具体操作步骤如下。

1 选择【显示设置】选项

在桌面上空白处单击鼠标右键，在弹出的快捷菜单中选择【显示设置】菜单命令，然后单击【显示】➤【高级显示设置】超链接。

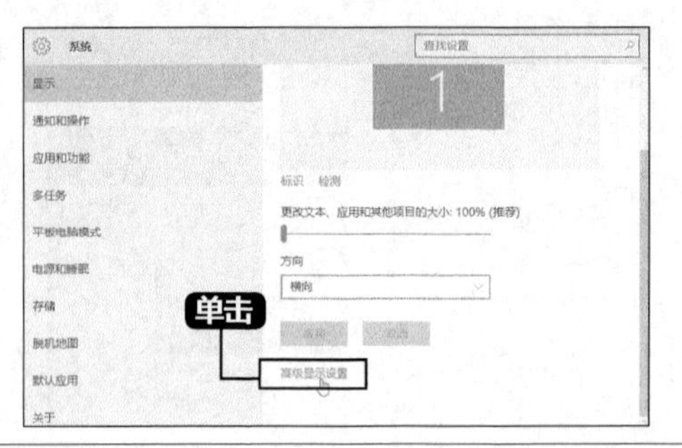

2 单击【应用】按钮

打开【高级显示设置】窗口，在【分辨率】列表中选择适合的分辨率，然后单击【应用】按钮完成设置。

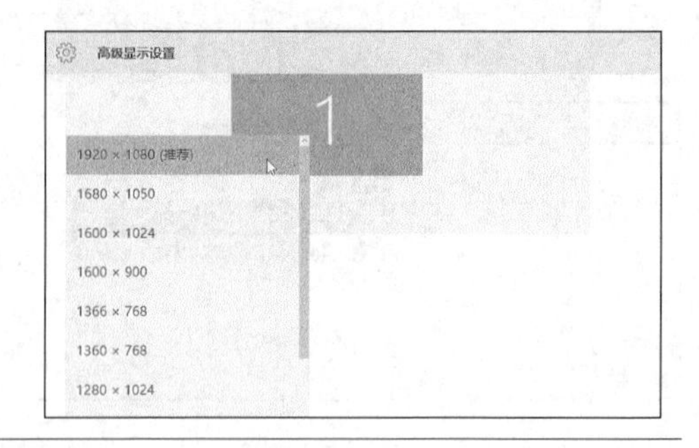

提示 在显卡驱动安装正常的情况下，建议用户选择推荐的分辨率。如果将监视器设置为它不支持的屏幕分辨率，那么该屏幕在几秒钟内将变为黑色，监视器则还原至原始分辨率。

3.3 设置桌面图标

本节视频教学时间 / 3分钟

桌面图标是文件、文件夹和应用程序的图形标识，是桌面的重要组成部分。本节主要介绍如何添加和删除图标、设置桌面图标大小和更改桌面图标。

3.3.1 添加和删除桌面图标

为了方便使用，用户可以将文件、文件夹和应用程序的图标添加到桌面上或从桌面上将其删除。

1. 添加桌面图标

1 添加文件

右键单击需要添加的文件夹，在弹出的快捷菜单中选择【发送到】➤【桌面快捷方式】菜单命令。

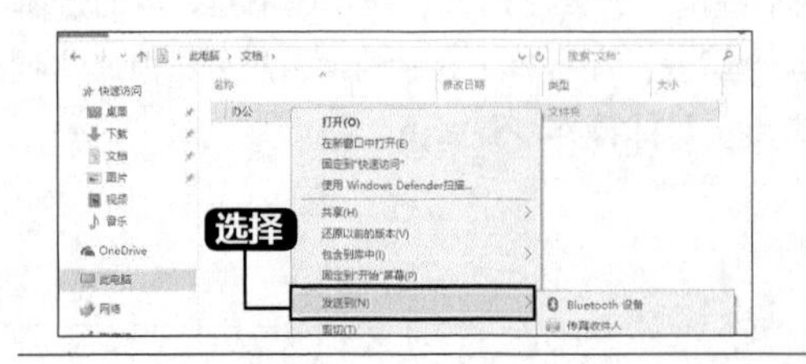

2 添加结果

此文件夹图标就添加到桌面。

2. 删除桌面图表

对于不常用的桌面图标，可以将其删除，这样有利于管理，同时使桌面看起来更简洁美观。

（1）使用快捷键删除

选择需要删除的桌面图标，按下【Delete】键，即可弹出【删除快捷方式】对话框，然后单击【是】按钮，即可将图标删除。

如果想彻底删除桌面图标，按下【Delete】键的同时按下【Shift】键，此时会弹出【删除快捷方式】对话框，提示“你确定要永久删除此快捷方式吗？”，单击【是】按钮即可。

（2）使用删除命令

选择要删除的图标，单击鼠标右键并在弹出的快捷菜单中选择【删除】菜单命令。在弹出的【删除快捷方式】对话框，单击【是】按钮即可。

3.3.2　设置桌面图标的大小和排列方式

如果桌面上的图标比较多会显得很乱，这时可以通过设置桌面图标的大小和排列方式等来整理桌面。

1. 设置图标大小

在桌面的空白处单击右键，在弹出的快捷菜单中选择【查看】菜单命令，在弹出的子菜单中显示3种图标大小，包括大图标、中等图标和小图标。选择对应的命令，即可调整图标大小。

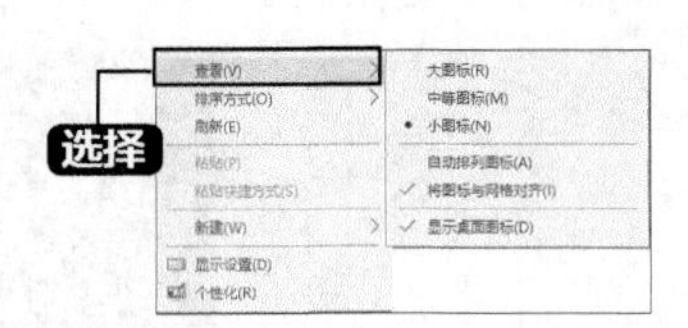

另外，按住【Ctrl】键不放，向上滚动鼠标滑轮，则缩小图标，向下滚动鼠标滑轮，则放大图标。

2. 排列图标顺序

在桌面的空白处单击右键，然后在弹出的快捷菜单中选择【排列方式】菜单命令，在弹出的子菜单中有4种排列方式，分别为名称、大小、项目类型和修改日期。选择对应的命令，即可对图标进行排列。

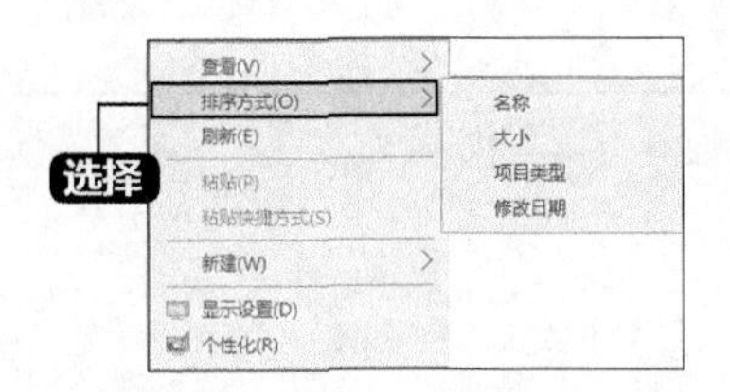

3.3.3　更改桌面图标

根据需要，用户还可以对桌面图标的样式进行修改，具体操作步骤如下。

1 打开【个性化】窗口

打开【个性化】窗口，单击【主题】选项下的【桌面图标设置】超链接。

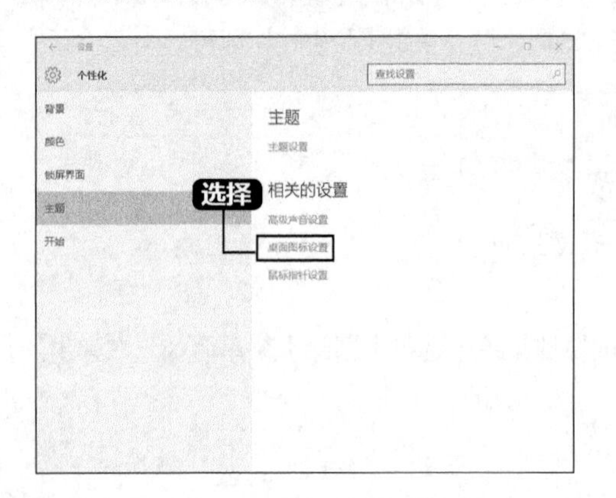

2 单击【更改图标】按钮

打开【桌面图标设置】对话框，在【桌面图标】选项卡中选择要更改标识的桌面图标，如【此电脑】选项，然后单击【更改图标】按钮。

3 单击【确定】按钮

弹出【更改图标】对话框，从【从以下列表中选择一个图标】列表框中选择一个自己喜欢的图标，然后单击【确定】按钮。

4 更换结果图

返回【桌面图标设置】对话框，可以看出【此电脑】的图标已经更改。

3.4 实战演练——虚拟桌面的创建和使用

本节视频教学时间 / 3分钟

虚拟桌面是Windows 10操作系统中新增的功能，可以创建多个传统桌面环境，给用户带来更多的桌面使用空间，在不同的虚拟桌面中放置不同的窗口。

1 单击【新建桌面】选项

按任务栏上的【任务视图】按钮▢或【Win+Tab】组合键，即可显示当前桌面环境中的窗口，用户可单击不同的窗口，进行切换或者关闭该窗口。如果要创建虚拟桌面，单击右下角的【新建桌面】选项。

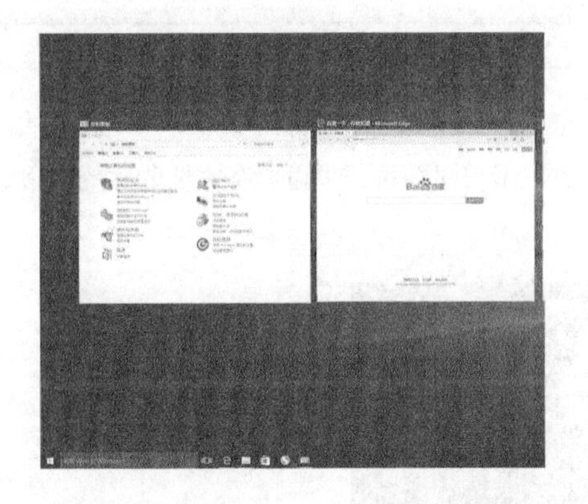

2 创建虚拟桌面

此时即可看到创建的虚拟桌面列表。同时，用户可以单击【新建桌面】选项创建多个虚拟桌面，且没有数量限制。

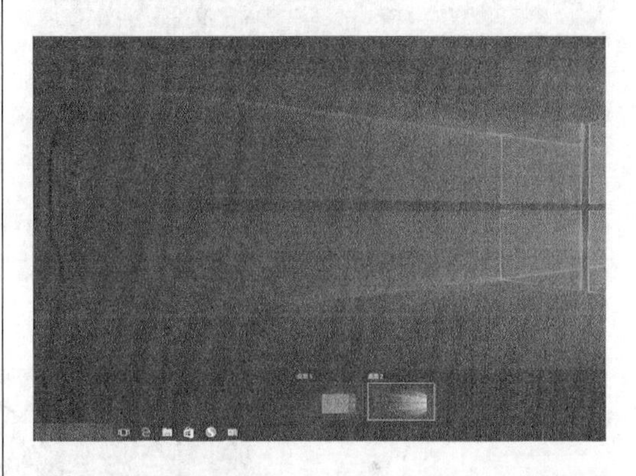

提示

按【Win+Ctrl+D】组合键也可以快速创建虚拟桌面。

3 切换虚拟桌面

创建虚拟桌面后，用户可以单击不同的虚拟桌面缩略图，打开该虚拟桌面，也可以按【Win+Ctrl+左/右方向】组合键，快速切换虚拟桌面。

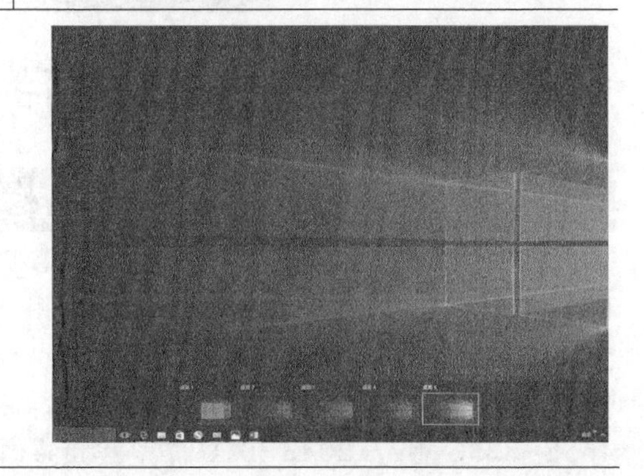

4 打开程序

选择虚拟桌面后，用户可在该桌面打开程序，就会在这个桌面上显示，如下图所示。

5 选择移动的桌面

虽然虚拟桌面之间并不冲突，但是用户可以将任意一个桌面上的窗口移动到另外一个桌面上。右键单击要移动的窗口，在弹出的快捷菜单中，选择【移动到】菜单命令，然后在子菜单中选择要移动的桌面，单击即可。

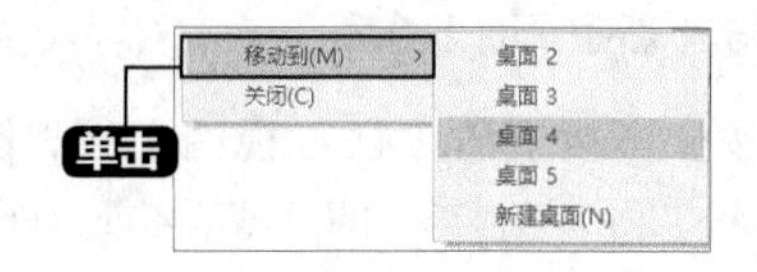

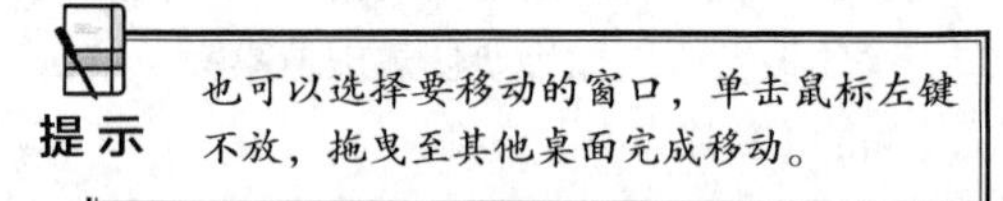

也可以选择要移动的窗口，单击鼠标左键不放，拖曳至其他桌面完成移动。

6 关闭虚拟桌面

如果要关闭虚拟桌面，单击虚拟桌面列表右上角的关闭按钮即可，也可以在需要删除的虚拟桌面环境中按【Win+Ctrl+F4】组合键关闭。

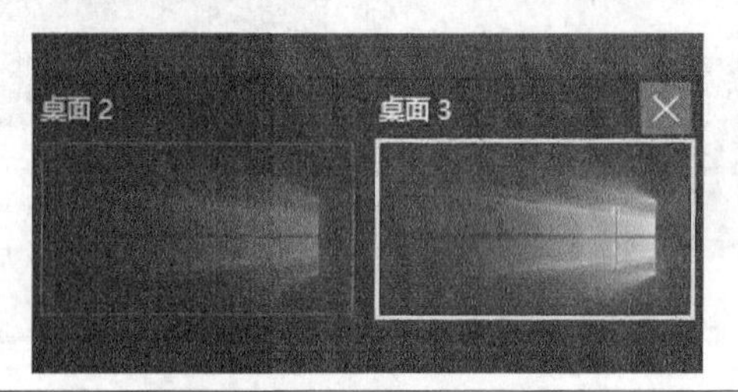

高手私房菜

技巧1：开启“上帝模式”

上帝模式即"GodMode”，或称为“完全控制面板”。这是系统中隐藏的一个简单的文件夹窗口，但包含了几乎所有Windows系统的设置，用户只需通过这一个窗口就能实现所有的操控。下面介绍下如何打开该窗口。

在桌面上创建一个文件夹，按【F2】键，将其重命名为“GodMode{ED7BA470-8E54-465E-825C-99712043E01C}”，单击桌面任意位置完成命名，即可看到该文件夹变为“GodMode”命名的图标。

双击GodMode图标，打开GodMode窗口，即可看到该窗口包含了各种系统设置选项和工具，而且清晰明了，双击任意选项，即可打开对应的系统设置或工具窗口。

技巧2：取消显示开机锁屏界面

虽然开机锁屏界面给人以绚丽的视觉效果，但是影响了开机时间和速度，用户可以根据需要取消系统启动后的锁屏界面，具体步骤如下。

1 打开【运行】对话框

按【Win+R】组合键，打开【运行】对话框，输入“gpedit.msc”命令，按【Enter】键。

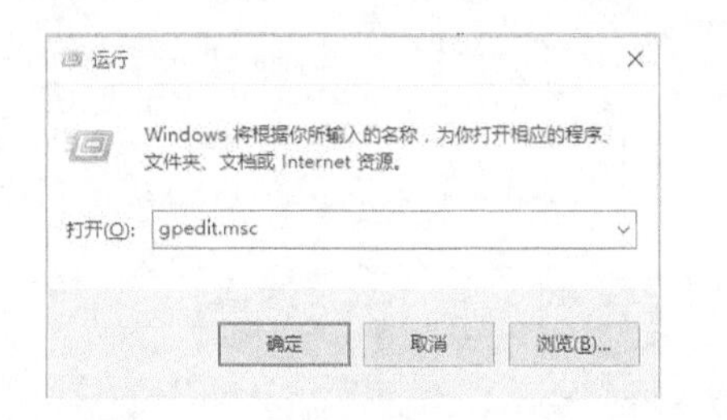

2 打开【不显示锁屏】命令

弹出【本地组策略编辑器】对话框，单击【计算机配置】➤【管理模板】➤【控制面板】➤【个性化】命令，在【设置】列表中双击打开【不显示锁屏】命令。

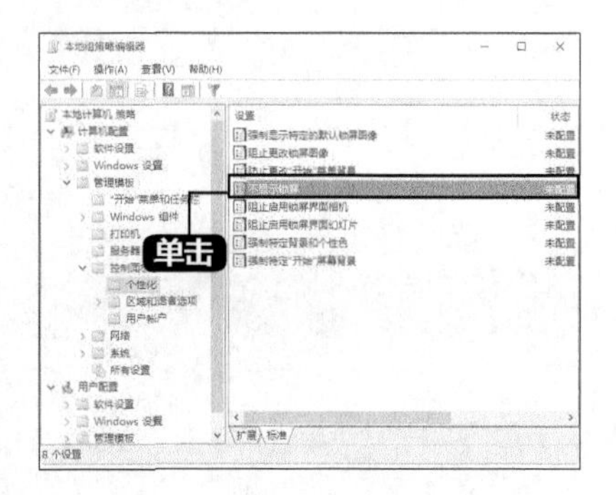

3 单击【确定】按钮

弹出【不显示锁屏】对话框，选择【已启用】单选项，单击【确定】按钮，即可取消显示开机锁屏界面。

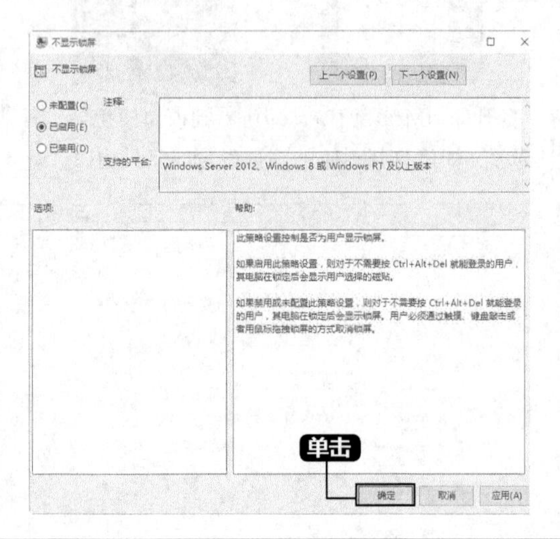

第 4 章

管理Windows用户账户

重点导读

本章视频教学时间：14分钟 

管理Windows用户账户是使用Windows 10系统的第一步，注册并登录Microsoft账户，才可以使用Windows 10的许多功能应用，并可以同步设置。本章主要讲述账户的个性化设置、设置家庭成员、添加账户和同步账户设置等内容。

学习效果图

4.1 认识Microsoft账户

本节视频教学时间 / 1小时3分钟 

在Windows 10中，系统中集成了很多Microsoft服务，都需要使用Microsoft账户才能使用。

使用Microsoft账户可以登录并使用任何Microsoft应用程序和服务，如Outlook.com、Hotmail、Office 365、OneDrive、Skype、Xbox等，而且登录Microsoft账户后，还可以在多个Windows 10设备上同步设置和内容。

用户使用Microsoft账户登录本地计算机后，部分Modern应用启动时默认使用Microsoft账户，如Windows应用商店，使用Microsoft账户才能购买并下载Modern应用程序。

4.2 注册并登录Microsoft账户

本节视频教学时间 / 1小时3分钟 

在首次使用Windows 10时，系统会以计算机的名称创建本地账户，如果需要改用Microsoft账户，就需要注册并登录Microsoft账户。具体操作步骤如下。

1 更改账户设置

按【Windows】键，弹出“开始”菜单，单击本地账户头像，在弹出的快捷菜单中单击【更改账户设置】命令。

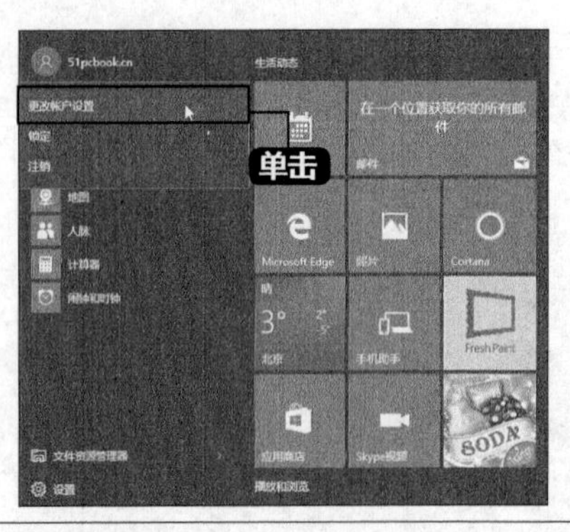

2 设置更改

在弹出的【账户】界面中，单击【改用Microsoft账户登录】超链接。

3 创建超链接

弹出【个性化设置】对话框，输入Microsoft账户和密码，单击【登录】按钮即可。如果没有Microsoft账户，则单击【创建一个】超链接。这里单击【创建一个】超链接。

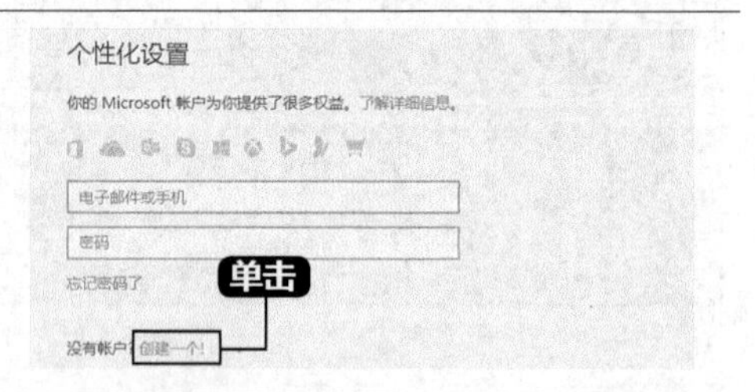

4 输入个人信息

弹出【让我们来创建你的账户】对话框，在信息文本框中输入相应的信息、邮箱地址和使用密码等，单击【下一步】按钮。

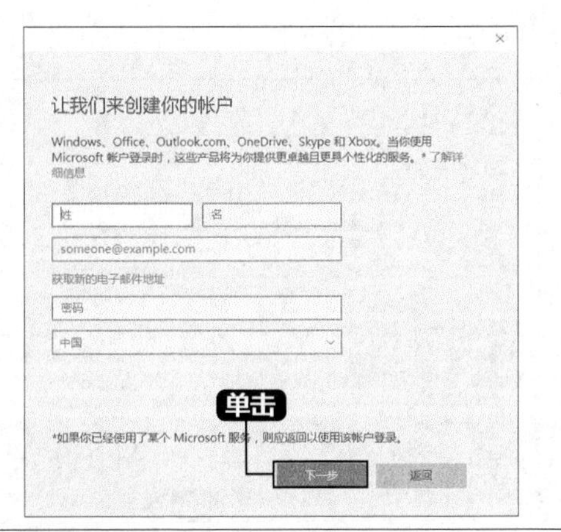

5 单击【下一步】按钮

在弹出【查看与你相关度最高的内容】的对话框中，单击【下一步】按钮。

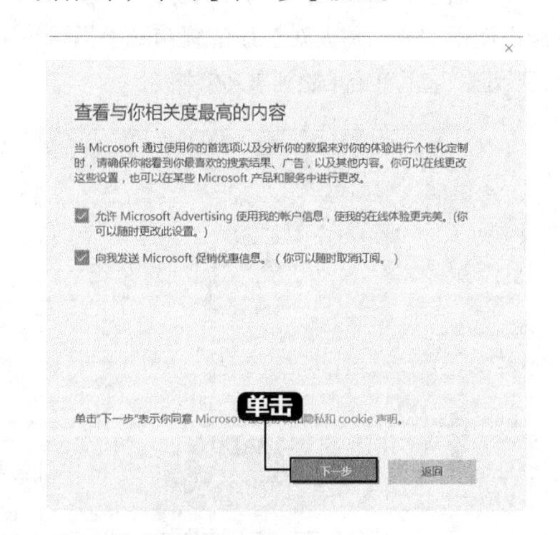

6 设置密码

弹出【使用你的Microsoft账户登录此设备】对话框，在【旧密码】文本中，输入设置的本地账户密码（即开机登录密码），如果没有设置密码，无需填写，直接单击【下一步】按钮。

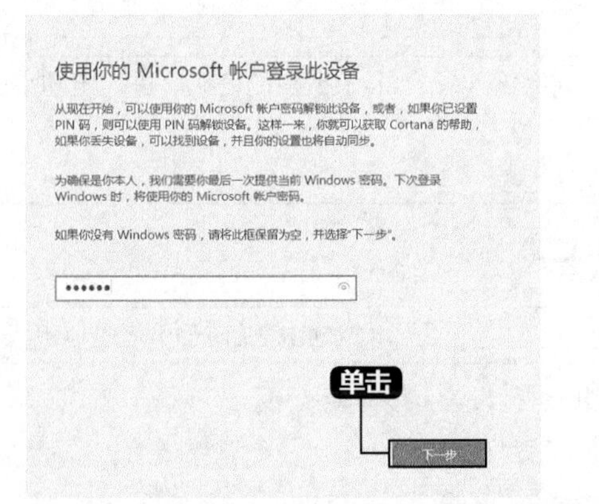

提示 该步骤设置完毕后，则再次重启登录电脑时，则需要输入步骤**4**中设置的密码进行登录。

7 设置PIN码

弹出【设置PIN码】对话框，用户可以选择是否设置PIN码。如需设置，单击【设置PIN】按钮，如不设置则单击【跳过此步骤】按钮。这里单击【跳过此步骤】按钮。

提示 设置PIN码会在4.3.2小节详细讲述，这里不再赘述。

8 单击【验证】超链接

返回【账户】界面，即可看到注册且登录的账户信息，如下图所示。微软为了确保用户账户使用安全，需要对注册的邮箱或手机号进行验证，这里单击【验证】超链接。

9 单击【下一步】按钮

弹出【验证电子邮件】对话框，登录电子邮箱，查看Microsoft发来的安全码，为4位数字组成，将其输入到文本框中，并单击【下一步】按钮。

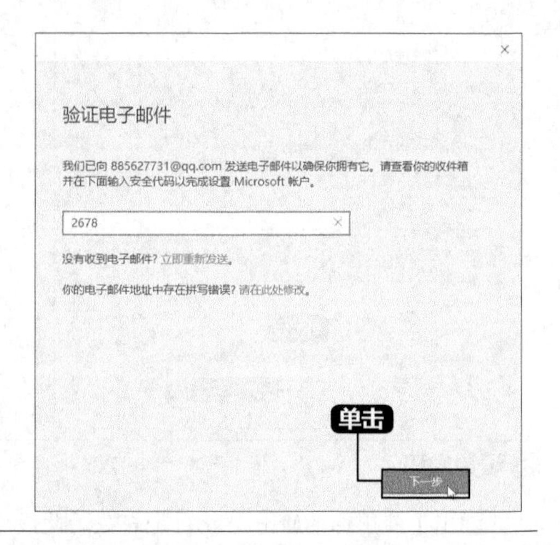

10 完成设置

返回到【账户】界面，即可看到【验证】超链接已消失，则完成设置。

Microsoft账户登录后，再次重启登录电脑时，则需输入Microsoft账户的密码。进入电脑桌面时，OneDrive也会被激活。

4.3 设置Microsoft账户

本节视频教学时间 / 1小时3分钟 

Microsoft账户登录后，用户可以根据需求对账户进行设置，以方便使用。

4.3.1 添加账户头像

登录Microsoft账户后，默认没有任何头像。用户可以将喜欢的图片设置为该账户的头像，具体操作步骤如下。

1 单击【浏览】按钮

在【账户】对话框中单击【你的头像】下的【浏览】按钮。

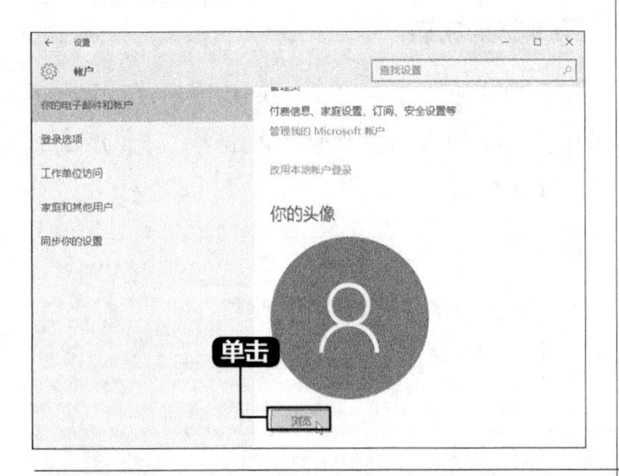

2 单击【选择图片】按钮

弹出【打开】对话框，从电脑中选择要设置的图片，并单击【选择图片】按钮。

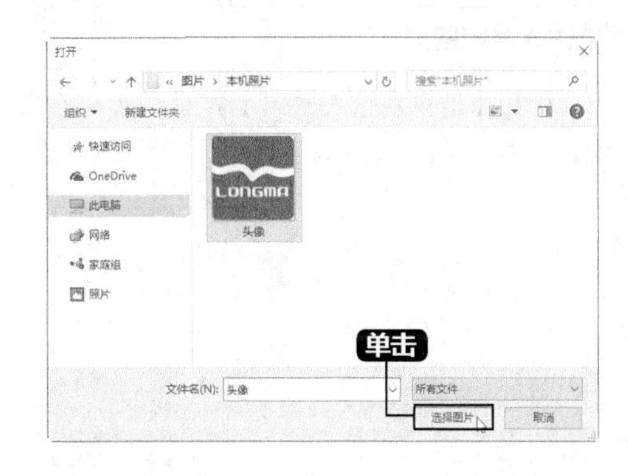

3 设置完成

返回【账户】对话框，即可看到设置好的头像。

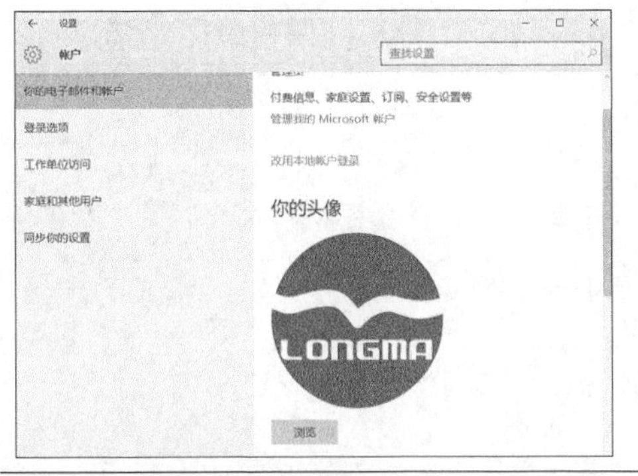

4 查看设置

再次进入登录界面时，也可看到设置的账户头像，如下图所示。

4.3.2 更改账户密码

定期的更改账户密码，可以确保账户的安全，具体修改步骤如下。

1 更改密码

打开【账户】对话框，单击【登录选项】选项，在其界面中，单击【密码】区域中的【更改】按钮。

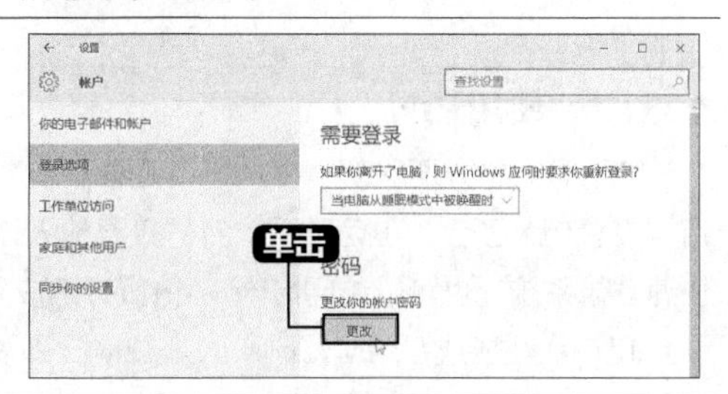

提示 按【Windows+I】组合键，打开【设置】对话框，选择【账户】图标选项，即可进入【账户】对话框。

2 输入当前密码

弹出【请重新输入密码】界面，输入当前密码，并单击【登录】按钮。

3 输入新密码

弹出【更改你的Microsoft账户密码】界面中，分别输入当前密码、新密码，并单击【下一步】按钮。

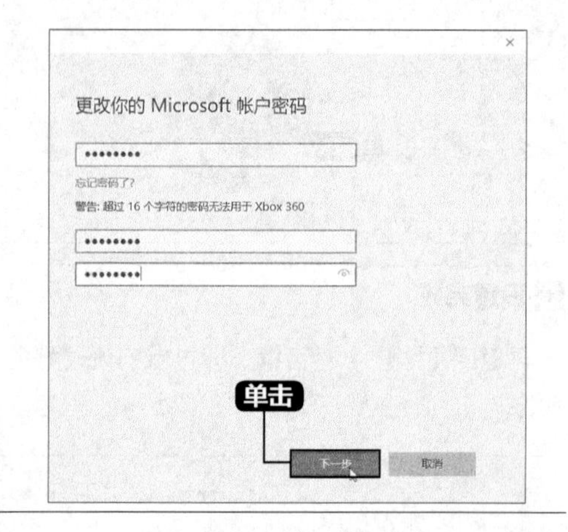

4 单击【完成】按钮

提示更改密码成功后，单击【完成】按钮即可。

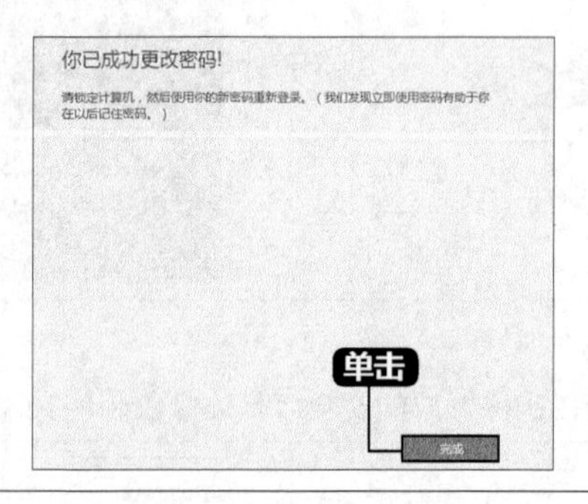

4.3.3 使用PIN

PIN是为了方便移动、手持设备登录设备、验证身份的一种密码措施，在Windows 8中已被使用。设置PIN之后，在登录系统时，只要输入设置的数字字符，不需要按回车键或单击鼠标，即可快速登录系统，也可以访问Microsoft服务的应用。

用户在注册或登录Microsoft账户时，即被提示设置PIN，并未设置的用户可参照下面的步骤进行设置。

1 进入【账户】界面

在【账户】界面单击【登录选项】选项，然后单击【PIN】区域下的【添加】按钮。

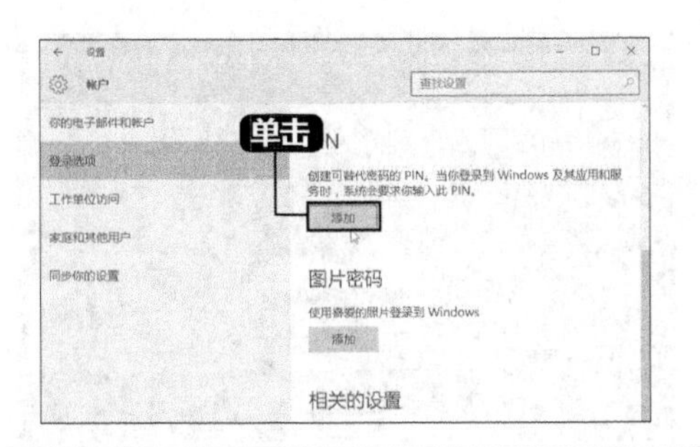

2 单击【确定】按钮

弹出【设置PIN】界面，在文本框中输入数字字符（至少4位的数字字符，不可为字母），单击【确定】按钮即可完成设置。

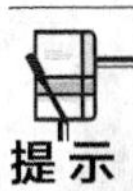

提示　Windows 10操作系统中，PIN最多支持32位数字。

3 单击【更改】按钮

返回【登录选项】界面，即可看到【PIN】区域下【添加】按钮变为【更改】和【删除】按钮。如果要更改当前PIN，单击【更改】按钮。

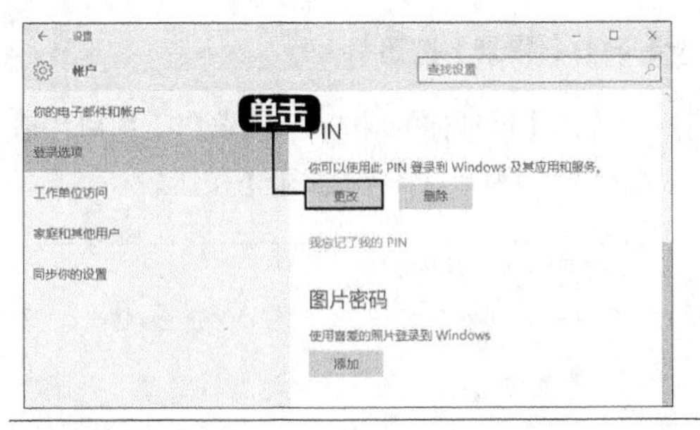

4 输入新PIN

弹出【更改PIN】对话框，分别输入当前PIN和新PIN，并单击【确认】按钮即可。

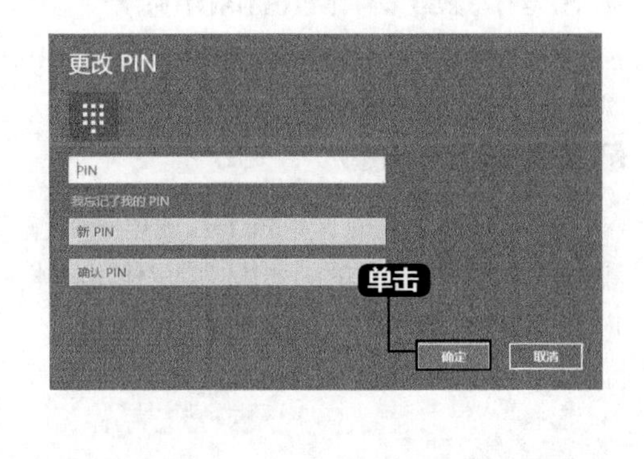

5 忘了PIN码

如果忘记了PIN码，可以在【PIN】区域中单击【我忘记了我的PIN】超链接，弹出【是否确定？】对话框，单击【确定】按钮。

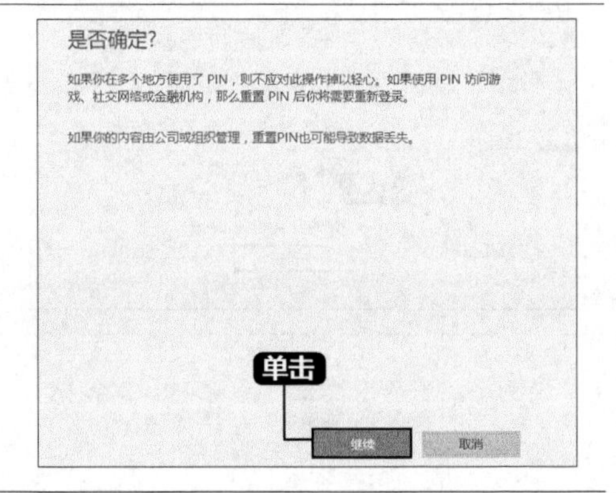

6 设置新的PIN

弹出【设置PIN】对话框，输入新的PIN码，单击【确定】按钮。

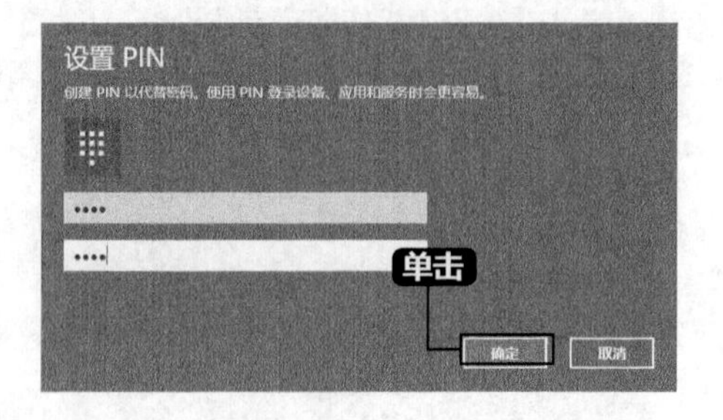

7 登录系统

当设置PIN后，再次登录系统时，则需输入PIN码进行登录。

8 输入PIN码

输入设置的PIN码，无需按【Enter】键，则自动进入系统。

4.3.4 添加多个Microsoft账户

如果多人使用一台电脑，可以添加多个Microsoft账户，这样每个用户都有属于自己的文件、浏览器收藏夹以及桌面。

1 添加Microsoft账户

在【账户】界面，单击【你的电子邮件和账户】选项，然后单击【其他应用使用的账户】区域中的【添加Microsoft账户】超链接。

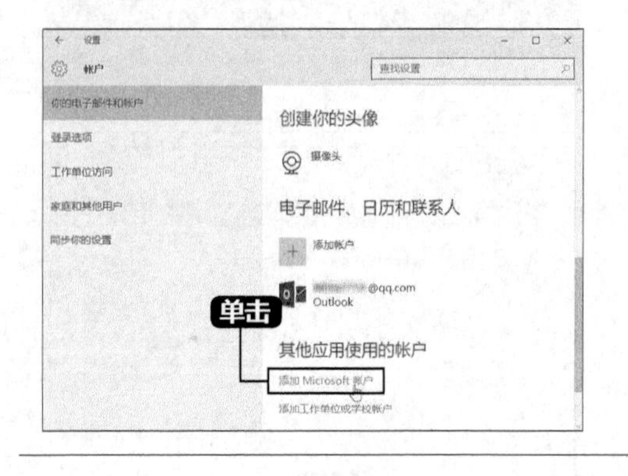

2 单击【登录】按钮

弹出【添加你的Microsoft账户】窗口，输入账号和密码后，单击【登录】按钮。

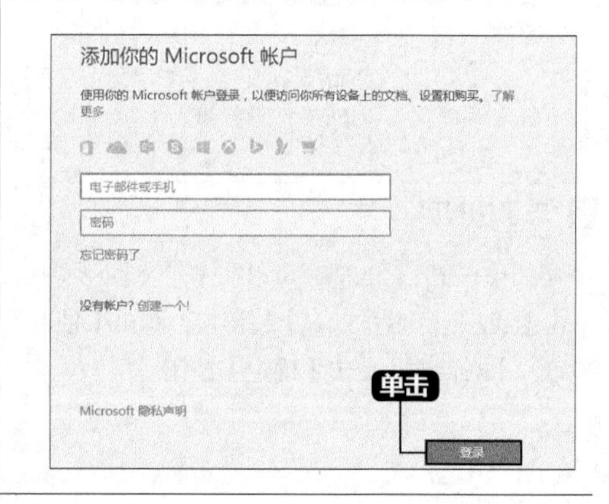

3 管理账户

返回【你的电子邮件和账户】界面，即可看到添加的账户。单击该账户，即可显示【管理】和【删除】按钮，用户可进行相应操作。

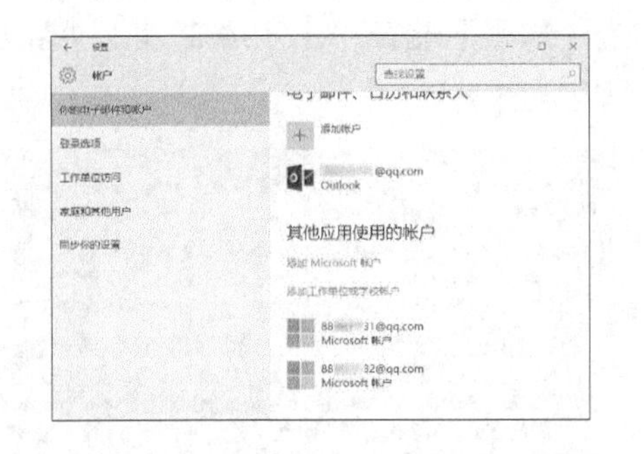

4 添加其他用户

另外，也可以选择【家庭和其他用户】➤【其他账户】下的【将其他人添加到这台电脑】选项，添加其他用户。

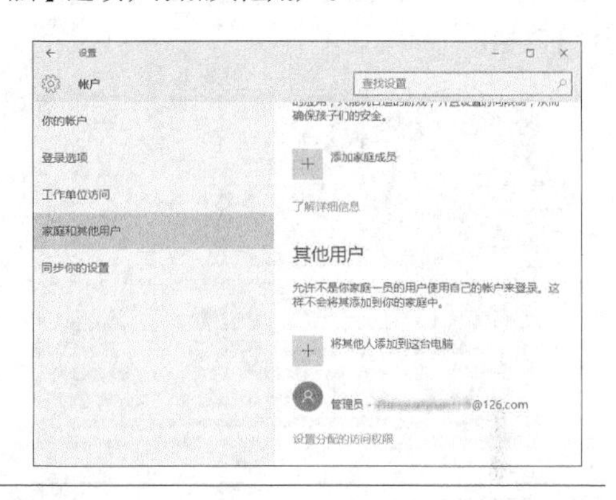

4.4 实战演练——创建图片密码

本节视频教学时间 / 1小时3分钟

图片密码是Windows 10中集成的一种新的密码登录方式。用户可以选择一张图片，绘制一组手势。在登录系统时，绘制与之相同的手势，则可登录系统。具体操作步骤如下。

1 单击【登录选项】选项

在【账户】界面，单击【登录选项】选项，然后单击【图片密码】区域下的【添加】按钮。

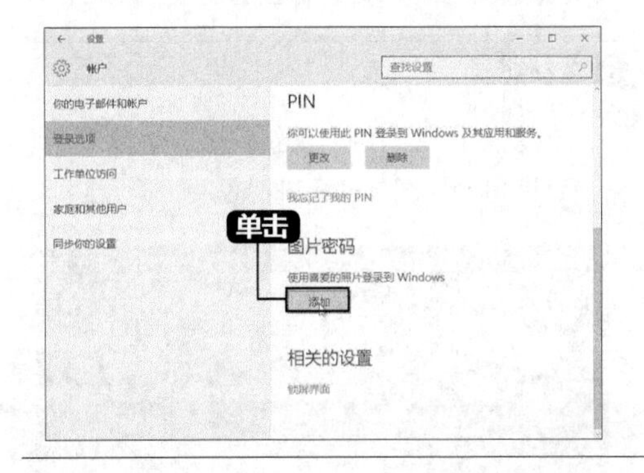

2 设置密码

进入图片密码设置界面，首先弹出【创建图片密码】对话框，在【密码】文本框中输入当前账户密码，并单击【确定】按钮。

3 单击【选择图片】按钮

如果第一次使用图片密码，系统会在界面左侧介绍如何创建手势，右侧为创建手势的演示动画，清楚如何绘制手势后，单击【选择图片】按钮。

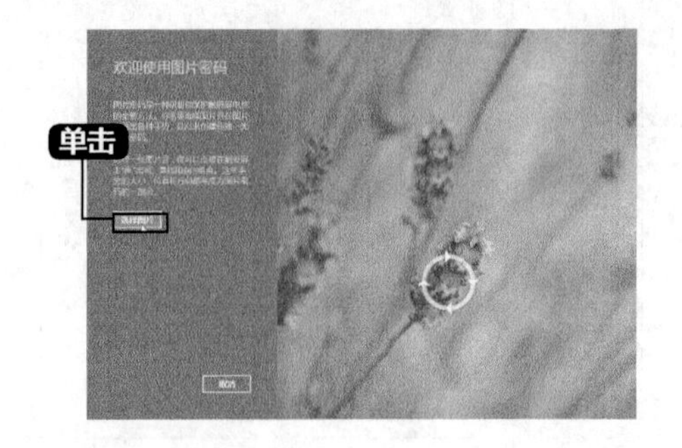

4 使用该图片

选择图片后，系统会提示是否使用该图片，用户可以通过拖曳图片，确定它的显示区域。单击【使用此图片】按钮，开始创建手势组合；单击【选择新图片】按钮，可以重新选取图片。

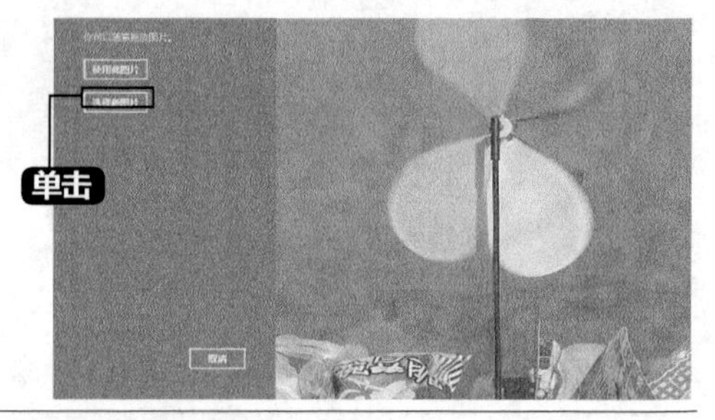

5 设置手势密码

进入【设置你的手势】界面，用户可以依次绘制3个手势，手势可以使用圆、直线和点等，界面左侧的3个数字显示创建至第几个手势，完成后这3个手势将成为图片的密码。

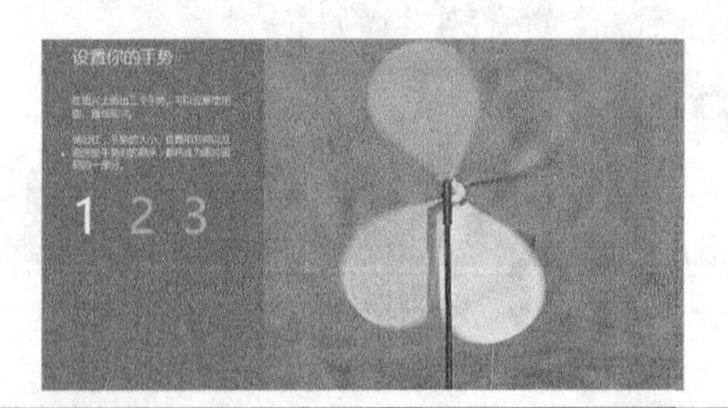

6 确认你的手势

进入【确认你的手势】界面，重新绘制手势进行验证。

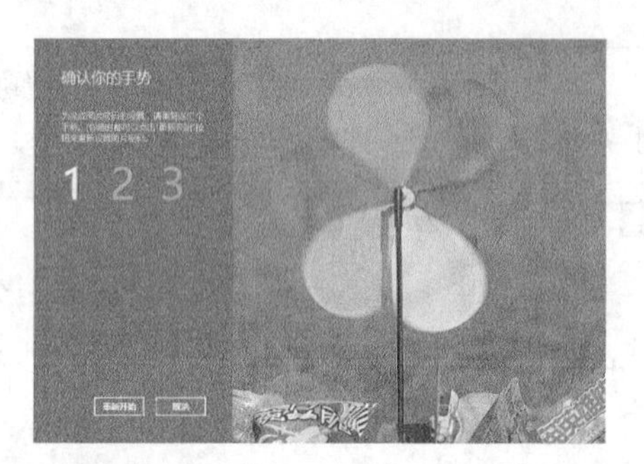

7 重新验证

验证通过后，则会提示图片密码创建成功，如果验证失败，系统则会演示创建的手势组合，重新验证即可。

8 重新登录

创建图片密码后，重新登录或解锁操作系统时，即可使用图片密码进行登录。

提 示 用户也可以单击【登录选项】按钮，使用密码或PIN进行登录操作系统。如果图片密码登录输入次数达到5次，则不能再使用图片密码登录，只能使用密码或PIN进行登录。

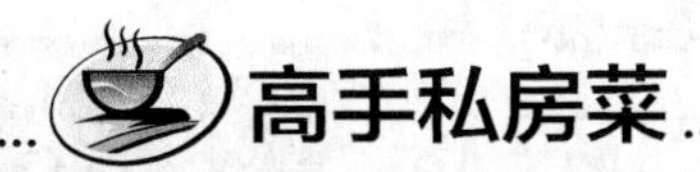

高手私房菜

技巧1：锁定Windows桌面

在离开电脑时，我们可以将电脑锁屏，有效地保护桌面隐私。主要有两种快速锁屏的方法。

（1）使用菜单命令

按【Windows】键，弹出开始菜单，单击账户头像，在弹出的快捷菜单中单击【锁定】命令，即可进入锁屏界面。

（2）使用快捷键

按【Windows+L】组合键，可以快速锁定Windows，进入锁屏界面。

技巧2：取消开机密码，设置Windows自动登录

虽然使用账户登录密码，可以保护电脑的隐私安全，但是每次登录时都要输入密码，对于一部分用户来讲，太过于麻烦。用户可以根据需求，选择是否使用开机密码，如果希望Windows可以跳过输入密码直接登录，可以参照以下步骤。

1 打开【运行】对话框

在电脑桌面中，按【Windows+R】组合键，打开【运行】对话框，在文本框中输入“netplwiz”，按【Enter】键确认。

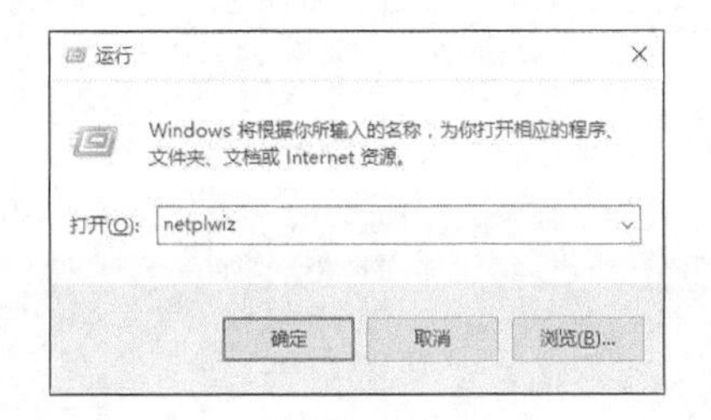

2 单击【应用】按钮

弹出【用户账户】对话框，选中本机用户，并取消勾选【要使用计算机，用户必须输入用户名和密码】复选框，单击【应用】按钮。

3 单击【确定】按钮

弹出【自动登录】对话框，在【密码】和【确认密码】文本框中输入当前账户密码，然后单击【确定】按钮即可取消开机登录密码。

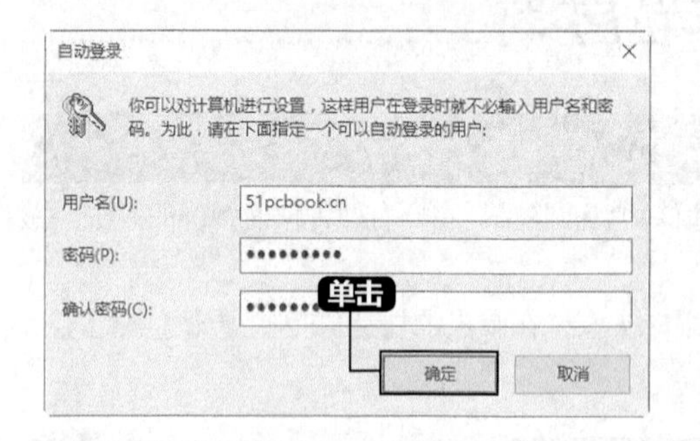

4 直接登录系统

再次重新登录时，无需输入用户名和密码，直接登录系统。

提示 如果在锁屏状态下，则还是需要输入账户密码，只有在启动系统登录时，可以免输入账户密码。

第5章 电脑打字

重点导读

本章视频教学时间：22分钟 

学会输入文字是使用电脑的第一步。对于英文，只要按照键盘上的字符输入就可以了。而汉字却不能像英文字母那样直接输入到电脑中，需要使用英文字母和数字对汉字进行编码，然后通过输入编码得到所需汉字，这就是汉字输入法。

学习效果图

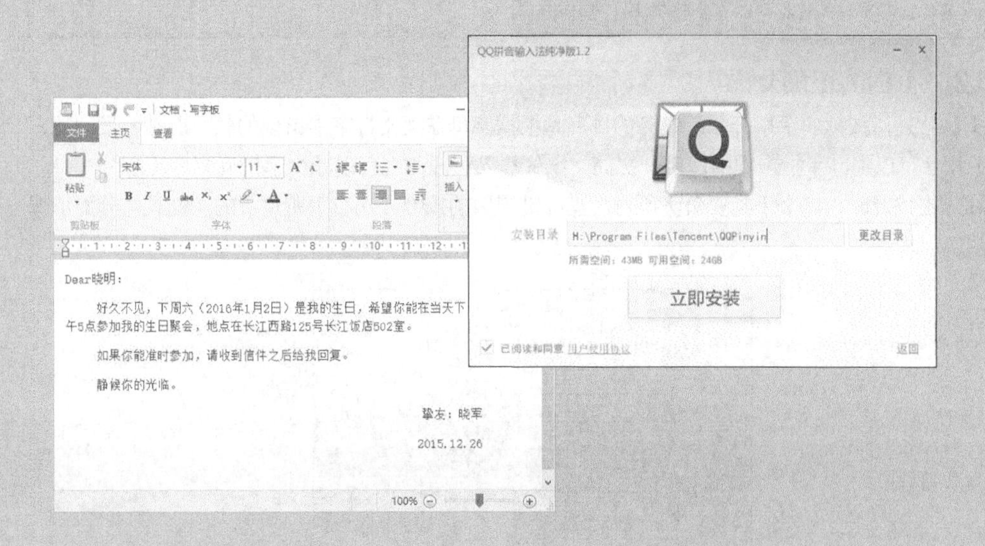

5.1 正确的指法操作

本节视频教学时间 / 3分钟 

如果准备在电脑中输入文字或输入操作命令，通常需要使用键盘进行输入。使用键盘时，为了防止坐姿不对造成身体疲劳，以及指法不对造成手臂疲劳的现象发生，用户一定要有正确的坐姿并掌握击键要领，劳逸结合，尽量减小使用电脑过程中造成身体的疲劳程度，达到事半功倍的效果。本节将介绍使用键盘的基本方法。

5.1.1 手指的基准键位

为了保证指法的出击迅速，在没有击键时十指可放在键盘的中央位置，也就基准键位上，这样无论是敲击上方的按键还是下方按键，都可以快速进行击键，然后返回。

键盘中有8个按键被规定为基准键位，基准键位位于主键盘区，是打字时确定其他键位置的标准，从左到右依次为：【A】、【S】、【D】、【F】、【J】、【K】、【L】和【；】。在敲击按键前，将手指放在基准键位时，手指要虚放在按键上，注意不要按下按键，具体情况如下图所示。

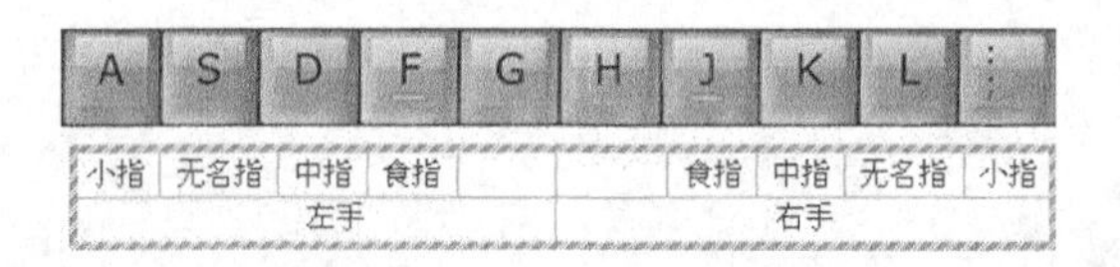

提示

基准键共有8个，其中【F】键和【J】键上都有一个凸起的小横杠，用于盲打时手指通过触觉定位。另外，两手的大姆指要放在空格键上。

5.1.2 手指的正确分工

指法就是指按键的手指分工。键盘的排列是根据字母在英文打字中出现的频率而精心设计的，正确的指法可以提高手指击键的速度，提高文字的输入，同时也可以减少手指疲劳。

在敲击按键时，每个手指要负责所对应基准键周围的按键，左右手所负责的按键具体分配情况如下图所示。

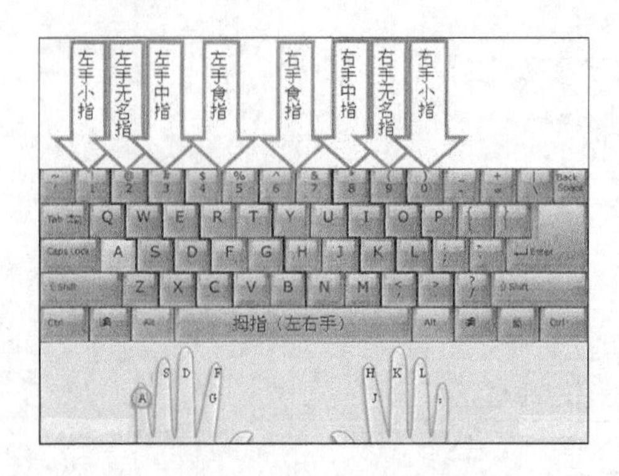

图中用不同颜色和线条区分了双手十指具体负责的键位，具体如下：

（1）左手

食指负责的键位有4、5、R、T、F、G、V、B八个键；中指负责3、E、D、C四个键；无名指负责2、W、S、X四个键；小指负责1、Q、A、Z及其左边的所有键位。

（2）右手

食指负责6、7、Y、U、H、J、N、M八个键；中指负责8、I、K、，四个键，无名指负责9、O、L、。四个键；小指负责0、P、；、/及其右边的所有键位。

（3）拇指

双手的拇指用来控制空格键。

提示 在敲击按键时，手指应该放在基准键位上，迅速出击，快速返回。一直保持手指在基准键位上，才能达到快速的输入。

5.1.3 正确的打字姿势

在使用键盘进行编辑操作时，正确的坐姿可以帮助用户提高打字速度，减少疲劳。正确的姿势应当注意以下几点。

座椅高度合适，坐姿端正自然，两脚平放，全身放松，上身挺直并稍微前倾。

眼睛距显示器的距离为30～40厘米，并让视线与显示器保持15°～20°的角度。

两肘贴近身体，下臂和腕向上倾斜，与键盘保持相同的斜度；手指略弯曲，指尖轻放在基准键位上，左右手的大拇指轻轻放在空格键上。

大腿自然平直，与小脚之间的角度为90°，双脚平放于地面上。

按键时，手抬起伸出要按键的手指按键，按键要轻巧，用力要均匀。

如下图所示为电脑操作的正确姿势。

提示 使用电脑过程中要适当休息，连续坐了2小时后，就要让眼睛休息一下，防止眼睛疲劳，以保护视力。

5.1.4 按键的敲打要领

了解指法规则及打字姿势后即可进行输入操作。击键时要按照指法规则，十个手指各司其职，采用正确的击键方法。

（1）击键前，除拇指外的8个手指要放置在基准键位上，指关节自然弯曲，手指的第一关节与键面垂直，手腕要平直，手臂保持不动。

（2）击键时，用各手指的第一指腹击键。以与指尖垂直的方向，向键位瞬间爆发冲击力，并立即反弹，力量要适中。做到稳、准、快，不拖拉犹豫。

（3）击键后，手指立即回到基准键位上，为下一次击键做好准备。

（4）不击键的手指不要离开基本键位。

（5）需要同时击两个键时，若两个键分别位于左右手区，则由左右手各击相对应的键。

（6）击键时，喜欢单手操作是初学者的习惯，在打字初期一定要克服这个毛病，进行双手操作。

5.2 输入法的管理

本节视频教学时间 / 3分钟

本节主要介绍输入法的基本概念、安装和删除输入法以及如何设置默认的输入法。

5.2.1 输入法的种类

输入法是指为了将各种符号输入计算机或其他设备而采用的编码方法。汉字输入的编码方法基本上都是将音、形、义与特定的键相联系，再根据不同汉字进行组合来完成汉字的输入。

目前，键盘输入的解决方案有区位码、拼音、表形码和五笔字型等。在这几种输入方案中，又以拼音输入法和五笔字型输入法为主。

拼音输入是常见的一种输入方法，用户最初的输入形式基本都是从拼音开始的。拼音输入法是按照拼音规定来进行输入汉字的，不需要特殊记忆，符合人的思维习惯，只要会拼音就可以输入汉字。

而五笔字型输入法（简称五笔）是依据笔画和字形特征对汉字进行编码，是典型的形码输入法。五笔是目前常用的汉字输入法之一。五笔相对于拼音输入法具有重码率低的特点，熟练后可快速输入汉字。

5.2.2 挑选合适的输入法

随着网络的快速发展，各类输入法软件也有如雨后春笋般飞速发展，面对如此多的输入法软件，很多人都觉得很迷茫，不知道应该选择哪一种，这里，作者将从不同的角度出发，告诉您如何挑选一款适合自己的输入法。

1．根据自己的输入方式

有些人不懂拼音，就适合使用五笔输入法；相反，有些人对于拆分汉字很难上手，这些人最好是选择拼音输入法。

2. 根据输入法的性能

功能上更胜一筹的输入法软件，显然可以更好地满足需求。那么，如何去了解各大输入法的性能呢？我们可以去那些输入法的官方网站，对以下几方面加以了解。

（1）输入法的基本操作，有些软件在操作上比较人性化，有些则相对有所欠缺，选择时要注意。

（2）在功能上，可以根据各输入法软件的官方介绍，联系自己的实际需要，去对比它们各自不同的功能。

（3）看输入法的其他设计是否符合个人需要，比如皮肤、字数统计等功能。

（4）根据有无特殊需求选择。

有些人选择输入法，是有着一些特殊的需求的。例如，很多朋友选择QQ输入法，因为他们本身就是腾讯的用户，而且登录使用QQ输入法可以加速QQ升级。

5.2.3 安装与删除输入法

Windows 10操作系统虽然自带了微软拼音输入法，但不一定能满足用户的需求。用户可以自行安装其他输入法。安装输入法前，用户需要先从网上下载输入法程序。

下面以QQ拼音输入法的安装为例，讲述安装输入法的一般方法。

1 下载安装文件

双击下载的安装文件，即可启动QQ拼音输入法安装向导。单击选中【已阅读和同意用户使用协议】复选框，单击【自定义安装】按钮。

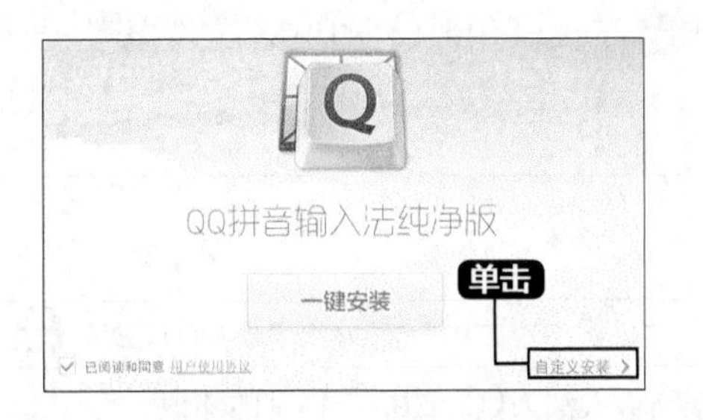

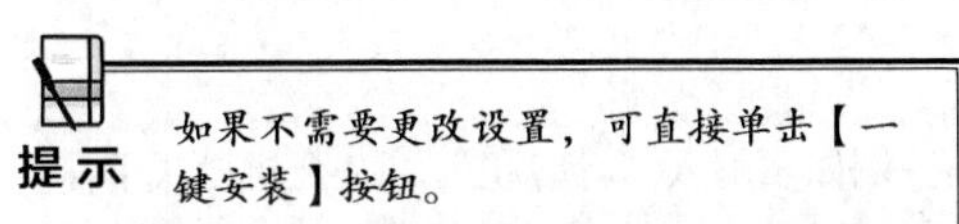

提示

如果不需要更改设置，可直接单击【一键安装】按钮。

2 单击【立即安装】按钮

在打开的界面中的【安装目录】文本框中输入安装目录，也可以单击【更改目录】按钮选择安装位置。设置完成，单击【立即安装】按钮。

3 即可开始安装。

4 单击【完成】按钮

安装完成，在弹出的界面中单击【完成】按钮即可。

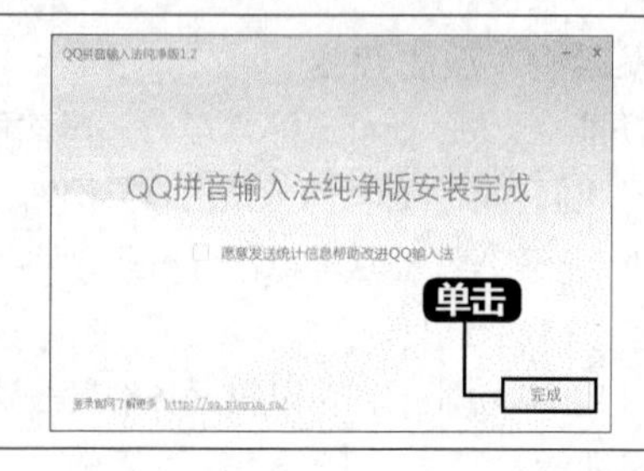

5.2.4　输入法的切换

在文本输入中，会经常用到中英文输入，或者使用不同的输入法，在使用过程中就需要快速切换到需要使用的输入法，下面介绍具体操作方法。

1. 输入法的切换

按【Windows+空格】组合键，可以快速切换输入法。另外单击桌面右下角通知区域的输入法图标M，在弹出的输入法列表中，单击进行选择，即可完成切换。

2. 中英文的切换

输入法主要分为中文模式和英文模式，在当前输入法中，可按【Shift】键或【Ctrl+空格】组合键切换中英文模式，如果用户使用的是中文模式中，可按【Shift】键切换英文模式英，再按【Shift】键又会恢复成中文模式中。

5.3 拼音打字

本节视频教学时间 / 5分钟 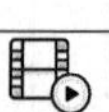

拼音输入法是最为常用的输入法，本节主要以搜狗输入法为例介绍拼音打字的知识。

5.3.1 使用简拼、全拼混合输入

使用简拼和全拼的混合输入可以使打字更加顺畅。例如要输入“计算机”，在全拼模式下需要从键盘中输入“jisuanji”，如下图所示。

而使用简拼只需要输入“jsj”即可。如下图所示。

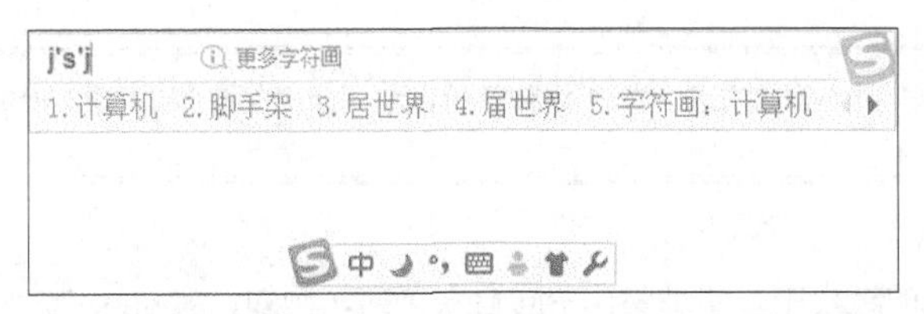

但是，简拼候选词过多，使用全拼又需要输入较多的字符。开启双拼模式后，就可以采用简拼和全拼混用的模式，这样能够兼顾最少输入字母和输入效率。例如，想输入“龙马精神”，可以从键盘输入“longmajs” “lmjings” “lmjshen ” “lmajs” 等都是可以的。打字熟练的人会经常使用全拼和简拼混用的方式。

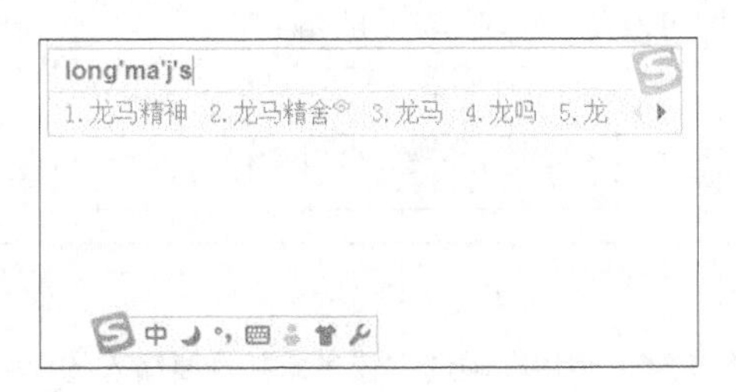

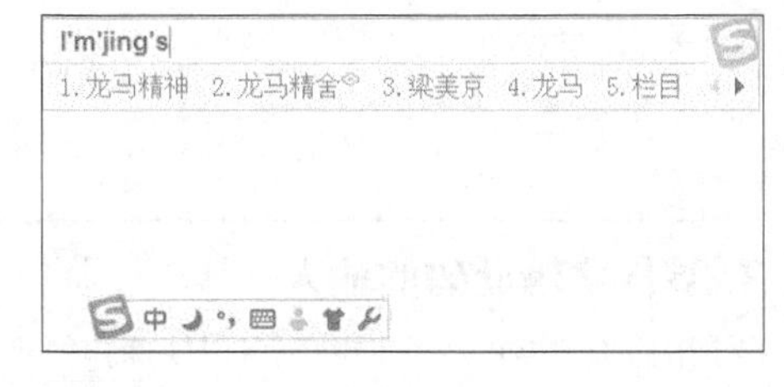

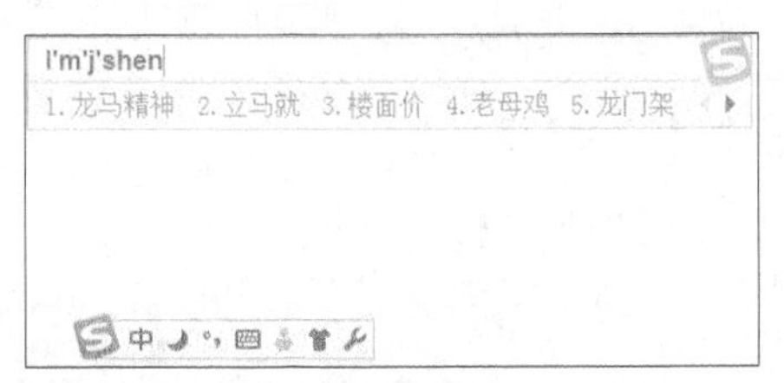

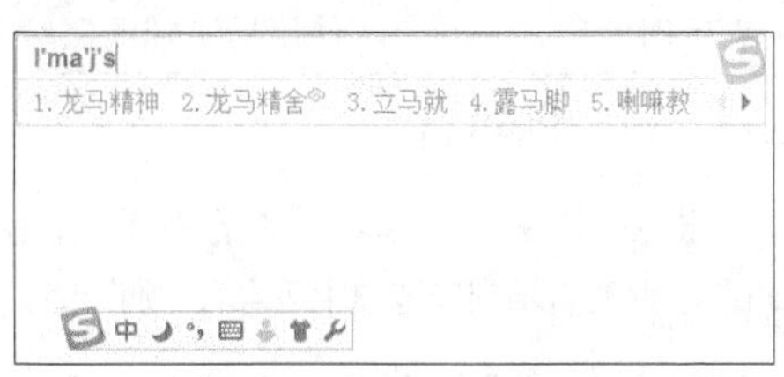

5.3.2 中英文混合输入

在平时输入时需要输入一些英文字符，搜狗拼音自带了中英文混合输入功能，便于用户快速地在中文输入状态下输入英文。

1. 通过按【Enter】键输入拼音

在中文输入状态下，如果要输入拼音，可以再输入拼音的全拼后，直接按【Enter】键输入。下面以输入“搜狗”的拼音“sougou”为例介绍。

1 输入“sougou”

在中文输入状态下，从键盘输入“sougou”。

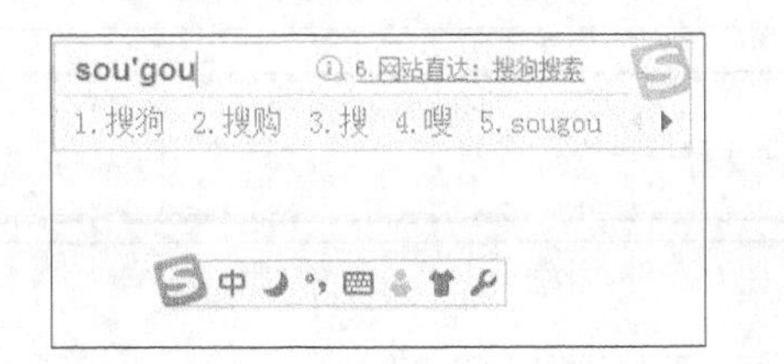

2 输入英文字符

直接按【Enter】键即可输入英文字符。

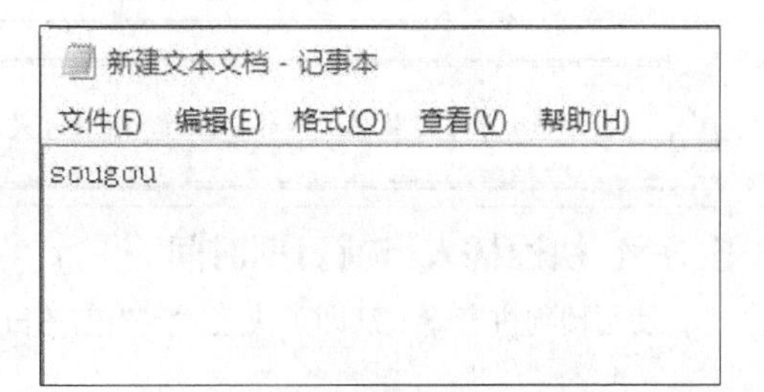

提示　如果要输入一些常用的包含字母和数字的验证码，如“q8g7”，也可以直接输入“q8g7”，然后按【Ener】键。

2. 中英文混合输入

在输入中文字符的过程中，如果要在中间输入英文，例如，要输入“你好的英文是hello”的具体操作步骤如下。

1 输入多个字符

在键盘总输入“nihaodeyingwenshihello”，

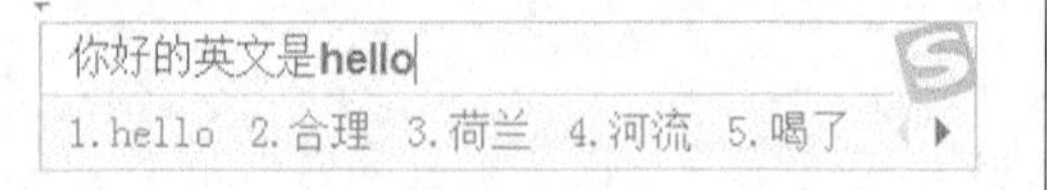

2 输入结果

此时，直接按空格键或者按数字键【1】，即可输入“你好的英文是hello”。

你好的英文是 hello↵

5.3.3 拆字辅助码的输入

使用搜狗拼音的拆字辅助码可以快速定位到一个单字，常用在候选字较多，并且要输入的汉字比较靠后时使用，下面介绍使用拆字辅助码输入汉字“娴”的具体操作步骤。

1 输入“娴”字的拼音

从键盘中输入“娴”字的汉语拼音“xian”。此时看不到候选项中包含有“娴”字。

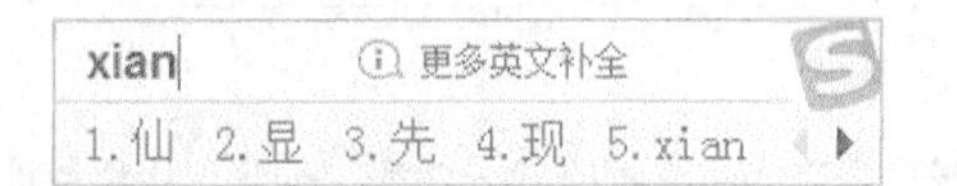

2 按【Tab】键

按【Tab】键。

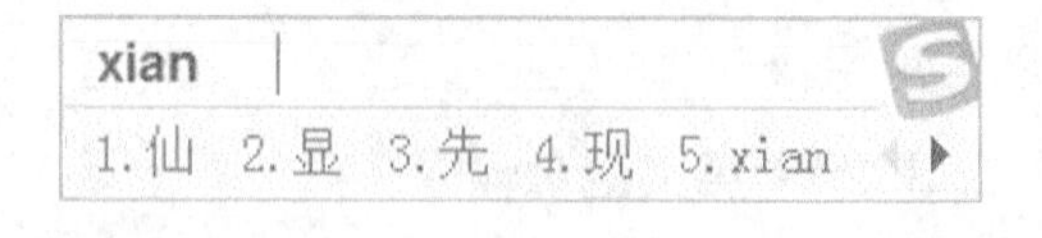

3 输入“娴”的两部分

在输入“娴”的两部分【女】和【闲】的首字母nx。就可以看到“娴”字了。

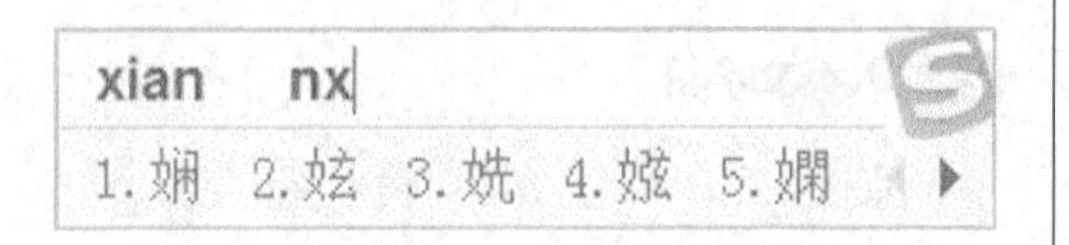

4 完成输入

按空格键即可完成输入。

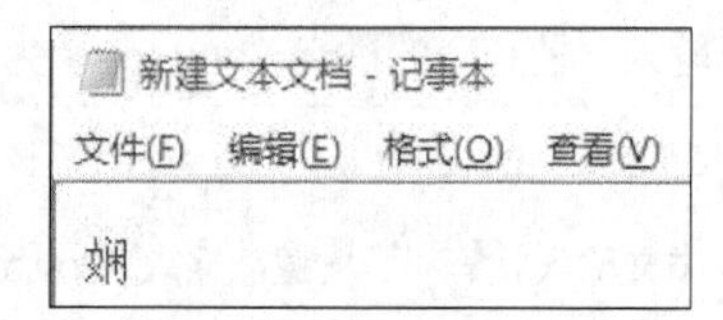

提示　独体字由于不能被拆成两部分，所以独体字是没有拆字辅助码的。

5.3.4 快速插入当前日期时间

使用搜狗拼音输入法即可快速插入当前的日期时间。具体操作步骤如下。

1 输入“rq”

直接从键盘输日期的简拼“rq”，直接在键盘上按【R】和【Q】键。即可在候选字中看到当前的日期。

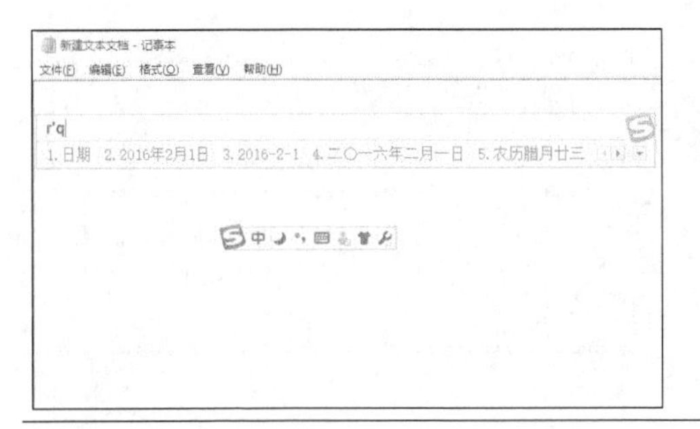

2 单击插入的日期

直接单击要插入的日期，即可完成日期的插入。

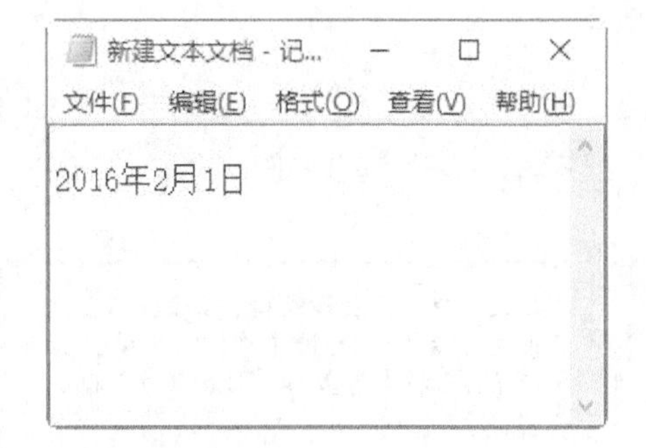

3 输入“sj”

使用同样的方法，输入时间的简拼“sj”，可快速插入当前时间。

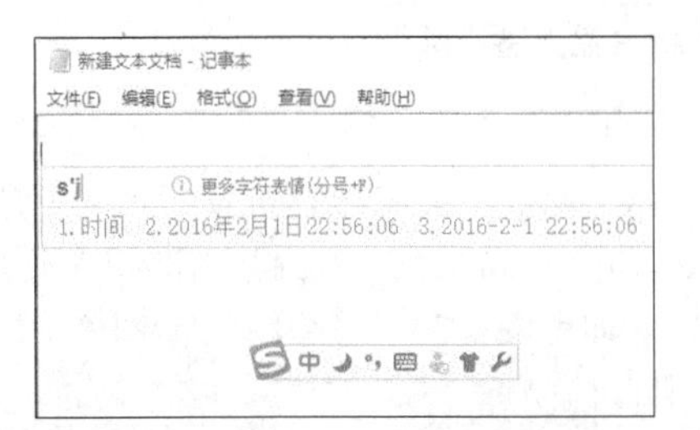

4 快速输入星期

使用同样方法还可以快速输入当前星期。

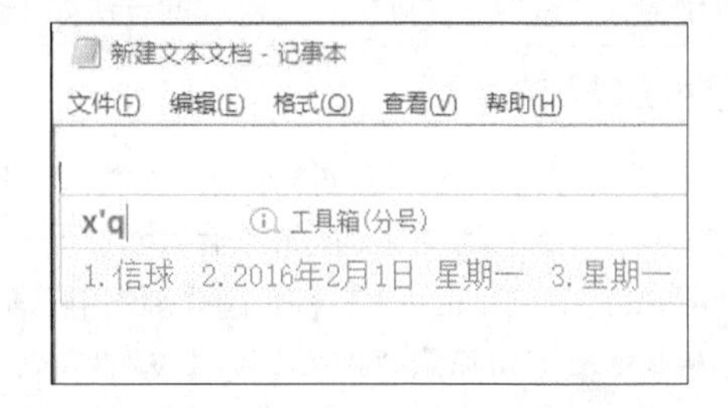

5.4 陌生字的输入方法

本节视频教学时间 / 4分钟

在输入汉字的时候，经常会遇到不知道读音的陌生汉字，此时可以使用输入法的U模式通过笔画、拆分的方式来输入。以搜狗拼音输入法为例，使用搜狗拼音输入法也可以通过启动U模式来输入陌生汉字，在搜狗输入法状态下，输入字母“U”，即可打开U模式。

提示 在双拼模式下可按【Shift+U】组合键启动U模式。

（1）笔画输入

常用的汉字均可通过笔画输入的方法输入。如输入“囧”的具体操作步骤如下。

1 启动U模式

在搜狗拼音输入法状态下，按字母“U”，启动U模式，可以看到笔画对应的按键。

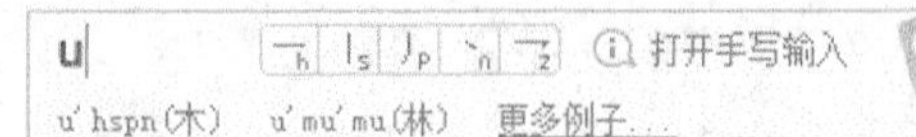

提示　按键【H】代表横或提，按键【S】代表竖或竖钩，按键【P】代表撇，按键【N】代表点或捺，按键【Z】代表折。

2 根据笔画输入

据“囧”的笔画依次输入“szpnsz”，即可看到显示的汉字以及其正确的读音。按空格键，即可将“囧”字插入到鼠标光标所在位置。

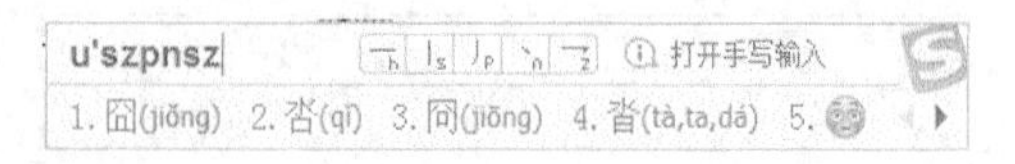

提示　需要注意的是“忄”的笔画是点点竖（dds），而不是竖点点（sdd）、点竖点（dsd）。

（2）拆分输入

将一个汉字拆分成多个组成部分，U模式下分别输入各部分的拼音即可得到对应的汉字。例如分别输入“犇”、“肫”、“滰”的方法如下。

1 拆分输入法“犇”

“犇”字可以拆分为3个“牛（niu）”，因此在搜狗拼音输入法下输入“u' niu' niu' niu”（' 符号起分割作用，不用输入），即可显示“犇”字及其汉语拼音，按空格键即可输入。

2 拆分输入法“肫”

“肫”字可以拆分为“月（yue）”和“屯（tun）”，在搜狗拼音输入法下输入“u' yue' tun”（' 符号起分割作用，不用输入）。即可显示“肫”字及其汉语拼音，按空格键即可输入。

u'yue'tun
1. 肫(zhūn,chún)　2. 脏(zāng,zang,zàng)

3 拆分输入法“滰”

“滰”字可以拆分为“氵（shui）”和“亮（liang）”，在搜狗拼音输入法下输入“u' shui' liang”（' 符号起分割作用，不用输入）。即可显示“滰”字及其汉语拼音，按数字键“2”即可输入。

u'shui'liang
1. 浪(làng)　2. 滰(liàng)　3. 汮(jūn)　4. 滍(zī)　5. U树

提示　在搜狗拼音输入法中将常见的偏旁都定义了拼音，如下图所示。

偏旁部首	输入	偏旁部首	输入
阝	fu	忄	xin
卩	jie	钅	jin
讠	yan	礻	shi
辶	chuo	廴	yin
冫	bing	氵	shui
宀	mian	冖	mi
扌	shou	犭	quan
纟	si	幺	yao
灬	huo	罒	wang

（3）笔画拆分混输

除了使用笔画和拆分的方法输入陌生汉字外，还可以使用笔画拆分混输的方法输入，输入“绎”字的具体操作步骤如下。

1 根据笔画拆分

“绎”字左侧可以拆分为“纟（si）”，输入“u’si”（’符号起分割作用，不用输入）。

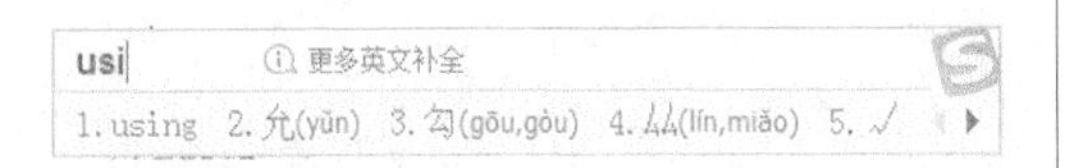

2 按照笔画输入

右侧部分可按照笔画顺序，输入“znhhs”，即可看到要输入的陌生汉字以及其正确读音。

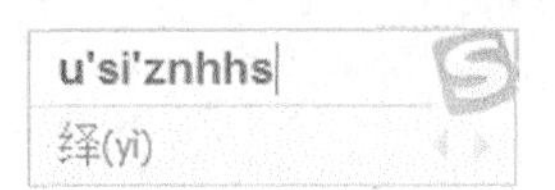

5.5 实战演练——使用拼音输入法写一封信

本节视频教学时间 / 4分钟

本节以使用QQ拼音输入法写一封信为例，介绍拼音输入法的使用。

第1步：设置信件开头

1 输入信的开头

打写字板软件，输入信的开头，在键盘中按【V】键，然后输入“Dear”，单击第一个选项。

2 输入单词“Dear”

即可输入英文单词“Dear”。

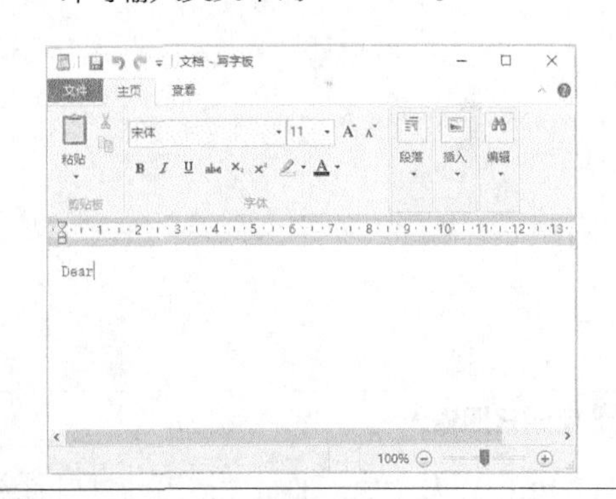

3 拼写姓名拼音

然后直接姓名的拼写“xiaoming”，选择正确的名称，并将其插入到文档中。

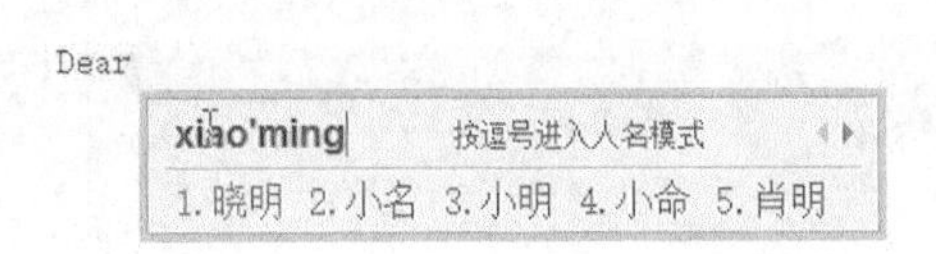

4 按【Shift+；】组合键

在键盘上按【Shift+；】组合键，输入冒号“：”。

Dear晓明：

第2步：输入信件正文

1 按【Enter】键换行

按【Enter】键换行，然后直接输入信件的正文。输入正文时汉字直接按相应的拼音，数字可直接按小键盘中的数字键。

2 鼠标定位

将鼠标光标定位至第4行的最后。

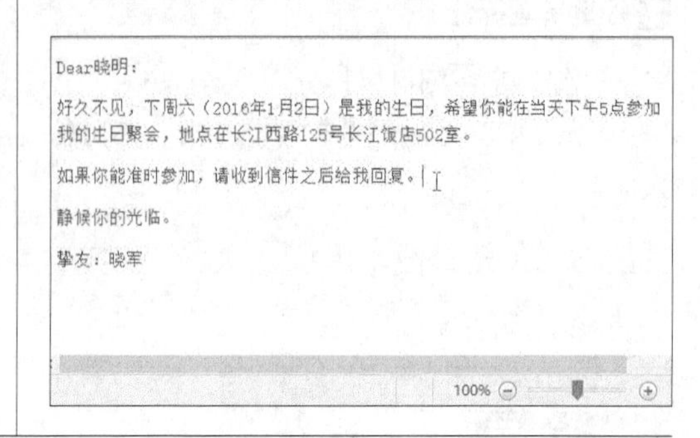

第3步：输入日期并设置信件格式

1 鼠标定位

将鼠标光标定位置Word文档的最后一个段落标记前。

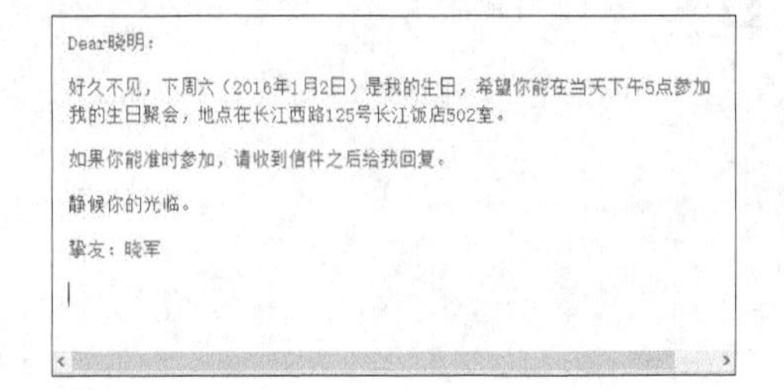

2 输入【R】和【Q】键

直接从键盘输入【R】和【Q】键，即可在候选字中看到当前的日期。

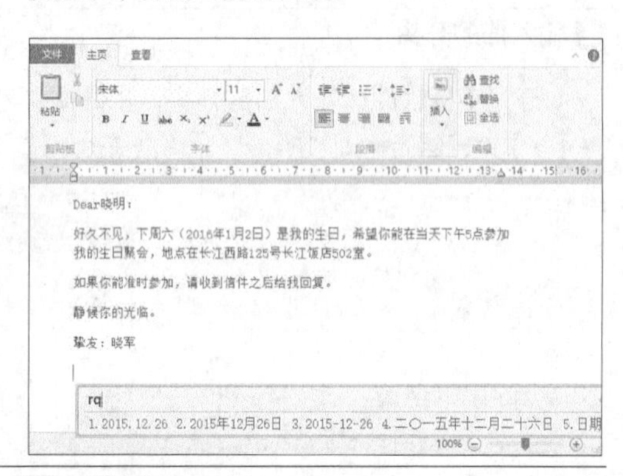

3 完成日期输入

按【1】数字键，即可完成当前日期的输入。

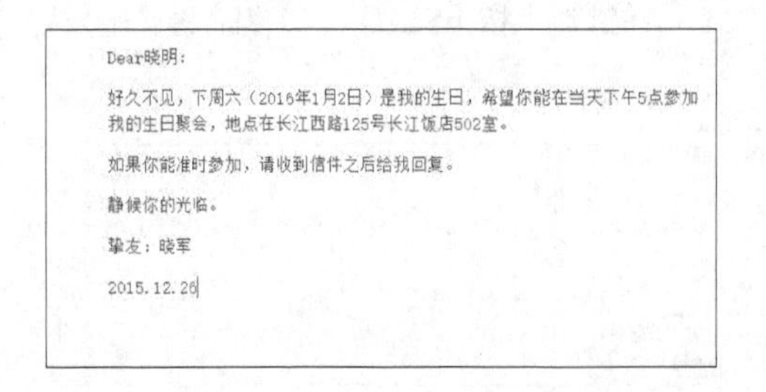

4 最终效果

根据需要设置信件内容的格式。最终效果如下图所示。至此，就完成了使用QQ拼音输入法写一封信的操作。只要将制作的文档保存即可。

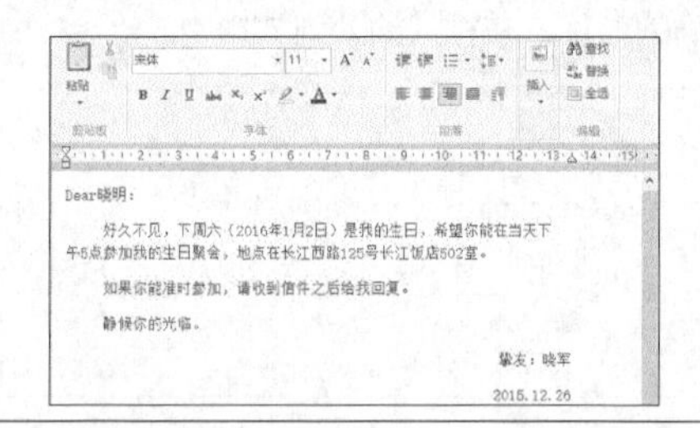

高手私房菜

技巧1：使用软键盘输入特殊字符

使用拼音输入法的软键盘可以输入特殊的字符。下面以使用QQ拼音输入法的软键盘输入特殊字符为例介绍。

1 单击鼠标右键

在QQ拼音输入法的【软键盘】按钮图标上单击鼠标右键，在弹出的列表中选择【特殊字符】选项。

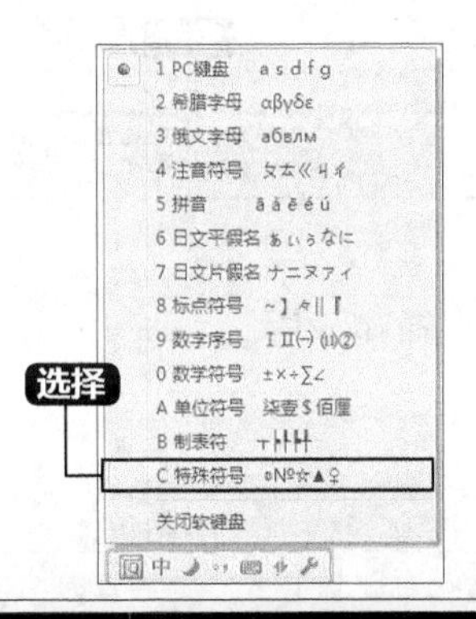

2 插入特殊字符

即可弹出包含特殊字符的软键盘，单击要插入的特殊字符按键即可完成使用软键盘输入特殊字符的操作。

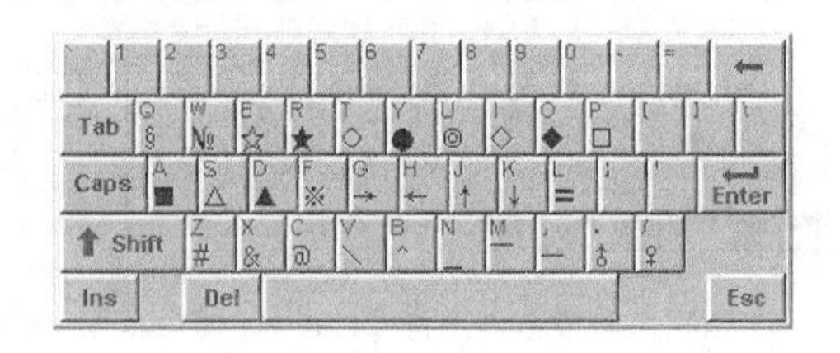

技巧2：造词

造词工具用于管理和维护自造词词典以及自学习词表，用户可以对自造词的词条进行编辑、删除，设置快捷键，导入或导出到文本文件等，使下次输入可以轻松完成。在QQ拼音输入法中定义用户词和自定义短语的具体操作步骤如下。

1 启动i模式

在QQ拼音输入法下按【I】键，启动i模式，并按功能键区的数字【7】。

2 选择【用户词】选项卡

弹出【QQ拼音造词工具】对话框，选择【用户词】选项卡。如果经常使用“扇淀”这个词，可以在【新词】文本框中输入该词，并单击【保存】按钮。

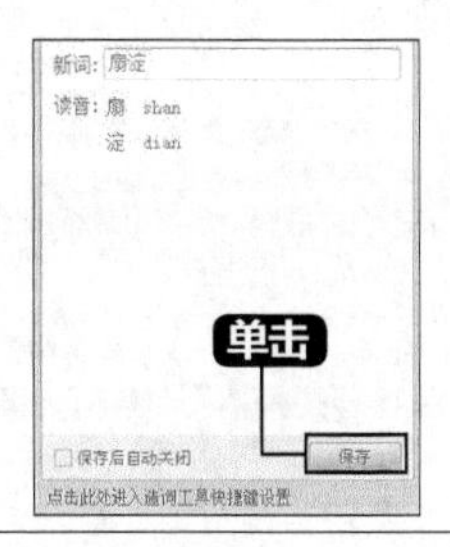

3 输入拼音“shandian”

在此，在输入法中输入拼音“shandian”，即可在第一个位置上显示设置的新词“杉淀”。

4 单击【保存】按钮

【自定义短语】选项卡，在【自定义短语】文本框中输入“吃葡萄不吐葡萄皮”，【缩写】文本框中设置缩写，例如输入“cpb”，单击【保存】按钮。

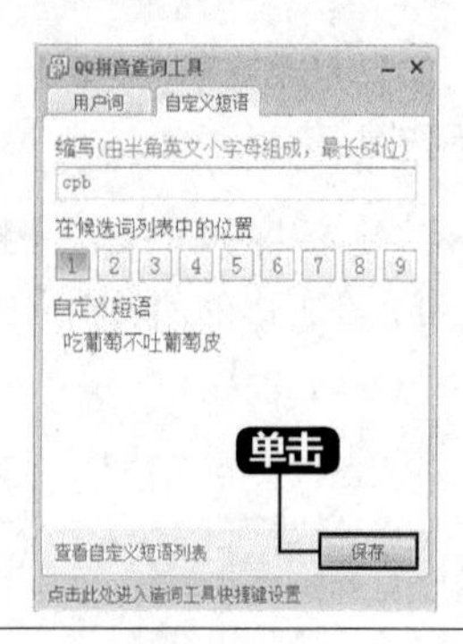

5 输入拼音“cpb”

在输入法中输入拼音“cpb”，即可在第一个位置上显示设置的新短语。

第6章 文件、文件夹和软硬件的管理

重点导读

本章视频教学时间：22分钟

文件和文件夹是电脑数据管理的重要部分，而软硬件是电脑运行的重要组成部分。它们是用户掌握电脑使用的重要操作，本章主要介绍文件、文件夹和软硬件的管理。

学习效果图

6.1 文件和文件夹的管理

本节视频教学时间 / 5分钟

文件和文件夹是Windows 10操作系统资源的重要组成部分。只有掌握好管理文件和文件夹的基本操作，才能更好地运用操作系统完成工作和学习。

6.1.1 认识文件和文件夹

在Windows 10操作系统中，文件夹主要用来存放文件，是存放文件的容器。双击桌面上的【此电脑】图标，任意进入一个本地磁盘，即可看到分布的文件夹，如下图所示。

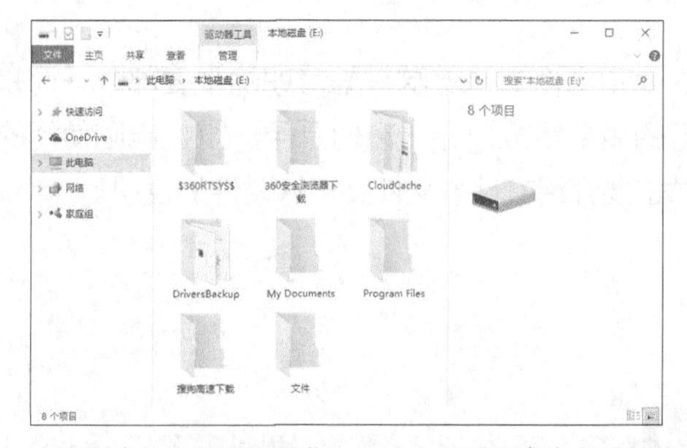

文件是Windows存取磁盘信息的基本单位，一个文件是磁盘上存储的信息的一个集合，可以是文字、图片、影片和一个应用程序等。每个文件都有自己唯一的名称，Windows 10正是通过文件的名字来对文件进行管理的。

文件的种类是由文件的扩展名来标示的，由于扩展名是无限制的，所以文件的类型自然也就是无限制的。文件的扩展名是Windows 10操作系统识别文件的重要方法，因而了解常见的文件扩展名对于学习和管理文件有很大的帮助。

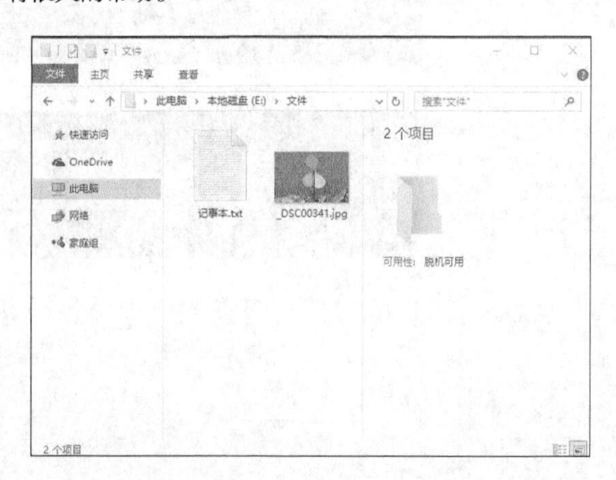

6.1.2　文件资源管理功能区

在Windows 10操作系统中，文件资源管理器采用了Ribbon界面，其实它并不是首次出现，在Office 2007到Office 2016都采用了Ribbon界面，最明显的标识就是采用了标签页和功能区的形式，便于用户的管理。而在本节介绍Ribbon界面，主要目的是方便用户可以通过新的功能区，对文件和文件夹进行管理。

在文件资源管理器中，默认隐藏功能区，用户可以单击窗口最右侧的向下按钮或按【Ctrl+F1】组合键展开或隐藏功能区。另外，单击标签页选项卡，也可显示功能区。

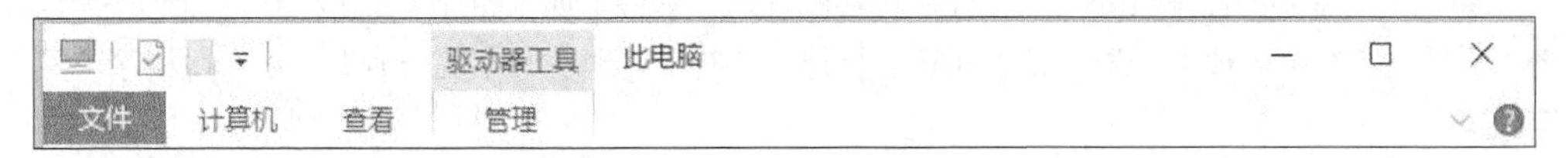

在Ribbon界面中，主要包含计算机、主页、共享和查看4种标签页，单击不同的标签页，则包含同类型的命令。

1. 计算机标签页

双击【此电脑】图标，进入【此电脑】窗口，则默认显示计算机标签页，主要包含了对电脑的常用操作，如磁盘操作、网络位置、打开设置、程序卸载、查看系统属性等。

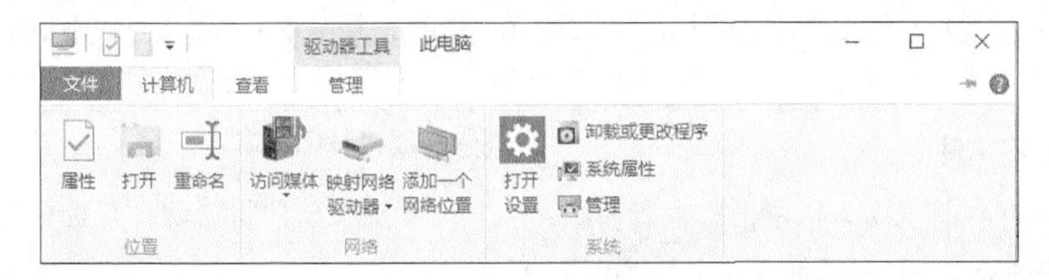

2. 主页标签页

打开任意磁盘或文件夹，则看到显示主页标签页，如下图所示。主要包含对文件或文件夹的复制、移动、粘贴、重命名、删除、查看属性和选择等操作。

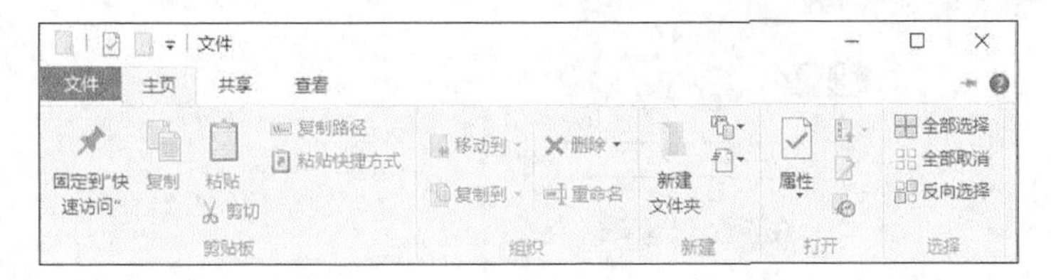

3. 共享标签页

在共享标签页，主要包括对文件的发送和共享操作，如文件压缩、刻录、打印等。

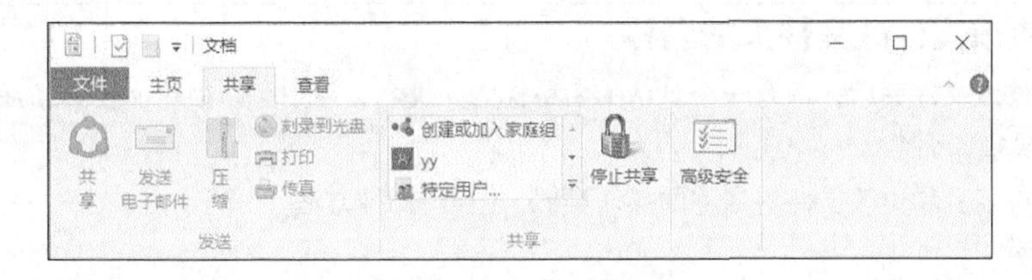

4. 查看标签页

在查看标签页中，主要包含对窗口、布局、视图和显示/隐藏等操作，如文件或文件夹显示方式、排列文件或文件夹、显示/隐藏文件或文件夹都可在该标签页下进行操作。

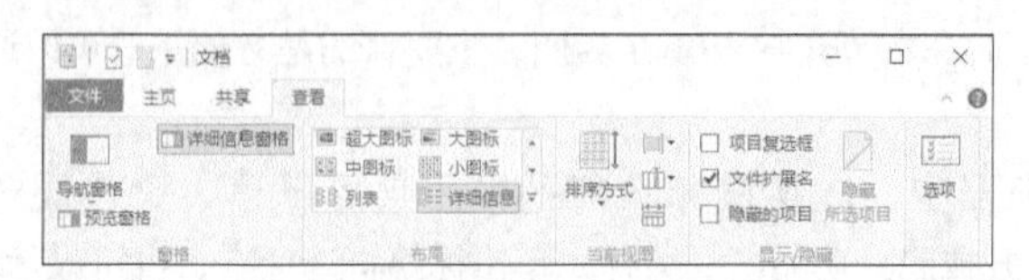

除了上述主要的标签页外，当文件夹包含图片时，则会出现【图片工具】标签；当文件夹包含音乐文件时，则会出现【音乐工具】标签。另外，还有【管理】、【解压缩】、【应用程序工具】等标签。

6.1.3 打开/关闭文件或文件夹

对文件或文件夹进行最多的操作就是打开和关闭，下面就介绍打开和关闭文件或文件夹的常用方法。

1. 打开文件

（1）双击要打开的文件。

（2）在需要打开的文件名上单击鼠标右键，在弹出的快捷菜单中选择【打开】菜单命令。

（3）利用【打开方式】打开，具体操作步骤如下。

1 打开记事本文件

在需要打开的文件名上单击鼠标右键，在弹出的快捷菜单中选择【打开方式】菜单命令，在其子菜单中选择相关的软件，如这里选择【写字板】方式打开记事本文件。

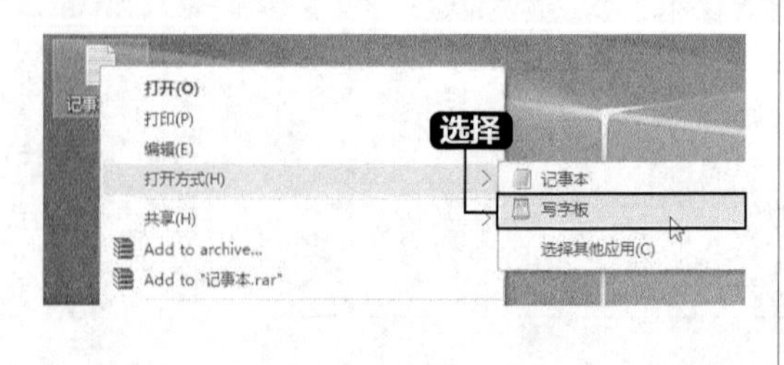

2 自动打开记事本

写字板软件将自动打开选择的记事本文件。

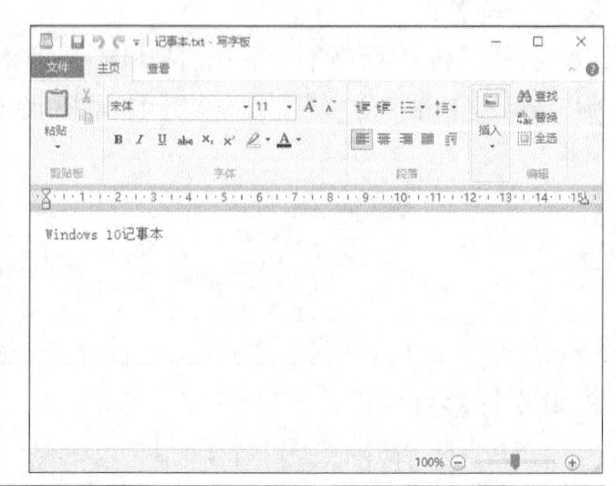

6.1.4 更改文件或文件夹的名称

新建文件或文件夹后，都有一个默认的名称作为文件名，用户可以根据需要给新建的或已有的文件或文件夹重新命名。

更改文件名称和更改文件夹名称的操作类似，主要有3种方法。

1. 使用功能区

选择要重新命名的文件或文件夹，单击【主页】标签，在【组织】功能区中，单击【重命名】按钮，文件或文件夹即可进入编辑状态，输入要命名的名称，单击【Enter】进行确认。

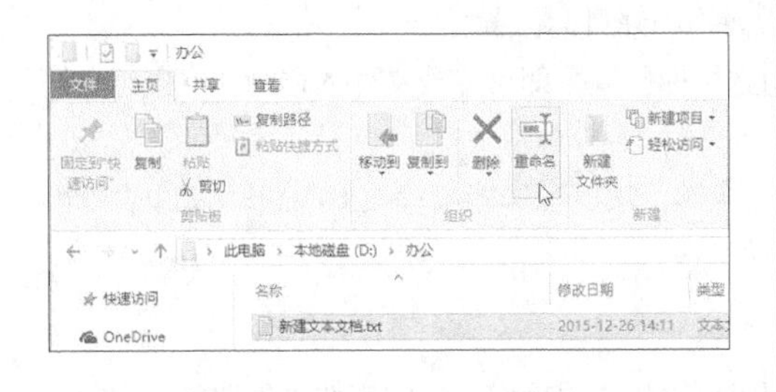

2. 右键菜单命令

选择要重新命名的文件或文件夹，单击鼠标右键，在弹出的菜单命令中，选择【重命名】菜单命令，文件或文件夹即可进入编辑状态，输入要命名的名称，单击【Enter】进行确认。

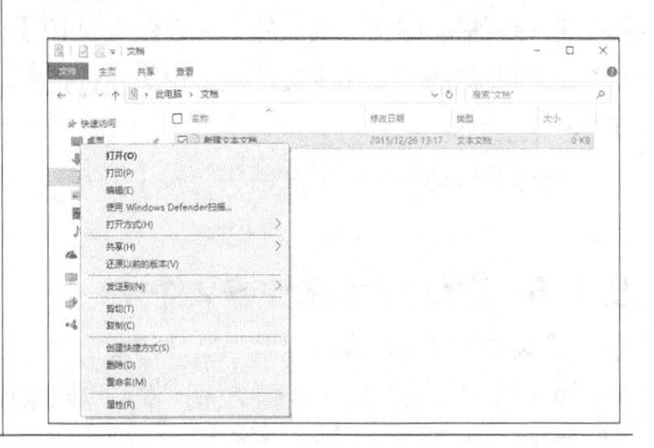

3. F2快捷键

选择要重新命名的文件或文件夹，按【F2】键，文件或文件夹即可进入编辑状态，输入要命名的名称，单击【Enter】进行确认。

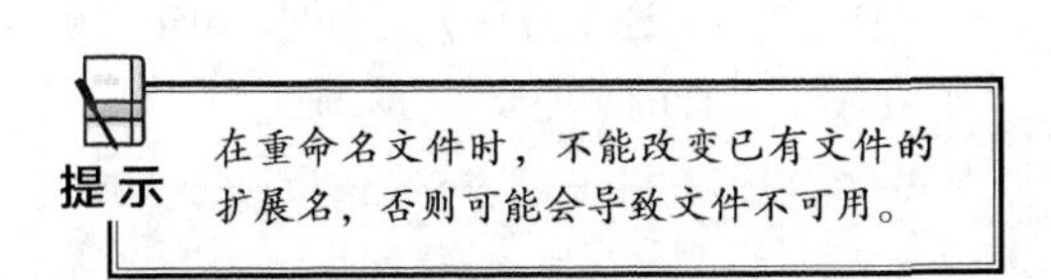

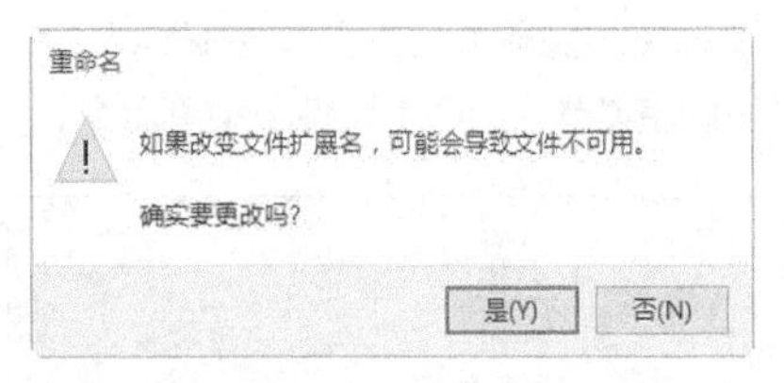

6.1.5 复制/移动文件或文件夹

对一些文件或文件夹进行备份，也就是创建文件的副本，或者改变文件的位置，这就需要对文件或文件夹进行复制或移动操作。

1. 复制文件或文件夹

复制文件或文件夹的方法有以下几种。

在需要复制的文件或文件夹名上单击鼠标右键，并在弹出的快捷菜单中选择【复制】菜单命令。选定目标存储位置，并单击鼠标右键，在弹出的快捷菜单中选择【粘贴】菜单命令即可。

选择要复制的文件或文件夹，按住【Ctrl】键并拖动到目标位置。

选择要复制的文件，按住鼠标右键并拖动到目标位置，在弹出的快捷菜单中选择【复制到当前位置】菜单命令。

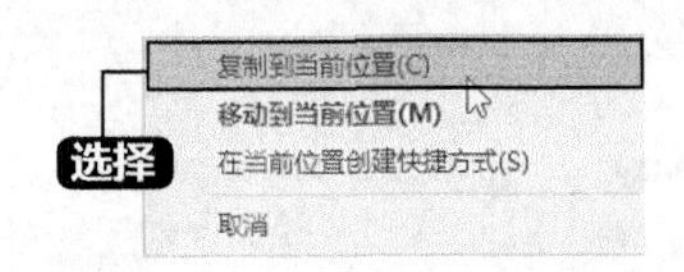

选择要复制的文件或文件夹，按【Ctrl+C】组合键，然后在目标位置按【Ctrl+V】组合键即可。

2. 移动文件或文件夹

移动文件的方法有以下几种。

在需要移动的文件或文件夹名上单击鼠标右键，并在弹出的快捷菜单中选择【剪切】菜单命令。选定目标存储位置，并单击鼠标右键，在弹出的快捷菜单中选择【粘贴】菜单命令即可。

选择要移动的文件或文件夹，按住【Shift】键并拖动到目标位置。

选中要移动的文件或文件夹，用鼠标直接拖动到目标位置，即可完成文件的移动，这也是最简单的一种操作。

选择要移动的文件或文件夹，按【Ctrl+X】组合键，然后在目标位置按【Ctrl+V】组合键即可。

6.1.6 隐藏/显示文件或文件夹

隐藏文件或文件夹可以增强文件的安全性，同时可以防止误操作导致的文件丢失现象。隐藏与显示文件或文件夹的操作步骤类似，本节以隐藏和显示文件为例介绍。

1. 隐藏文件

隐藏文件的操作步骤如下。

1 选择【属性】菜单命令

选择需要隐藏的文件并单击鼠标右键，在弹出的快捷菜单中选择【属性】菜单命令。

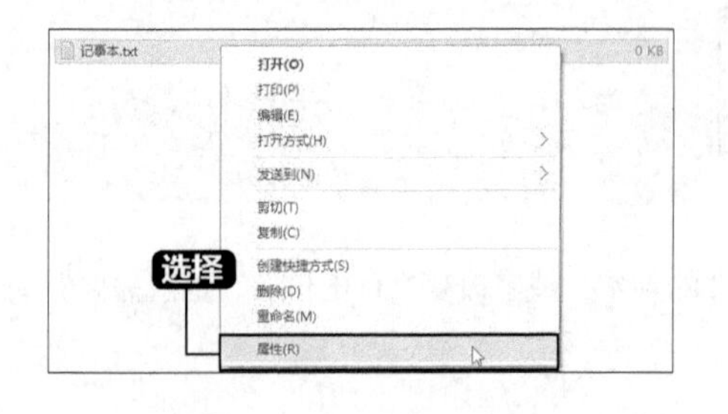

2 单击【确定】按钮

弹出【属性】对话框，选择【常规】选项卡，然后勾选【隐藏】复选框，单击【确定】按钮，选择的文件被成功隐藏。

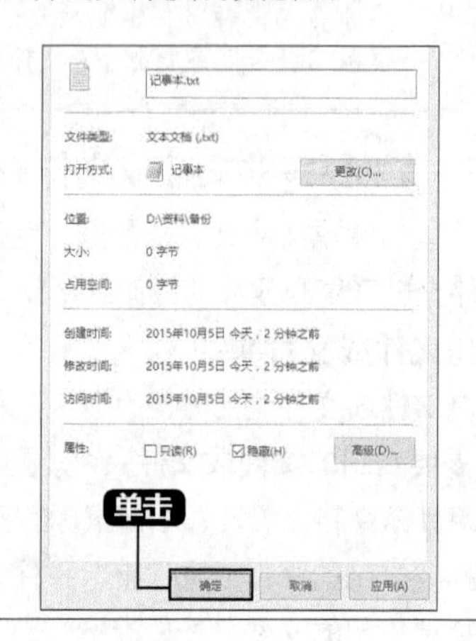

2. 显示文件

文件被隐藏后，用户要想调出隐藏文件，需要显示文件，具体操作步骤如下。

1 选择【查看】标签页

按一下【Alt】功能键，调出功能区，选择【查看】标签页，单击勾选【显示/隐藏】的【隐藏的项目】复选框，即可看到隐藏的文件或文件夹。

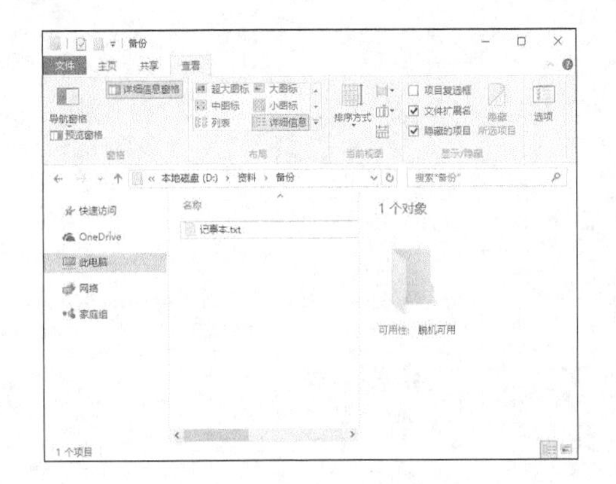

2 选择【常规】选项卡

右键单击该文件，弹出【属性】对话框，选择【常规】选项卡，然后取消【隐藏】复选框，单击【确定】按钮，成功显示隐藏的文件。

6.2 软件的安装与卸载

本节视频教学时间 / 7分钟

一台完整的电脑包括硬件和软件。软件是电脑的管家，用户要借助软件来完成各项工作。在安装完操作系统后，用户首先要考虑的就是安装软件，以满足用户使用电脑工作和娱乐的需求。而卸载不常用的软件则可以让电脑轻松工作。

6.2.1 认识常用软件

软件是多种多样的，覆盖了各个领域，分类也极为丰富，主要包括的种类有视频音乐、聊天互动、游戏娱乐、系统工具、安全防护、办公软件、教育学习图形图像、编程开发、手机数码等，下面主要介绍常用的软件。

1. 文件处理类

电脑办公离不开文件的处理。常见的文件处理软件有Office、WPS、Adobe Acrobat等。

（1）Office电脑办公软件

Office是最常用的办公软件之一，使用人群较广。Office办公软件包含Word、Excel、PowerPoint、Outlook、Access、Publisher、Infopath和OneNote等组件。Office中最常用的4大办公组件是：Word、Excel、PowerPoint和Outlook。

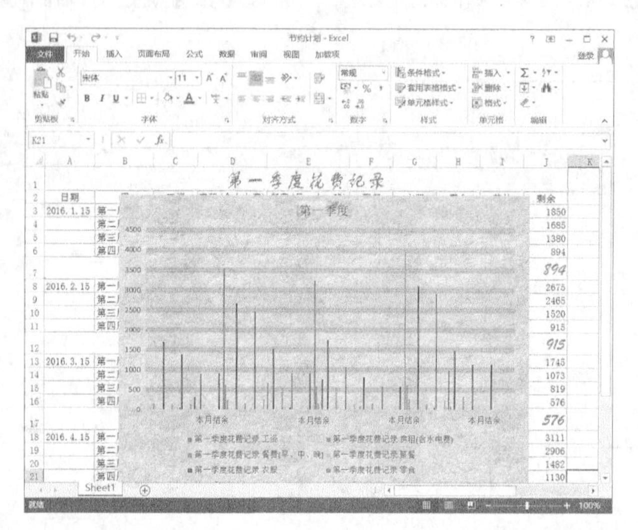

（2）WPS Office

WPS（Word Processing System），中文意为文字编辑系统，是金山软件公司的一种办公软件，可以实现办公软件最常用的文字、表格、演示等多种功能，而且软件完全免费。

2. 文字输入类

输入法软件有：搜狗拼音输入法、QQ拼音输入法、微软拼音输入法、智能拼音输入法、全拼输入法、五笔字型输入法等。下面介绍几种常用的输入法。

（1）搜狗输入法

搜狗输入法是国内主流的汉字拼音输入之一，其最大特点是实现了输入法和互联网的结合。搜狗拼音输入法是基于搜索引擎技术的输入法产品，用户可以通过互联网备份自己的个性化词库和配置信息。下图所示为搜狗拼音输入法的状态栏。

（2）QQ拼音输入法

QQ输入法是腾讯旗下的一款拼音输入法，与大多数拼音输入法一样，QQ拼音输入法支持全拼、简拼、双拼三种基本的拼音输入模式。而在输入方式上，QQ拼音输入法支持单字、词组、整句的输入方式。目前QQ拼音输入法由搜狗公司提供的客户端软件，与搜狗输入法无太大区别。

3．沟通交流类

常见的办公文件中便于沟通交流的软件有：飞鸽、QQ、微信等。

（1）飞鸽传书

飞鸽传书（FreeEIM）是一款优秀的企业即时通信工具。它具有体积小、速度快、运行稳定、半自动化等特点，被公认为是目前企业即时通信软件中比较优秀的一款。

（2）QQ

腾讯QQ有在线聊天、视频电话、点对点续传文件、共享文件等多种功能，是在办公中使用率较高的一款软件。

（3）微信

微信是腾讯公司推出的一款即时聊天工具，可以通过网络发送语音、视频、图片和文字等。主要在手机中使用最为普遍。

4．网络应用类

在办公中，有时需要查找资料或下载资料，使用网络可快速完成这些工作。常见的网络应用软件有：浏览器、下载工具等。

浏览器是指可以显示网页服务器或者文件系统的HTML文件内容，并让用户与这些文件交互的一种软件。常见的浏览器有Microsoft Edge浏览器、搜狗浏览器、360安全浏览器等。

5．安全防护类

在电脑办公的过程中，有时会出现死机、黑屏、重新启动以及反应速度很慢，或者中毒的现象，使工作成果丢失。为防止这些现象的发生，防护措施一定要做好。常用的免费安全防护类软件有360安全卫士、腾讯电脑管家等。

360安全卫士是一款由奇虎360推出的功能强、效果好、受用户欢迎的上网安全软件。360安全卫士拥有查杀木马、清理插件、修复漏洞、电脑体检、保护隐私等多种功能，并独创了“木马防火墙”功能。360安全卫士使用极其方便实用，用户口碑极佳，用户较多。

电脑管家是腾讯公司出品的一款免费专业安全软件，集合“专业病毒查杀、智能软件管理、系统安全防护”于一身，同时还融合了清理垃圾、电脑加速、修复漏洞、软件管理、电脑诊所等一系列辅助电脑管理功能，满足用户杀毒防护和安全管理的双重需求。

6. 影音图像类

在办公中，有时需要作图或播放影音等，这时就需要使用影音图像工具。常见的影音图像工具有Adobe Photoshop、暴风影音、会声会影等。

Adobe Photoshop，简称“PS”，主要处理以像素所构成的数字图像。使用其众多的编辑与绘图工具，可以更有效地进行图片编辑工作，PS是比较专业的图形处理软件，使用难度较大。

会声会影是一个功能强大的“视频编辑” 软件，具有图像抓取和编修功能，可以抓取并提供有100 多种编制功能与效果，可导出多种常见的视频格式，甚至可以直接制作成DVD和VCD光盘。支持各类编码，包括音频和视频编码。是最简单好用的DV、HDV影片剪辑软件。

6.2.2 软件的获取方法

安装软件的前提就是需要有软件安装程序，一般是EXE程序文件，基本上都是以setup.exe命名的，还有不常用的MSI格式的大型安装文件和RAR、ZIP格式的绿色软件，而这些文件的获取方法也是多种多样的，主要有以下几种途径。

1. 安装光盘

日常购买的电脑、打印机、扫描仪等设备都会有一张随机光盘，里面包含了相关驱动程序，用户可以将光盘放入电脑光驱中读取里面的驱动安装程序，并进行安装。

另外，也可以购买安装光盘，市面上普遍销售的是一些杀毒软件、常用工具软件的合集光盘，用户可以根据需要购买。

2. 官网中下载

官方网站是指一些公司或个人建立的最具权威、最有公信力或唯一指定的网站，以达到介绍和宣传产品的目的。下面以“美图秀秀”软件介绍为例。

1 下载软件

在Internet浏览器地址栏中输入“http://xiuxiu.meitu.com/”网址，并按【Enter】键，进入官方网站，单击【立即下载】按钮下载该软件。

2 单击【保存】按钮

页面底部将弹出操作框，提示“运行”还是“保存”，这里单击【保存】按钮的下拉按钮，在弹出的下拉列表中选择【另存为】选项。

提示

选择【保存】选项，将会自动保存至默认的文件夹中。

选择【另存为】选项，可以自定义软件保存位置。选择【保存并运行】选项，在软件下载完成之后将自动运行安装文件。

3 选择文件存储位置

弹出【另存为】对话框，选择文件存储的位置。

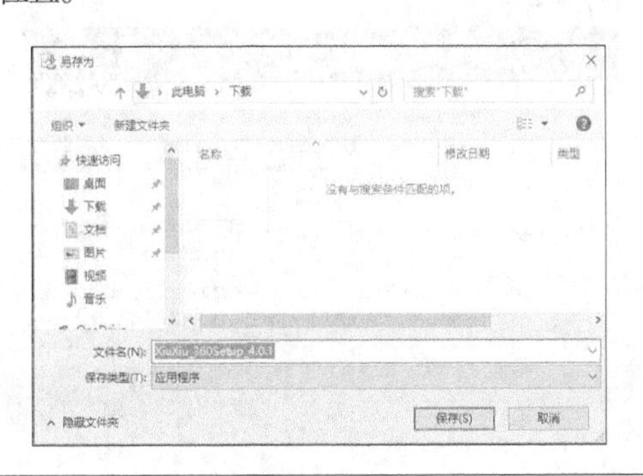

4 单击【运行】按钮

单击【保存】按钮，即可开始下载软件。提示下载完成后，单击【运行】按钮，可打开该软件安装界面，单击【打开文件夹】按钮，可以打开保存软件的文件夹。

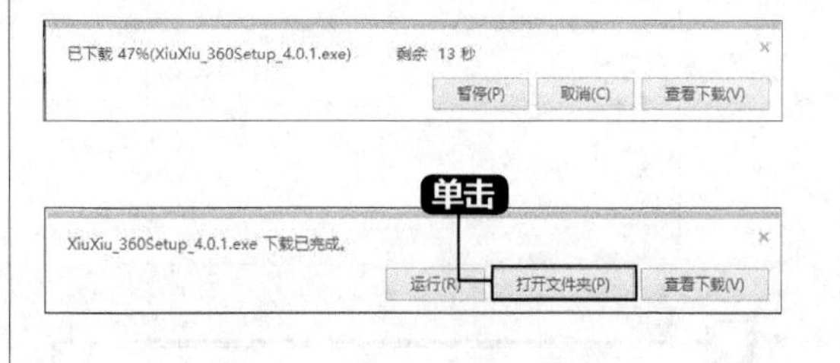

3. 电脑管理软件下载

通过电脑管理软件，也可以使用自带的软件管理工具下载和安装，如常用的有360安全卫士、电脑管家等。

6.2.3 软件安装的方法

使用安装光盘或者从官网下载软件后，需要使用安装文件的EXE文件进行安装；而在电脑管理软件中选择要安装的软件后，系统会自动进行下载安装。下面以安装下载的美图秀秀软件为例介绍安装软件的具体操作步骤。

1 查看下载软件

打开上一节下载美图秀秀软件时保存的文件夹，即可看到下载后的美图秀秀安装文件。双击名称为“XiuXiu_360Setup_4.0.1.exe”的文件。

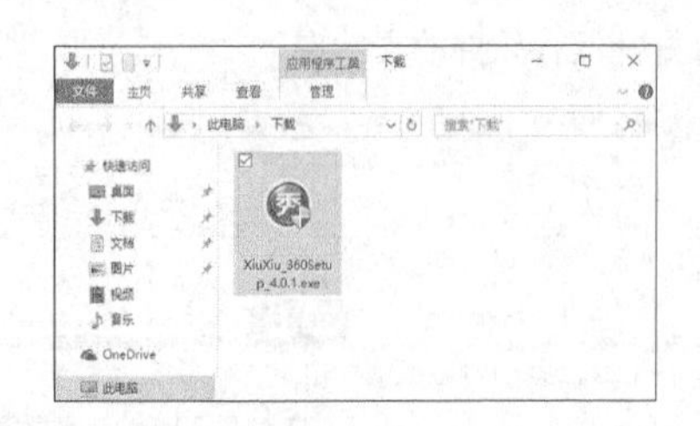

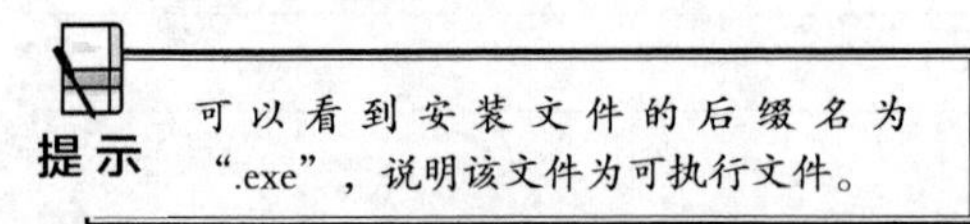

提示　可以看到安装文件的后缀名为“.exe”，说明该文件为可执行文件。

2 单击【是】按钮

系统弹出【用户账户控制】对话框，单击【是】按钮。

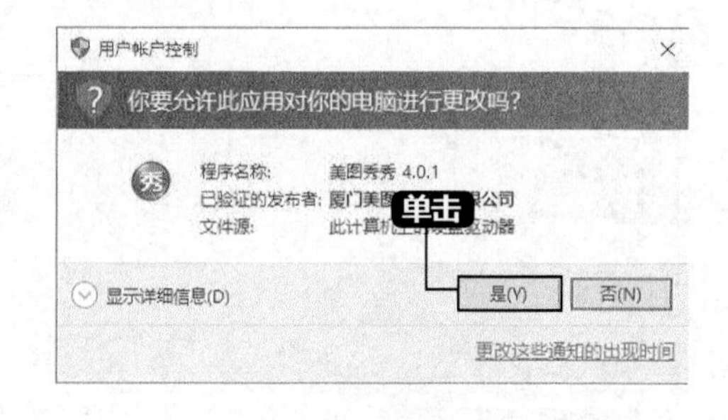

3 安装软件

弹出美图秀秀的安装界面，单击【立即安装美图秀秀】按钮。

4 选择安装选项

在安装选项界面，选择安装选项，这里选择【自定义安装】选项，单击【下一步】按钮。

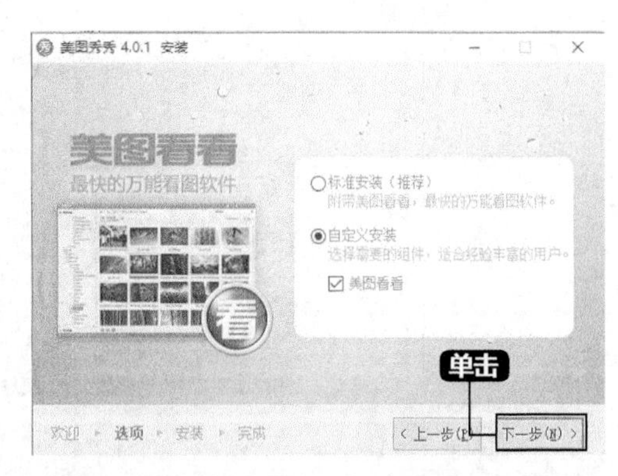

提示

如果选择标准安装，则软件不可自定义安装位置，会默认安装附带的其他推广软件等，因此建议选择自定义安装。

5 单击【安装】按钮

在自定义安装界面，单击【浏览】按钮可选择软件的安装位置，撤消选中软件和网页推广复选框，单击【安装】按钮。

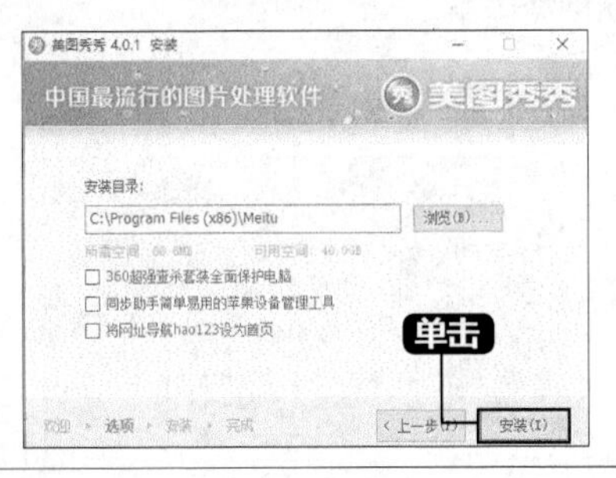

6 安装效果图

软件即可开始安装，如下图所示。

7 运行软件

提示安装完成后，单击【完成】按钮，即可运行该软件，如不需要运行该软件，撤消选中【立即运行美图秀秀4.0.1】复选框即可。

8 打开软件

此时，即可打开该软件，如下图所示。

6.2.4 软件的更新/升级

软件不是一成不变的，而是一直处于升级和更新状态，特别是杀毒软件的病毒库，必须不断升级。软件升级主要分为自动检测升级和使用第三方软件升级两种方法。

1. 自动检测升级

这里以“360安全卫士”为例来介绍自动检测升级的方法。

1 选择【程序升级】命令

右键单击电脑桌面右下角“360安全卫士”图标，在弹出的界面中选择【升级】➤【程序升级】命令。

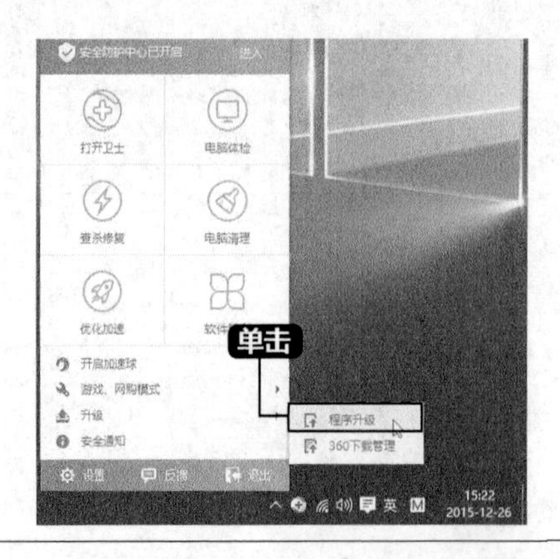

2 获取新版本

弹出【获取新版本中】对话框。

3 发现新版本

获取完毕后弹出【发现新版本】对话框，选择要升级的版本选项，单击【确定】按钮。

4 更新软件

弹出【正在下载新版本件】对话框，显示下载的进度。下载完成后，单击安装即可将软件更新到最新版本。

2. 使用第三方软件升级

用户可以通过第三方软件升级软件，如360安全卫士和QQ电脑管家等，下面以360软件管家为例简单介绍如何利用第三方软件升级软件。

打开360软件管家界面，选择【软件升级】选项卡，在界面中即可显示可以升级的软件，单击【升级】按钮或【一键升级】按钮即可。

6.2.5 软件的卸载

软件的卸载主要有以下几种方法。

1.使用自带的卸载组件

当软件安装完成后，会自动添加在【开始】菜单中，如果需要卸载软件，可以在【开始】菜单中查找是否有自带的卸载组件，下面以卸载“迅雷游戏盒子”软件为例讲解。

1 选择【卸载】命令

打开“开始”菜单，在常用程序列表或所有应用列表中，选择要卸载的软件，单击鼠标右键，在弹出的菜单中选择【卸载】命令。

2 单击【卸载/更改】按钮

弹出【程序和功能】窗口，选择需要卸载的程序，然后单击【卸载/更改】按钮。

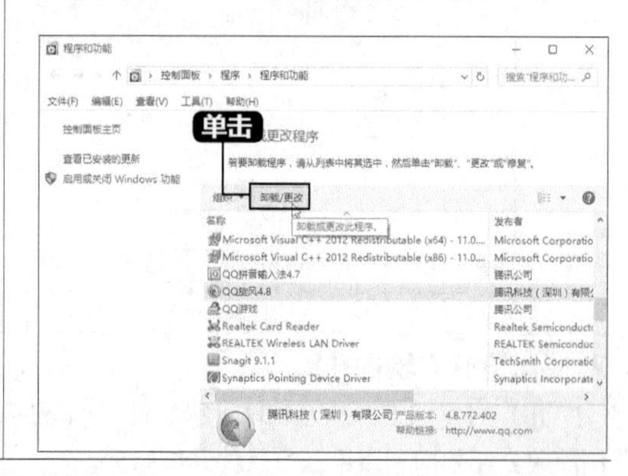

提示：另外，还可以按【Win+X】组合键，在打开的菜单中选择【控制面板】命令，打开【控制面板】窗口，单击【卸载程序】超链接，进入【程序和功能】窗口。

3 单击【卸载】按钮

弹出软件卸载对话框，单击【卸载】按钮。

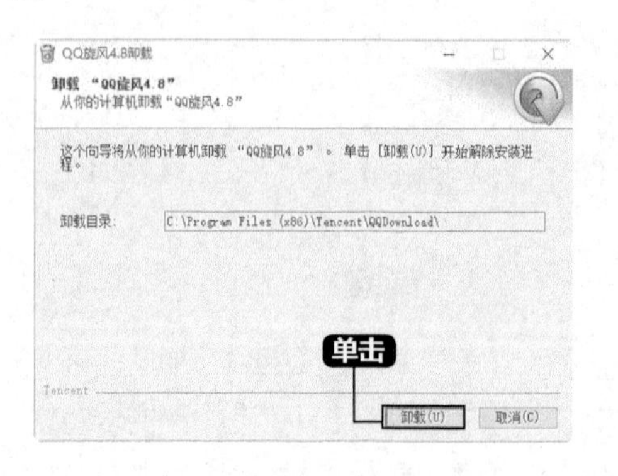

4 进入卸载过程

软件即会进入卸载过程，如下图所示。

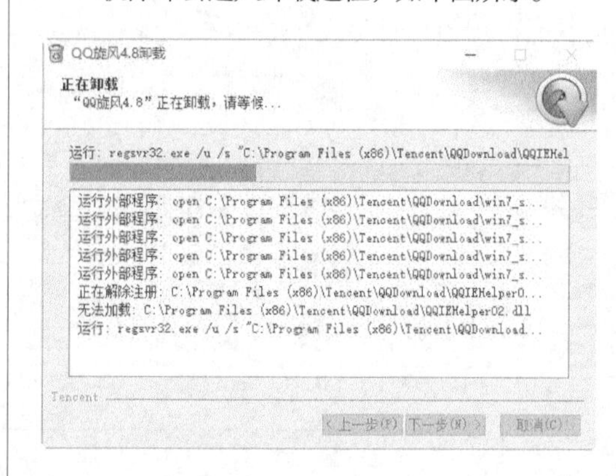

5 卸载完成

卸载完成后，单击【关闭】按钮。

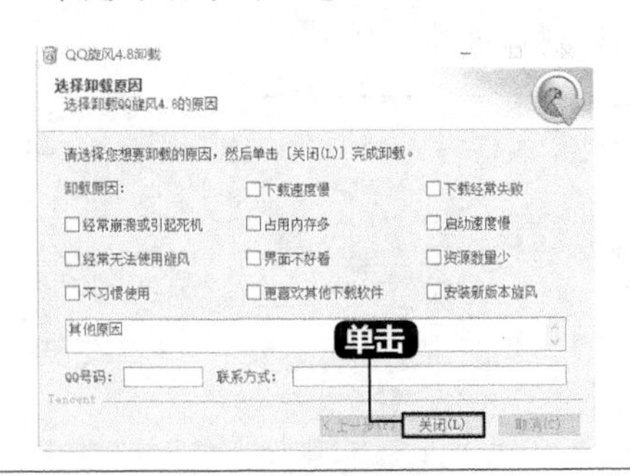

6 单击【确定】按钮

弹出提示框，提示软件已从电脑中移除后，单击【确定】按钮，即可完成软件的卸载。

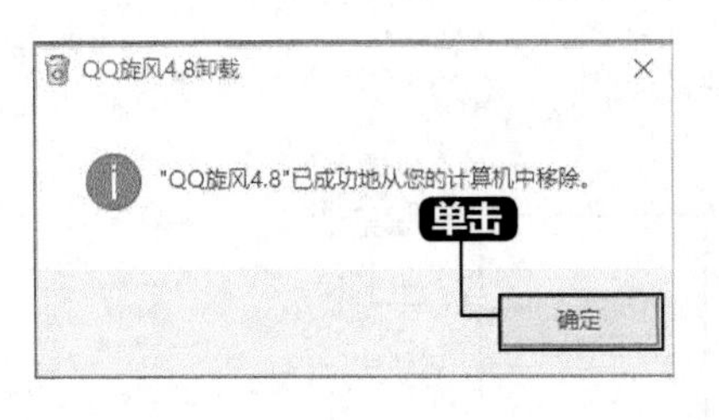

2. 使用软件自带的卸载程序

有些软件自带有卸载程序，单击【开始】按钮，在所有程序列表中选择需要卸载的软件，在展开的列表中，选择对应的卸载命令，进行卸载。

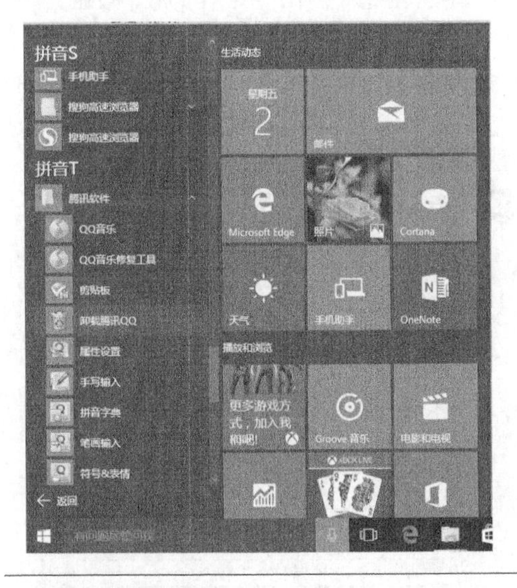

3. 使用第三方软件卸载

用户还可以使用第三方软件，如360软件管家、电脑管家等来卸载不需要的软件，打开360软件管家界面，单击【软件卸载】选项卡，选择需要卸载的软件，单击【卸载】按钮即可。

4. 使用设置面板

在Windows 10操作系统中，推出了【设置】面板，其中集成可控制面板的主要功能，用户也可以在【设置】面板中卸载软件。

1 打开【设置】界面

按【Win+I】组合键，打开【设置】界面，单击【系统】选项。

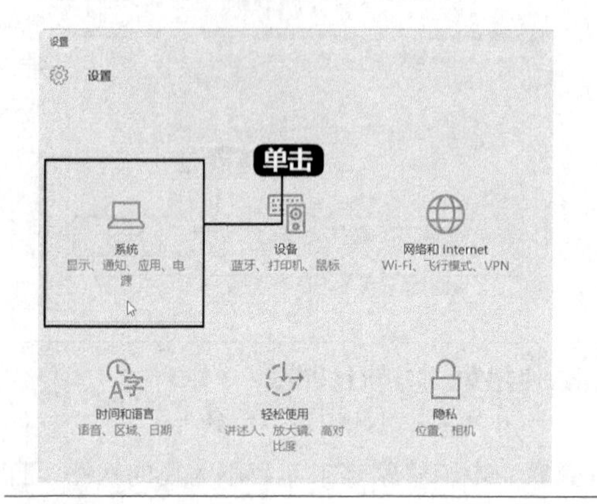

2 进入【系统】界面

进入【系统】界面，选择【应用和功能】选项，即可看到所有应用列表。

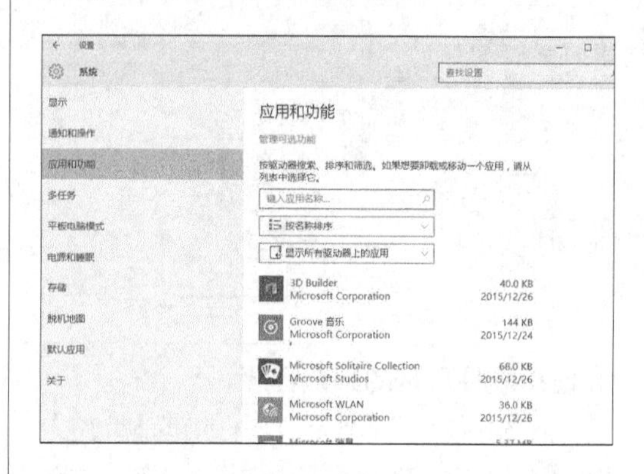

3 选择卸载程序

在应用列表中，选择要卸载的程序，单击程序下方的【卸载】按钮。

4 单击【卸载】按钮

在弹出提示框中，单击【卸载】按钮。

5 单击【是】按钮

弹出【用户账户控制】对话框，单击【是】按钮。

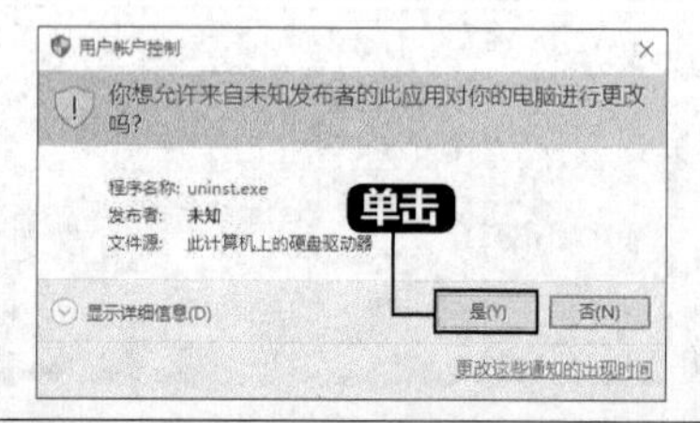

6 卸载软件

弹出软件卸载对话框，用户根据提示卸载软件即可。

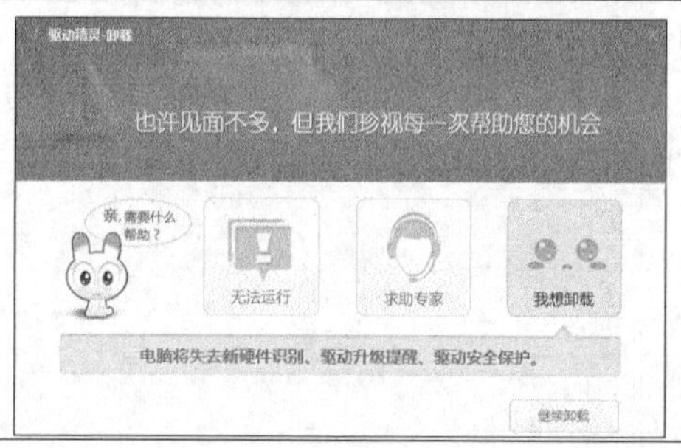

6.3 使用Windows应用商店

本节视频教学时间 / 2分钟

在Windows商店中，用户可以获取并安装Modern应用程序，经过多年的发展，应用商店的应用程序包括20多种分类，数量达60万个以上，如商务办公、影音娱乐、日常生活等各种应用，可以满足不同用户的使用需求，极大程度地增强了Windows体验。本节主要讲如何使用Windows应用商店。

6.3.1 搜索并下载应用

在使用Windows应用商店之前，用户必需使用Microsoft账户才可以进行应用下载，确保账号配置无问题后，即可进入应用商店搜索并下载需要的程序。

1 单击【应用商店】磁贴

初次使用Windows应用商店时，其启动图标固定在“开始”屏幕中，按【Windows】键，弹出开始菜单，单击【应用商店】磁贴。

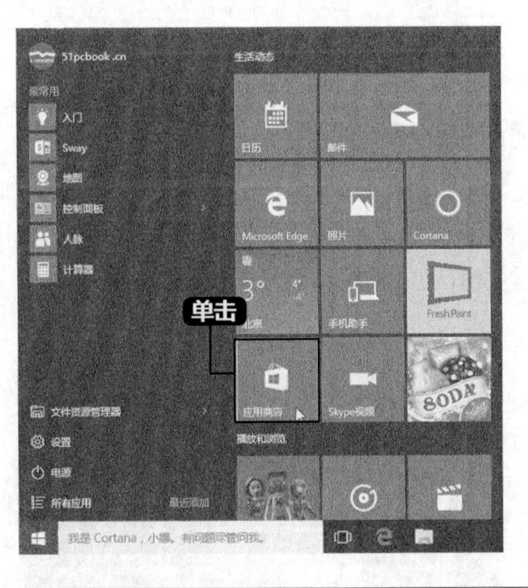

2 单击【应用】选项

即可打开应用商店程序，在应用商店中包括主页、应用和游戏3个选项，默认打开为【主页】页面，单击【应用】选项，显示热门应用和详细的应用类别；单击【游戏】选项，则显示热门的游戏应用和详细的游戏分类。在右侧的搜索框中输入要下载的应用，如“QQ游戏”，在搜索框下方弹出相关的应用列表选择符合的应用。

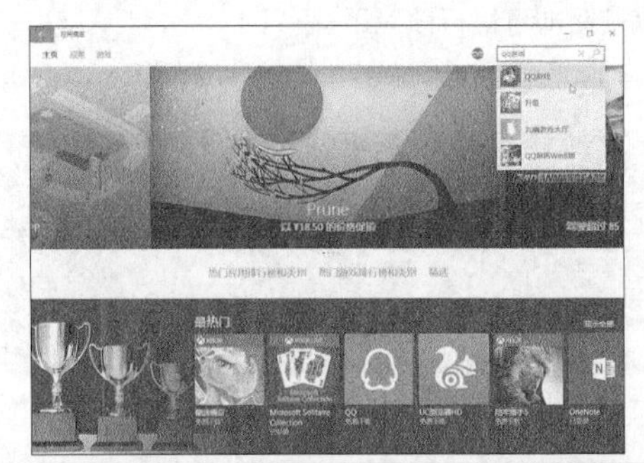

3 单击【免费下载】按钮

进入相关应用界面，单击【免费下载】按钮即可下载。

提示　付费的应用会显示程序的付费金额按钮。

4 单击【下一步】按钮

由于部分应用有年龄段分级限制，所以首次使用账号购买应用，会弹出如下对话框，要求填写出生日期，然后单击【下一步】按钮。

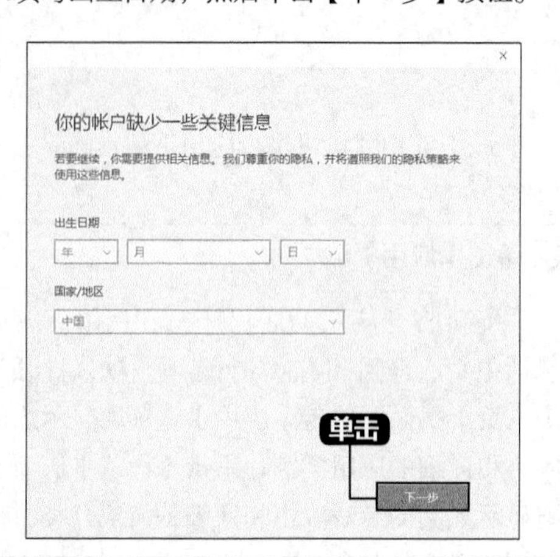

5 应用商店

应用商店即会下载该应用，并显示下载的进度。

6 运行应用程序

下载完毕后即会显示【打开】按钮，单击该按钮即可运行该应用程序。

7 固定应用软件

下图即为该应用的主界面。用户可以在所有程序列表中找到下载的应用，可以将其固定到“开始”屏幕，以方便使用。

8 多种下载方式

另外，微软也推出了基于Web的新版Windows通用商店，网址为：https://www.microsoft.com/zh-cn/store/apps/，用户可以在浏览器中浏览并转向应用商店进行下载，也是极其方便的。

6.3.2 购买付费应用

在Windows应用商店中，有一部分应用是收费的，需要用户支付并购买，以人民币为结算单位，默认支付方式为支付宝，购买付费应用具体步骤如下。

1 单击【￥12.50】按钮

选择要下载的付费应用，单击付费金额按钮，如这里单击【￥12.50】按钮。

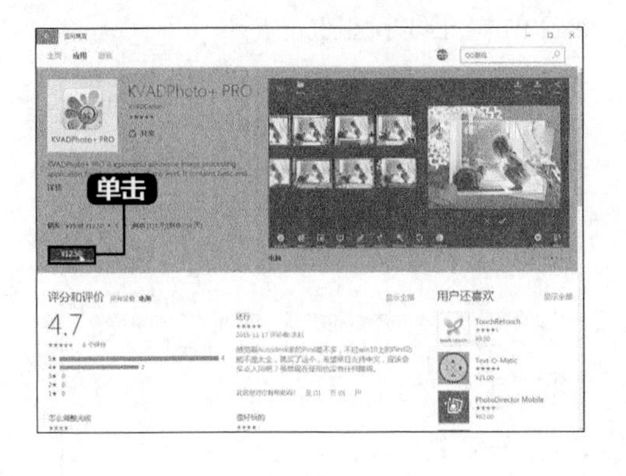

2 单击【登录】按钮

首次购买付费应用，会弹出【请重新输入应用商店的密码】对话框，在密码文本框中输入账号密码，单击【登录】按钮。

3 添加个人资料

弹出的【购买应用】对话框，如下图所示。如果账号中没有个人资料地址，则需要补充，单击【添加个人资料地址】命令。

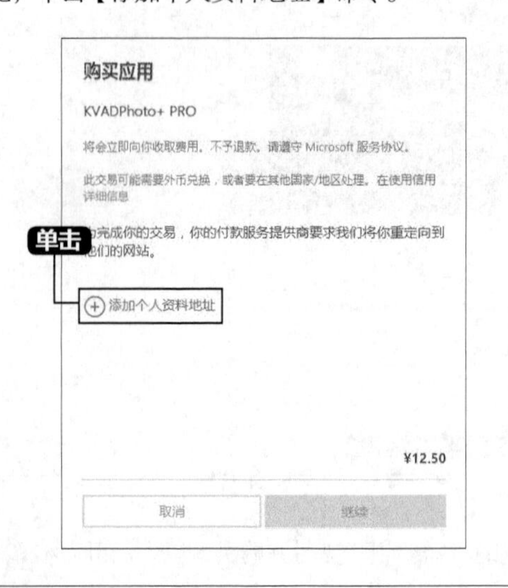

4 单击【下一步】按钮

在弹出的【我们需要你的个人资料地址】对话框中，完善个人资料，并单击【下一步】按钮。

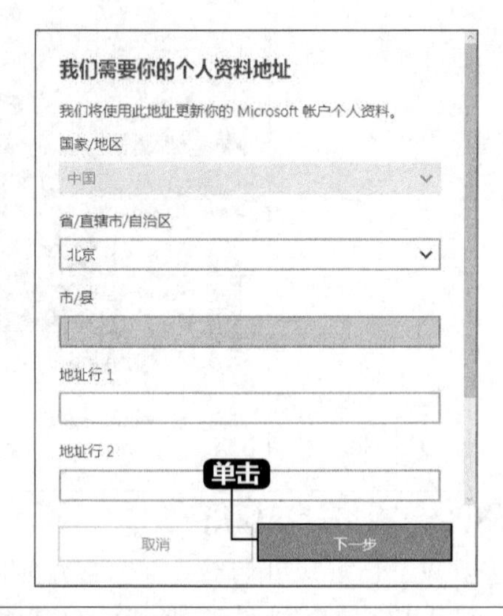

5 单击【保存】按钮

转向【检查你的信息】对话框，确认地址信息，并单击【保存】按钮。

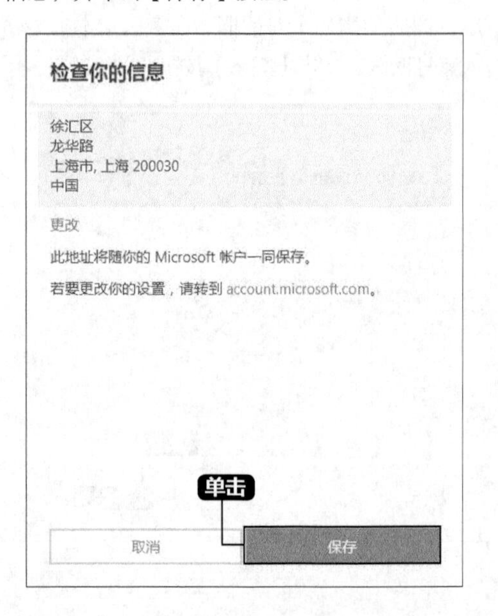

6 单击【继续】按钮

返回【购买应用】界面，默认支付方式为支付宝，如需更改支付方式则单击【更改】超链接，添加新的付款方式。确定支付方式后，然后单击【继续】按钮。

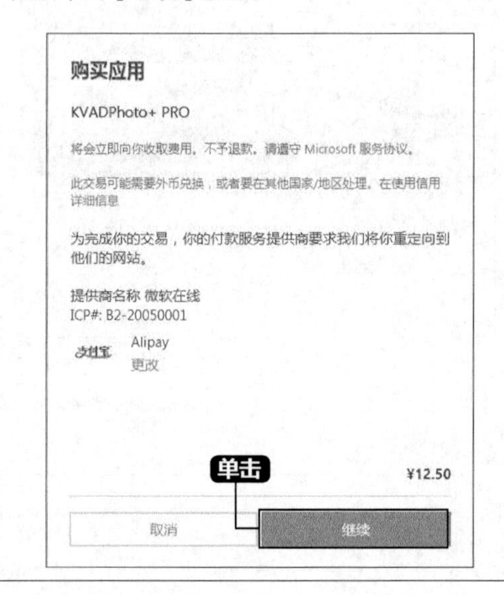

7 打开【支付宝】页面

打开【支付宝】网页页面，用户可以登录支付宝账户付款，也可以使用手机上的支付宝应用扫描二维码付款。

支付成功后，返回应用商店即可看到对话框提示购买成功，则转向程序下载。

6.3.3 查看已购买应用

不管是收费的应用程序还是免费的应用程序，在应用商中都可以查看使用当前Microsoft账号购买的所有应用，也包括Windows 8中购买的应用，具体查看步骤如下。

1 单击【我的库】命令

打开Windows 10应用商店，单击顶部的账号头像，在弹出的菜单中，单击【我的库】命令。

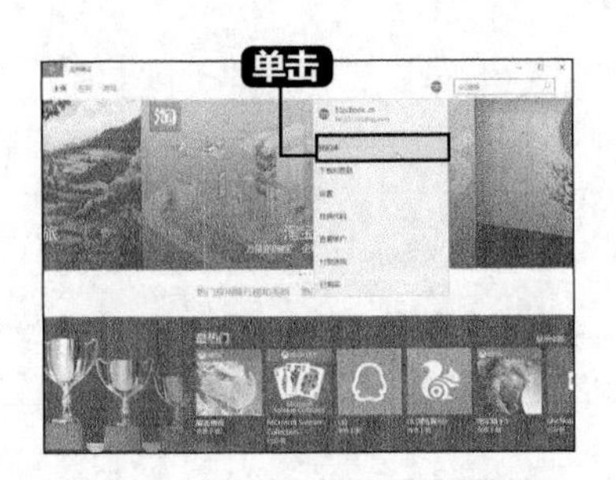

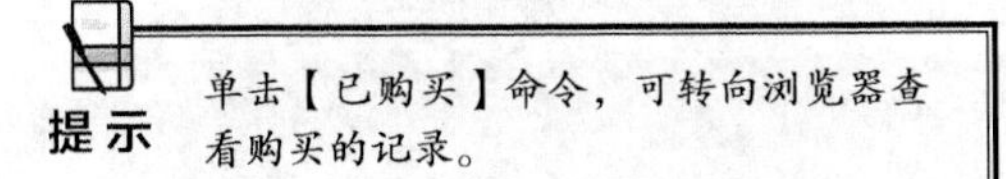

提示　单击【已购买】命令，可转向浏览器查看购买的记录。

2 进入【我的库】界面

进入【我的库】界面，即可看到该账户购买的应用。

3 单击【下载】按钮

在已购买应用的右侧有【下载】按钮，则表示当前电脑未安装该应用，单击【下载】按钮，可以直接下载，如下图所示。否则，则表示电脑中安装有该应用。

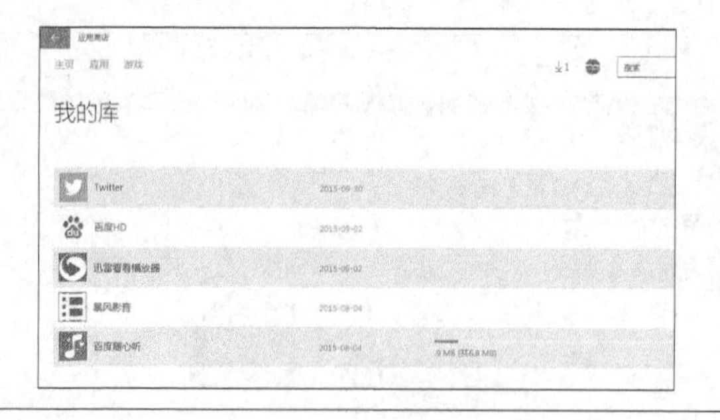

6.3.4 更新应用

Modern应用和常规软件一样，每隔一段时间，应用开发者会对应用进行版本升级以修补前期版本的问题或提升功能体验。用户如果希望获得最新版本，可以通过查看更新，来升级当前版本，具体步骤如下。

1 单击【查找更新】按钮

在Windows 10应用商店中，单击顶部的账号头像，在弹出的菜单中，单击【下载和更新】命令，即可进入【下载并更新】界面，在此界面可以看到正在下载的应用队列和进度。如果要查找更新，单击【查找更新】按钮。

2 下载、更新应用

应用商店即会搜索并下载可更新的应用，如下图所示。

6.4 硬件设备的管理

本节视频教学时间 / 3分钟 

硬件是硬件运行的基础，本节主要讲述计算机中硬件的管理方法。

6.4.1 查看硬件的型号

查看硬件设置属性的主要方法有三种。每个硬件的说明书上都有硬件型号，用户只需查看即可。用户可以在设备管理器中查看型号，具体操作步骤如下。

1 打开【系统】对话框

按【Windows+Break】组合键，打开【系统】对话框，单击【设备管理器】超链接。

2 选择【属性】菜单命令

弹出【设备管理器】窗口，显示计算机的所有硬件配置信息，单击【显示适配器】选项，在弹出的型号上单击右键，在弹出的快捷菜单中选择【属性】菜单命令。

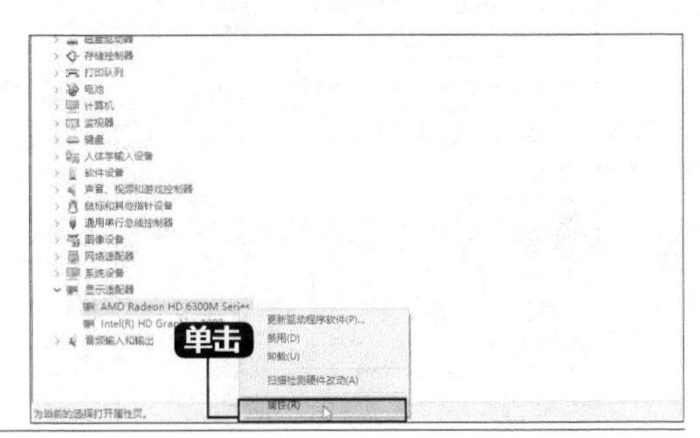

3 查看设备类型、制造商

弹出【AMD Radeon HD 6300M Series属性】对话框，用户可以查看设备的类型、制造商等。

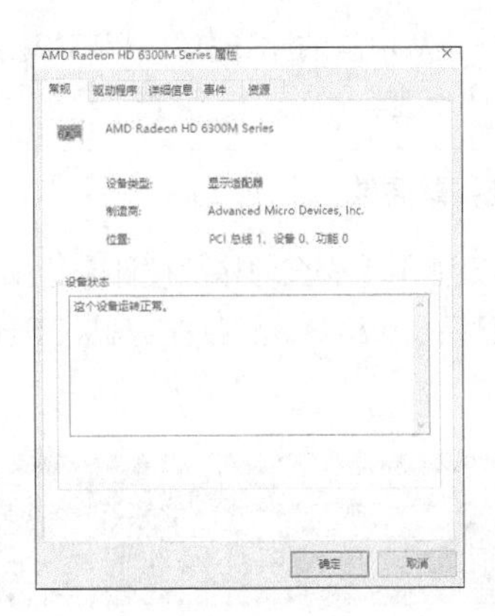

> **提示**
>
> 对话框的名称由电脑适配器的具体型号确定。不同的适配器型号，弹出的对话框名也不同。

4 选择【驱动程序】选项

选择【驱动程序】选项卡，用户可以查看驱动程序的提供商、日期、版本和数字签名等信息，单击【驱动程序详细信息】按钮。

> **提示**
>
> 单击【更新驱动程序】按钮，更新硬件的驱动程序。

5 查看驱动程序信息

弹出【驱动程序文件详细信息】对话框，用户可以查看驱动程序的详细信息和安装路径。

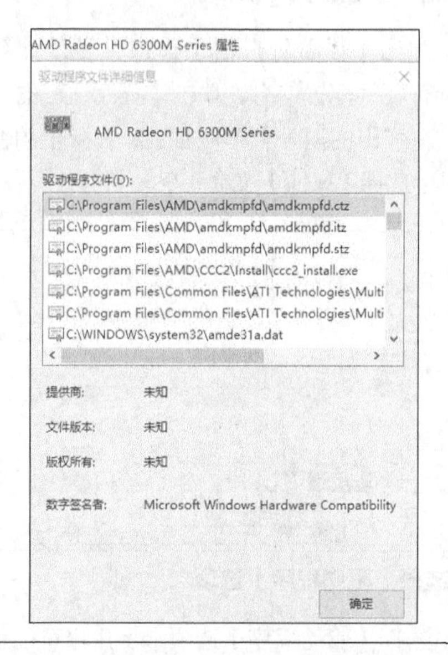

6 检查设备

使用硬件检测工具检查当前设备的硬件信息。如360、鲁大师、腾讯电脑管家等，如下图即为鲁大师的硬件检测信息。

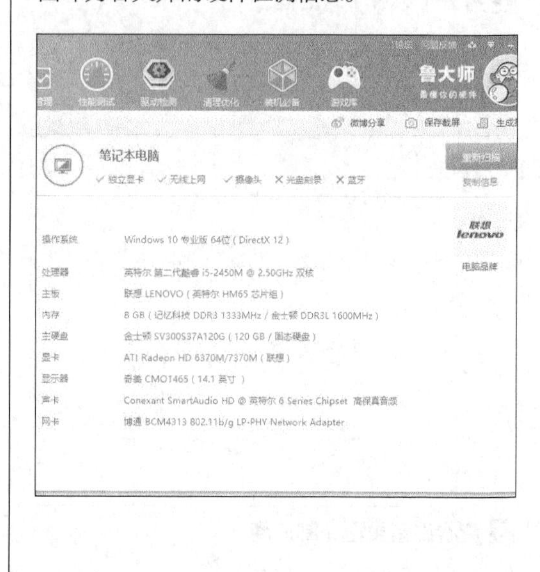

6.4.2 更新和卸载硬件的驱动程序

根据硬件对象的不同，硬件的卸载分为两种情况：即插即用硬件设备的卸载和非即插即用硬件设备的卸载。即插即用设备的卸载过程很简单，只需要将设备从电脑的USB接口或PS/2接口中拔掉即可。下面以卸载U盘为例，介绍卸载即插即用设备的具体步骤。

1 单击识别图标

单击通知区域中识别的图标，在弹出的列表中选择【弹出Data Traveler 3.0】选项。

2 安全移除硬件

即会弹出【安全地移除硬件】通知框，此时U盘已经成功移除，然后将U盘从USB口中拔出。

提示

如果用户不执行上述操作而直接将U盘从USB接口中拔出，很可能造成数据的丢失，严重时会损坏U盘。

非即插即用硬件设备的卸载比较复杂，首先需要先卸载驱动程序，然后再将硬件从电脑的接口移除。

卸载驱动程序可以在设备管理器中进行，也可以使用驱动管理软件进行卸载和更新，如鲁大师、驱动人生、驱动精灵等。

1. 通过设备管理器卸载驱动

通过设备管理器可以升级与更新驱动。反之，通过设备管理器也可以卸载驱动程序。这里以卸载打印机驱动为例，通过设备管理器卸载驱动的具体操作步骤如下。

打开【设备管理器】窗口，单击【打印队列】展开设备信息列表，选择需要卸载的驱动程序并单击右键，在弹出的快捷菜单中单击【卸载】菜单命令。

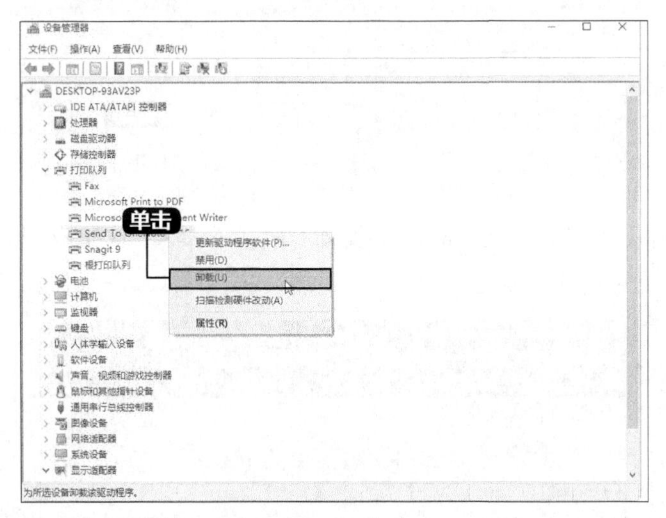

弹出【确认设备卸载】对话框，单击【确定】按钮，即可开始卸载设备。

卸载完成后，设备管理器中将不显示已卸载的驱动程序。

2. 更新驱动程序

通过更新驱动程序不仅可以解决硬件的兼容问题，而且还可以增加硬件的功能。一般较为方便的是使用驱动管理软件进行更新，下面以驱动精灵为例进行讲解，其具体操作步骤如下。

下载并安装驱动精灵程序，进入程序界面后，单击【驱动程序】选项，程序会自动检查驱动程序并显示需要安装或更新的驱动，勾选要安装的驱动，单击【一键安装】。

系统会自动进入“下载与安装”界面，待安装完毕后，会提示“本机驱动均已安装完成”，驱动安装后关闭软件界面即可。

6.4.3 禁用或启动硬件

用户可以根据需要禁用或者启动硬件。打开【设备管理器】窗口后，在需要禁用的硬件上右键单击，在弹出的快捷菜单中选择【禁用】命令，则可以禁用硬件。在已禁用的硬件上右键单击，在弹出的快捷菜单中选择【启用】命令，则可以启用硬件。

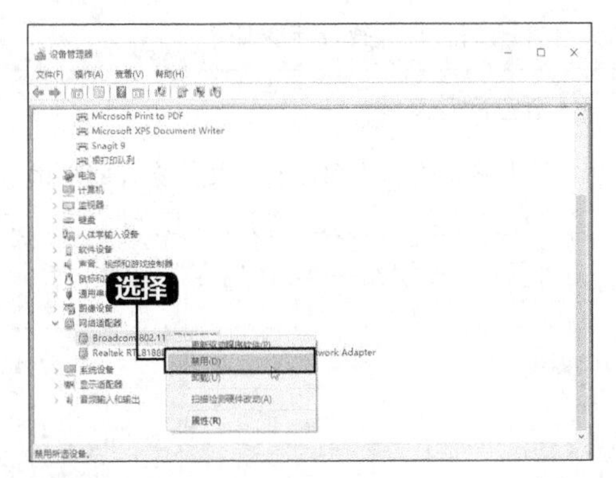

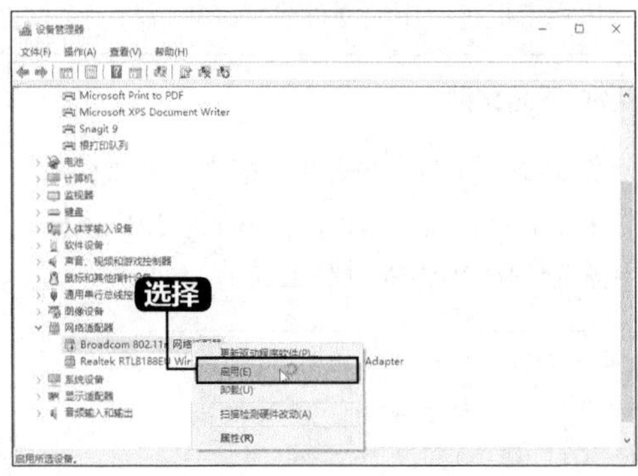

6.5 实战演练——压缩文件夹

本节视频教学时间 / 2分钟

对于特别大的文件夹，用户可以进行压缩操作。经过压缩的文件将占用很少的磁盘空间，有利于更快速地传输到其他计算机上，以实现网络上的共享功能。用户可以利用Windows 10操作系统自带的压缩软件，对文件夹进行压缩操作，具体的操作步骤如下。

1 选择【发送到】命令

选择需要压缩的文件夹并右键单击，在弹出的快捷菜单中选择【发送到】➤【压缩（zipped）文件夹】菜单命令。

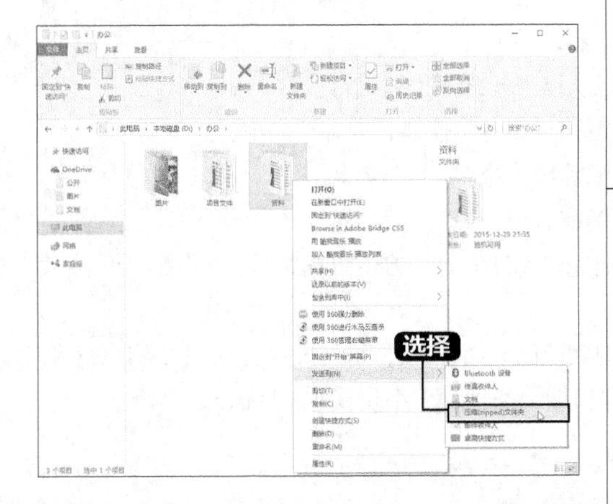

2 查看压缩进度

弹出【正在压缩】对话框，并以绿色进度条的形式显示压缩的进度。

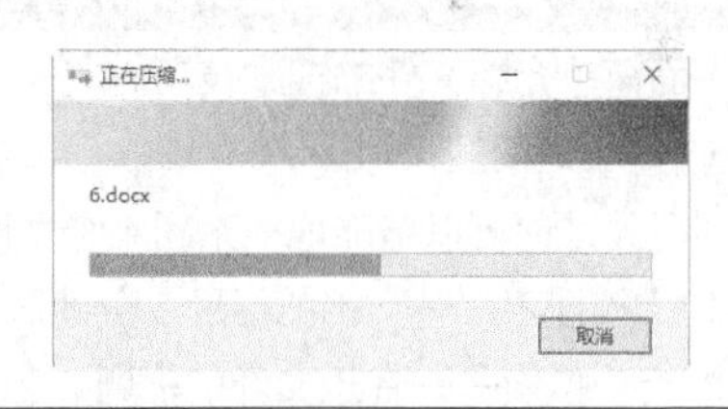

3 压缩完成

压缩完成后，用户可以在窗口中发现多了一个和原文件夹名称相同的压缩文件。

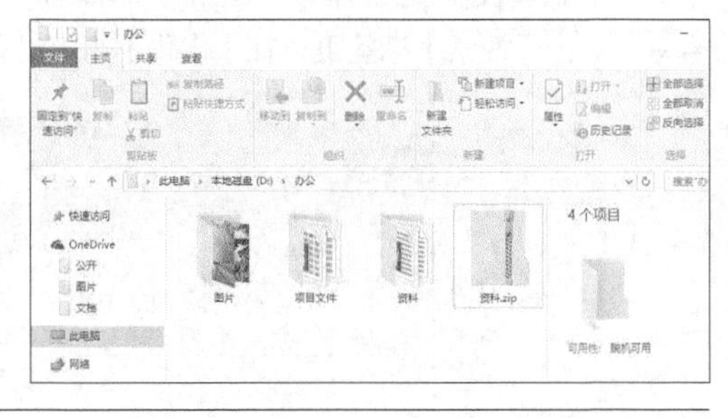

用户不但可以压缩文件夹，还可以将多个文件夹合并压缩。具体操作步骤如下：

1 合并压缩文件

将想要合并的文件夹和压缩文件夹放在同一目录下。选择需要添加的文件夹，拖曳鼠标直至需要合并的压缩文件夹上。

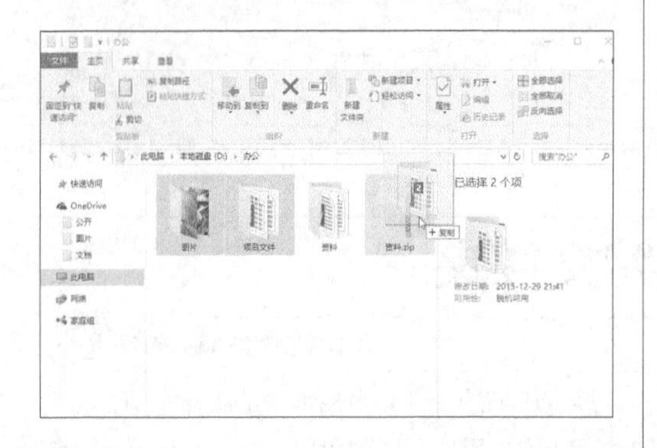

2 查看合并文件

压缩完成后，可以看到文件夹并成功地合并到压缩文件上。选择合并后的压缩文件，双击可以查看压缩文件包括的内容。

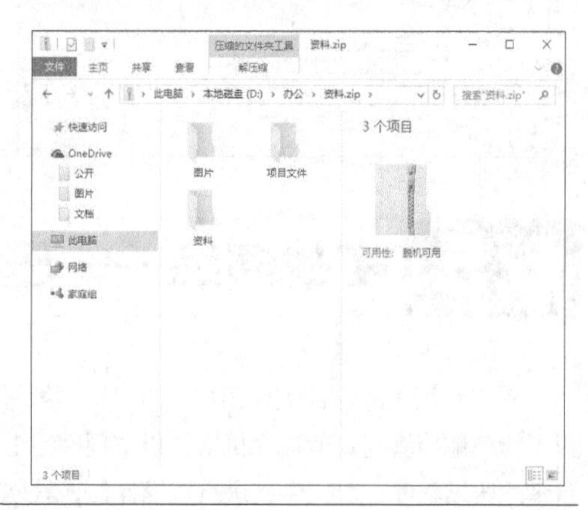

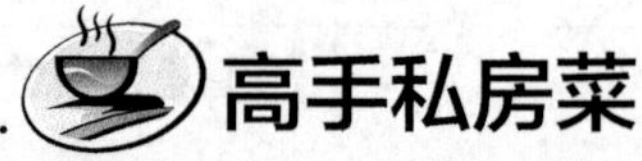

高手私房菜

技巧1：如何快速查找文件

下面简单介绍文件的搜索技巧。

（1）关键词搜索

利用关键词可以精准地搜索到某个文件，可以从以下元素入手，进行搜索。

① 文档搜索——文档的标题、创建时间、关键词、作者、摘要、内容、大小。

② 音乐搜索——音乐文件的标题、艺术家、唱片集、流派。

③ 图片搜索——图片的标题、日期、类型、备注。

因此，在创建文件或文件夹时，建议尽可能地完善属性信息，方便查找。

（2）缩小搜索范围

如果知道被搜索文件的大致范围，尽量缩小搜索范围。如在J盘，可打开J盘，按【Ctrl+F】组合键，单击【搜索】标签页，在【优化】组中设置日期、类型、大小和其他属性信息。

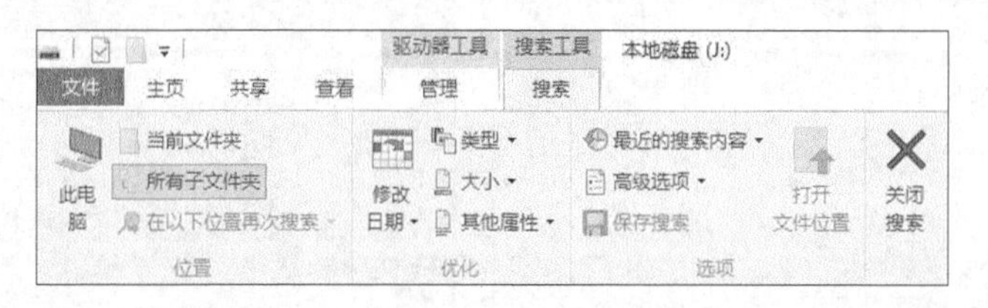

（3）添加索引

在Windows 10系统文件资源管理器窗口中，可以通过【选项】组中的【高级选择】使用索引，根据提示确认对此位置进行索引。这样可以快速搜索到需要查找的文件。

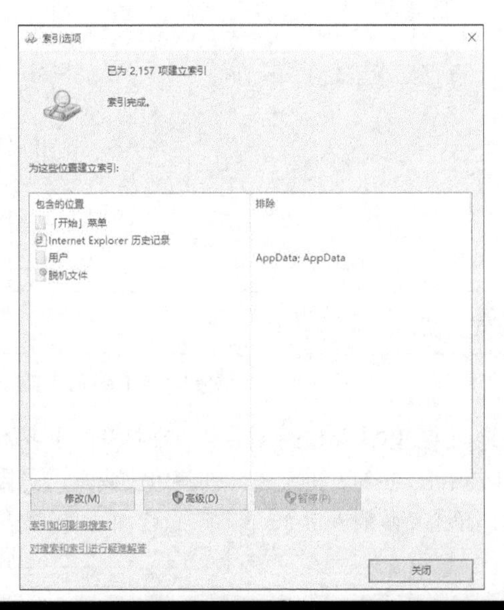

技巧2：安装更多字体

除了Windows 7系统中自带的字体外，用户还可以自行安装字体，在文字编辑上更胜一筹。字体安装的方法主要有3种。

（1）右键安装

选择要安装的字体，单击鼠标右键，在弹出的快捷菜单中，选择【安装】选项，即可进行安装。如下图所示。

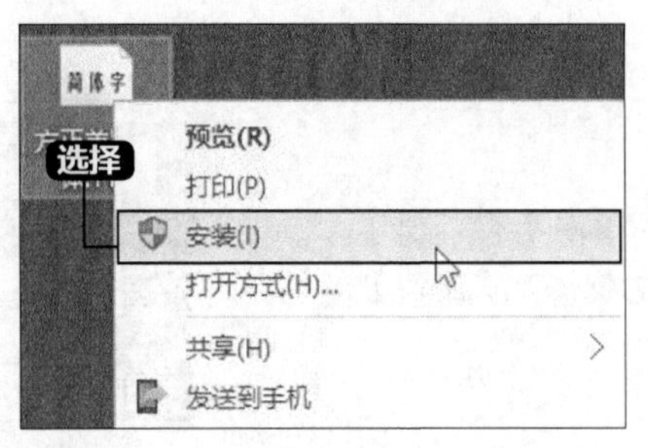

（2）复制到系统字体文件夹中

复制要安装的字体，打开【计算机】在地址栏里输入C:/WINDOWS/Fonts，单击【Enter】按钮，进入Windows字体文件夹，粘贴到文件夹里即可。如下图所示。

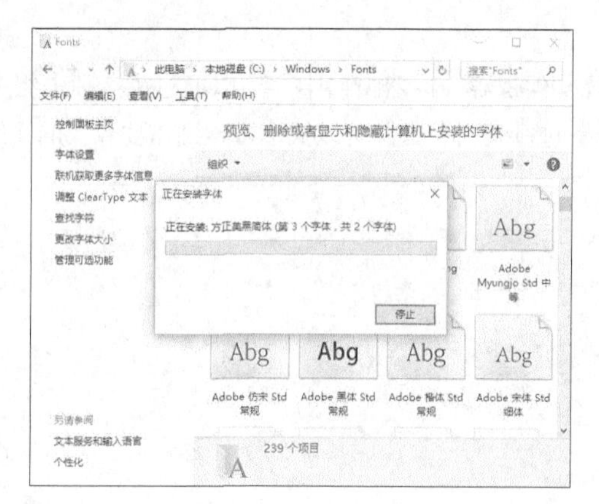

（3）右键作为快捷方式安装

1 单击【Enter】按钮

打开【计算机】在地址栏里输入C:/WINDOWS/Fonts，单击【Enter】按钮，进入Windows字体文件夹，然后单击左侧的【字体设置】链接。

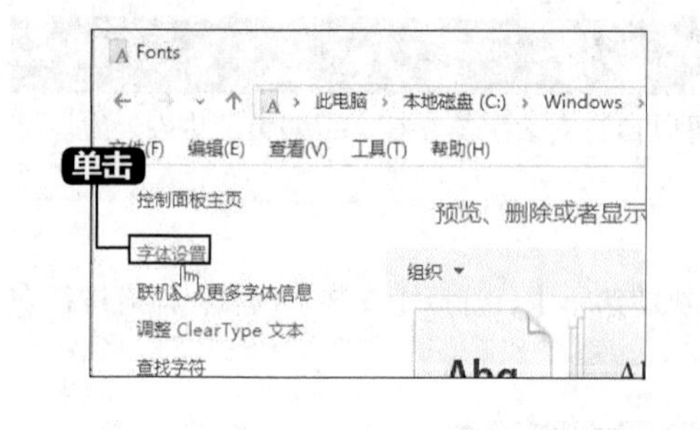

2 单击【确定】按钮

在打开的【字体设置】窗口中，勾选【允许使用快捷方式安装字体（高级）（A）】选项，然后单击【确定】按钮。

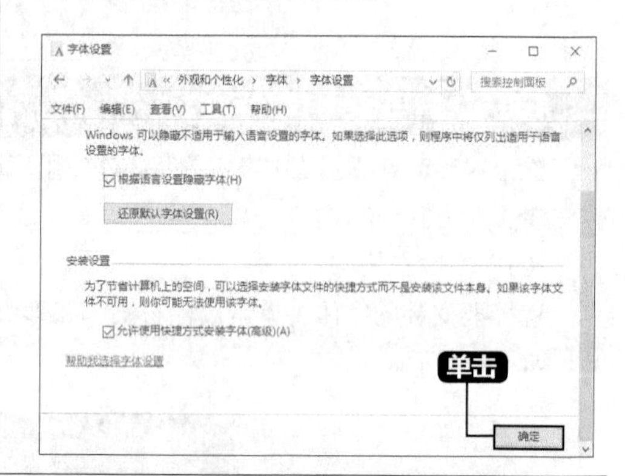

3 选择安装字体

选择要安装的字体，单击鼠标右键，在弹出的快捷菜单中，选择【作为快捷方式安装】菜单命令，即可安装。

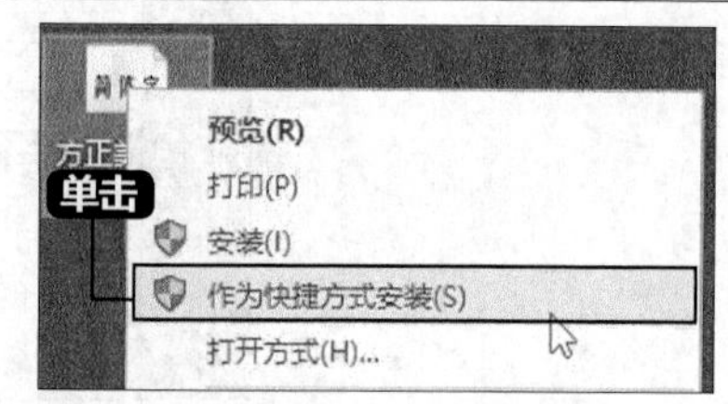

提示

第1和第2种方法直接安装到Windows字体文件夹里，会占用系统内存，并会影响开机速度。如果是少量的字体安装，可使用该方法。而使用快捷方式安装字体，只是将字体的快捷方式保存到Windows字体文件夹里，可以达到节省系统空间的目的，但是不能删除安装字体或改变位置，否则无法使用。

第 7 章 网络的组建与配置

重点导读

本章视频教学时间：31分钟

网络影响着人们的生活和工作的方式，通过上网，我们可以和万里之外的人交流信息。而上网的方式也是多种多样的，如拨号上网、ADSL宽带上网、小区宽带上网、无线上网等方式。它们带来的效果也是有差异的，用户可以根据自己的实际情况来选择不同的上网方式。

学习效果图

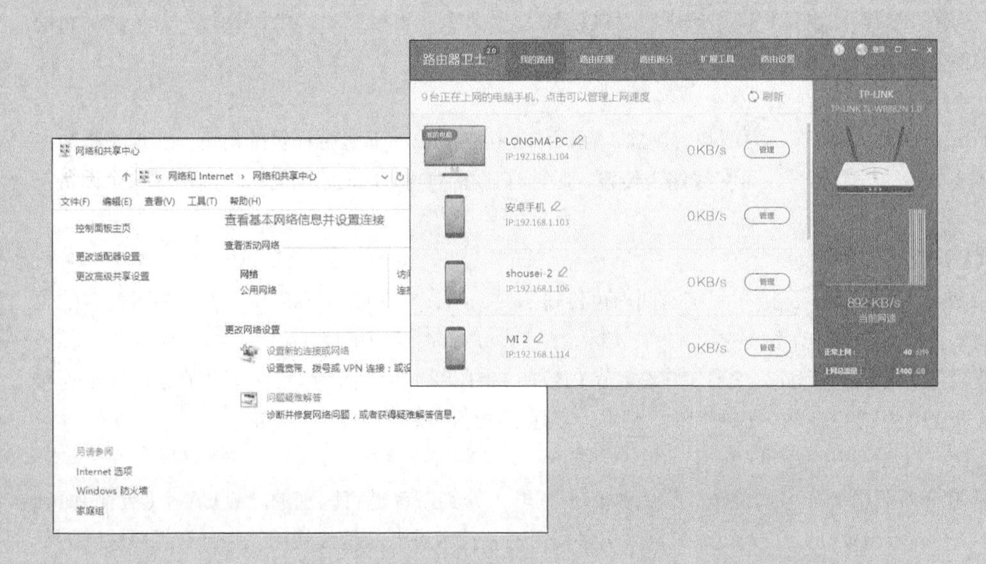

7.1 了解电脑上网

本节视频教学时间 / 5分钟

计算机网络是近20年最热门的话题之一，特别是随着Internet在全球范围的迅速发展，计算机网络应用已遍及政治、经济、军事科技、生活等人类活动的一切领域，正越来越深刻地影响和改变着人们的学习和生活。本节将介绍计算机网络的基础知识。

7.1.1 常见的网络连接名词

在接触网络连接时，我们总会碰到许多英文缩写，或不太容易理解的名词，如ADSL、4G、Wi-Fi等。

（1）ADSL

ADSL（Asymmetric Digital Subscriber Line，非对称数字用户环路）是一种使用较为广泛的数据传输方式，它采用频分复用技术实现了边打电话边上网的功能，并且不影响上网速率和通话质量的效果。

（2）3G

3G（3rd-Generation，第三代移动通信技术）实现了将无线通信系统与Internet的连接，可同时传送声音和数据信息的服务，传输速率一般可达到几百kbit/s以上，广泛应用于移动设备，如手机、平板电脑、超级本等。由于4G网络的覆盖与推动，3G用户逐渐转为4G用户。

（3）4G

4G（第四代移动通信技术）与3G都属于无线通信的范畴，但它采用的技术和传输速度更胜一筹。第四代通信系统可以达到100Mbit/s，是3G传输速度的50倍，给人们的沟通带来更好的效果。如今4G正在大规模建设，目前用户规模已接近4亿。另外4G+也被推出，比4G网速约快一倍，目前已覆盖多个城市。

（4）Modem

Modem俗称“猫”，为调制解调器。在网络连接中，扮演信号翻译员的角色，实现了将数字信号转成电话的模拟信号，可在线路上传输，因此在采用ADSL方式联网时，必须通过这个设备来实现信号转换。

（5）带宽

带宽又称为频宽，是指在固定时间内可传输的数据量，一般以bit/s表示，即每秒可传输的位数。例如，我们常说的带宽是“1M”，实际上是1MB/s，而这里的MB是指1024×1024位，转换为字节就是（1024×1024）/8=131072字节（Byte）=128KB/s，而128KB/s是指在Internet连接中，最高速率为128KB/s，如果是2MB带宽，实际下载速率就是2×128=256KB/s。

（6）WLAN和Wi-Fi

常常有人把这两个名词混淆，以为是一个意思，其实二者是有区别的。WLAN（Wireless Local Area Networks，无线局域网络）是利用射频技术进行数据传输的，弥补有线局域网的不足，达到网络延伸的目的。Wi-Fi（Wireless Fidelity，无线保真）技术是一个基于IEEE 802.11系列标准的无线网路通信技术的品牌，目的是改善基于IEEE 802.11标准的无线网路产品之间的互通性，简单来说就是通过无线电波实现无线连网的目的。

二者的联系是Wi-Fi包含于WLAN中，只是发射的信号和覆盖的范围不同，一般Wi-Fi的覆盖半径为90米左右，WLAN的最大覆盖半径可达5000米。

（7）IEEE 802.11协议

关于802.11协议，我们最为常见的有802.11b/g、802.11n等，出现在路由器、笔记本电脑中，它们都属于无线网络标准协议的范畴。目前，比较流行的WLAN协议是802.11n，是在802.11g和802.11a之上发展起来的一项技术，最大的特点是速率提升，理论速率可达300Mbit/s，可在2.4GHz和5GHz两个频段工作。802.11ac是目前最新的WLAN协议，它是在802.11n标准之上建立起来的，包括将使用802.11n的5GHz频段。802.11ac每个通道的工作频宽将由802.11n的40MHz，提升到80MHz甚至是160MHz，再加上大约10%的实际频率调制效率提升，最终理论传输速率将由802.11n最高的600Mbit/s跃升至1Gbit/s，是802.11n传输速率的3倍。

目前，新的IEEE 802.11ad（也被称为WiGig）标准已出现在用户的视野中，支持2.4/5/60GHz三频段无线传输标准，实际数据传输速率达2Gbit/s，它以其抗干扰能力强、良好的覆盖范围、高容量网络等优点，将推动三频无线终端和路由的迅速普及，如2016年1月乐视公司推出了三频无线终端乐视Max Pro手机。

EEE 802.11协议	工作频段	最大传输速度
IEEE 802.11a	5GHz频段	54Mbit/s
IEEE 802.11b	2.4GHz频段	11Mbit/s
IEEE 802.11g	2.4GHz频段	54Mbit/s和108Mbit/s
IEEE 802.11n	2.4GHz或5GHz频段	600Mbit/s
IEEE 802.11ac	2.4GHz或5GHz频段	1Gbit/s
IEEE 802.11ad	2.4GHz、5GHz和60GHz频段	7Gbit/s

（8）信道

信道，又称为通道或频道，是信号在通信系统中传输介质的总称，是由信号从发射端（如无线路由器、电力猫等）传输到接收端（如电脑、手机、智能家居设备等）所必需经过的传输媒质。无线信道主要有以辐射无线电波为传输方式的无线电信道和在水下传播声波的水声信道等。

目前，最为常见的主要是2.4GHz和5GHz无线频段。在2.4GHz频段，有2.412～2.472GHz，共13个信道，这个我们在路由器中都可以看到，如下左图所示。而5GHz频段，主要包含5150～5825MHz无线电频段，拥有201个信道，但是在我国仅有5个信道，包括149、153、157、161和165信道，如下右图所示。目前支持5GHz频段的设备并不多，但随着双频路由器的普及，它将是未来发展的趋势。

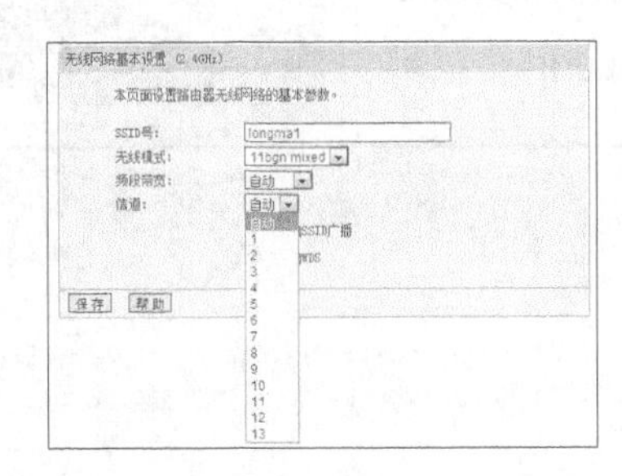

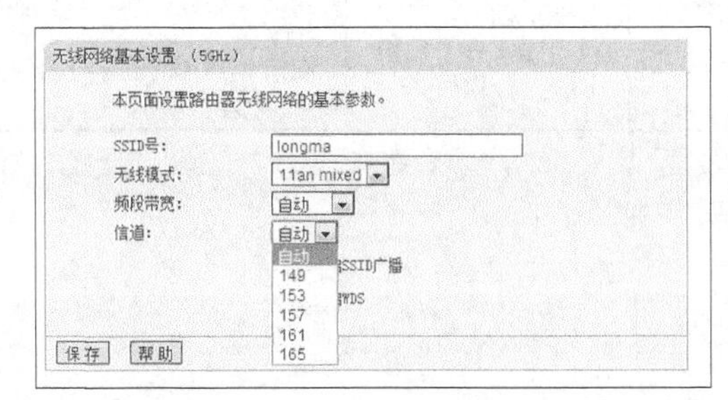

（9）WiGig

WiGig（Wireless Gigabit，无线吉比特）对于绝大多数用户来说都比较陌生，但却是未来无线网络发展的一种趋势。WiGig可以满足设备吉比特以上传输速率的通信，工作频段为60Hz，它相比于Wi-Fi的2.4GHz和5GHz拥有更好的频宽，可以建立7Gbit/s速率的无线传输网络，比Wi-Fi无线网络802.11n快10倍以上。WiGig将广泛应用到路由器、电脑、手机等，满足人们的工作和家庭需求。

7.1.2 常见的家庭网络连接方式

面对各种各样的上网业务，不管是最广泛使用的ADSL宽带上网，还是小区宽带上网，抑或热门的4G移动通信，选择什么样的连接方式成为不少用户的难题。下面介绍常见的网络连接方式，帮助用户了解。

接入方式	宽带服务商	主要特点	连接图
ADSL（虚拟拨号上网）	中国电信、中国联通	1.安装方便，在现有的电话线上加装"猫"即可； 2.独享带宽，线路专用是真正意义的宽带接入，不受用户增加而影响； 3.高速传输，提供上、下行不对称的传输带宽； 4.打电话和上网同时进行，互不干扰	
小区宽带	中国电信、中国联通、长城宽带等	1.光纤接入、共享带宽，用的人少时，速度非常快；用的人多时，速度会变慢； 2.安装网线到户，不需要"猫"，只需拨号	A用户 小区交换机 B用户 C用户 D用户
PLC（电力线上网）	中电飞华	1.直接利用配电网络，无需布线； 2.不用拨号，即插即用； 3.通信速度比ADSL更快	插座2 电力猫2 插座3 电力猫3
4G（第四代移动通信技术）	中国移动（TDD-LTE） 中国电信（TD-LTE和FDD-LTE） 中国联通（TD-LTE和FDD-LTE）	1.便捷性，无线上网，不需要网线，支持移动设备和电脑的上网； 2.具有更高的传输速率，数据传输速率达到几百KB； 3.灵活性强，应用范围广，可应用到众多终端，随时实现通信和数据传输； 4.价格太贵，与拨号上网相比，4G无线通信资费较高	

7.2 电脑连接上网的方式及配置

本节视频教学时间 / 5分钟

上网的方式多种多样，主要包括ADSL宽带上网、小区宽带上网、PLC上网等，不同的上网方式所带来的网络体验也不尽相同，本节主要讲述有线网络的设置。

7.2.1 ADSL宽带上网

ADSL是一种数据传输方式，它采用频分复用技术把普通的电话线分成了电话、上行和下行3个相对独立的信道，从而避免了相互之间的干扰。即使边打电话边上网，也不会发生上网速率和通话质量下降的情况。通常ADSL在不影响正常电话通信的情况下可以提供最高3.5Mbit/s的上行速度和最高24Mbit/s的下行速度，ADSL的速率比N-ISDN、Cable Modem的速率要快得多。

1. 开通业务

常见的宽带服务商为电信和联通，申请开通宽带上网一般可以通过两条途径实现。一种是携带有效证件（个人用户携带电话机主身份证，单位用户携带公章），直接到受理ADSL业务的当地电信局申请；另一种是登录当地电信局推出的办理ADSL业务的网站进行在线申请。申请ADSL服务后，当地服务提供商的员工会主动上门安装ADSL Modem并做好上网设置。进而安装网络拨号程序，并设置上网客户端。ADSL的拨号软件有很多，但使用最多的还是Windows系统自带的拨号程序。

提示

用户申请后会获得一组上网账号和密码。有的宽带服务商会提供ADSL Modem，有的则不提供，用户需要自行购买。

2. 设备的安装与设置

开通ADSL后，用户还需要连接ADSL Modem，需要准备一根电话线和一根网线。

ADSL安装包括局端线路调整和用户端设备安装。在局端方面，由服务商将用户原有的电话线串接入ADSL局端设备。用户端的ADSL安装也非常简易方便，只要将电话线与ADSL Modem之间用一条两芯电话线连上，然后将电源线和网线插入ADSL Modem对应接口中即可完成硬件安装，具体接入方法见下图。

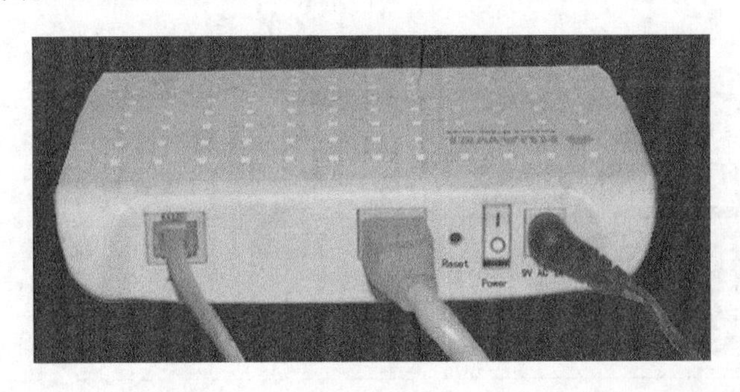

① 将ADSL Modem的电源线插入上图右侧的接口中，另一端插到电源插座上。

② 取一根电话线将一端插入上图左侧的插口中，另一端与室内端口相连。

③ 将网线的一端插入ADSL Modem中间的接口中，另一端与主机的网卡接口相连。

提示　电源插座通电情况下按下ADSL Modem的电源开关，如果开关旁边的指示灯亮，表示ADSL Modem可以正常工作。

3. 电脑端配置

电脑中的设置步骤如下。

1 选择【宽带连接】选项

单击状态栏的【网络】按钮，在弹出的界面选择【宽带连接】选项。

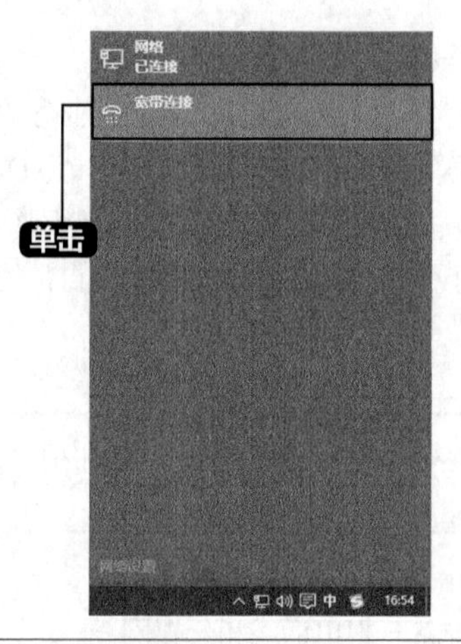

2 单击【连接】按钮

弹出【网络和INTERNET】设置窗口，选择【拨号】选项，在右侧区域选择【宽带连接】选项，并单击【连接】按钮。

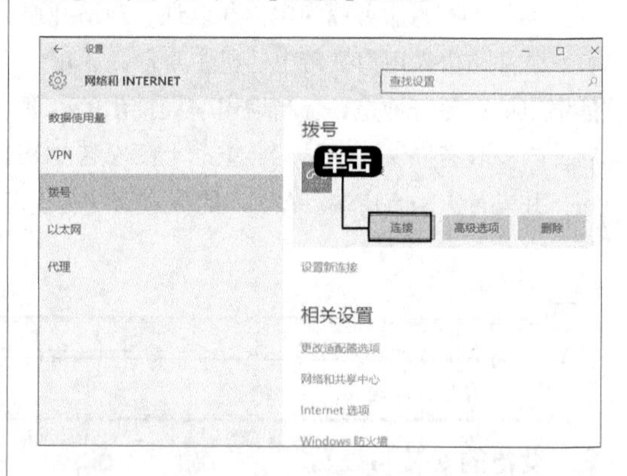

3 单击【确定】按钮

在弹出的【登录】对话框的在【用户名】和【密码】文本框中输入服务商提供的用户名和密码，单击【确定】按钮。

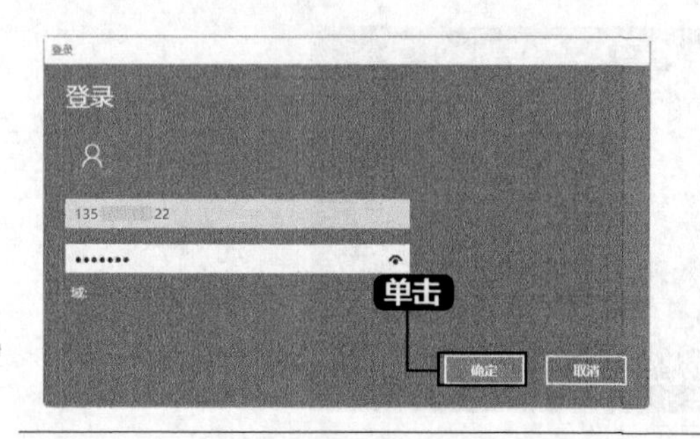

4 查看连接状态

即可看到正在连接，连接完成即可看到已连接的状态。

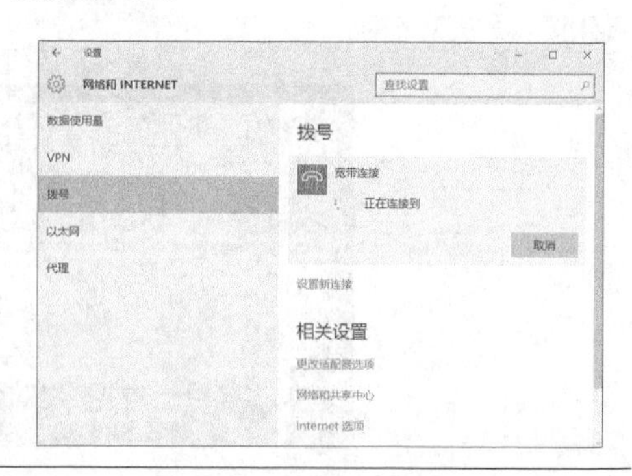

7.2.2 小区宽带上网

小区宽带一般指的是光纤到小区，也就是LAN宽带，整个小区共享一根光纤。使用大型交换机分配网线给各户，不需要使用ADSL Modem设备，配有网卡的电脑即可连接上网。在用户不多的时候，速度非常快。这是大中城市目前较普遍的一种宽带接入方式，有多家公司提供此类宽带接入方式，如联通、电信和长城宽带等。

1. 开通业务

小区宽带上网的申请比较简单，用户只需携带自己的有效证件和本机的物理地址到负责小区宽带的服务商申请即可。

2. 设备的安装与设置

小区宽带申请开通业务后，服务商会安排工作人员上门安装。另外，不同的服务商会提供不同的上网信息，有的会提供上网的账号和密码；有的会提供IP地址、子网掩码以及DNS服务器；也有的会提供MAC地址。

3. 电脑端配置

不同的小区宽带上网方式，其设置也不尽相同。下面讲述不同小区宽带上网方式。

（1）使用账户和密码

如果服务商提供上网和密码，用户只需将服务商接入的网线连接到电脑上，在【登录】对话框中输入用户名和密码，即可连接上网。

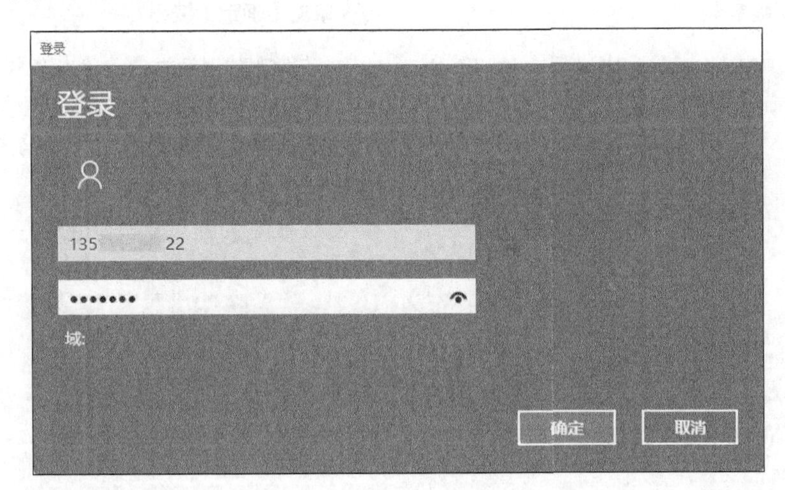

（2）使用IP地址上网

如果服务商提供IP地址、子网掩码以及DNS服务器，用户需要在本地连接中设置Internet（TCP/IP）协议，具体步骤如下。

1 单击【以太网】超链接

用网线将电脑的以太网接口和小区的网络接口连接起来，然后在【网络】图标上单击鼠标右键，在弹出的快捷菜单中选择【属性】命令，打开【网络和共享中心】窗口，单击【以太网】超链接。

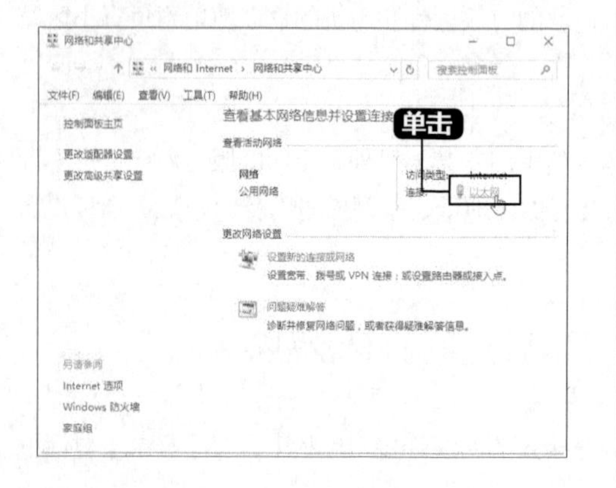

2 单击【属性】按钮

弹出【以太网状态】对话框，单击【属性】按钮。

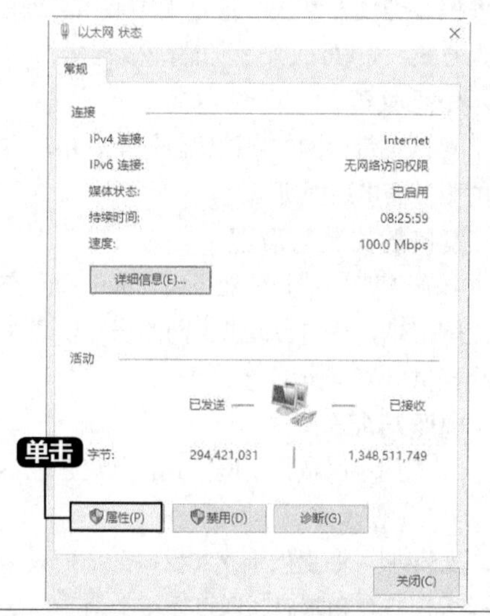

3 选中协议版本4

单击选中【Internet协议版本4（TCP/IPv4）】选项，单击【属性】按钮。

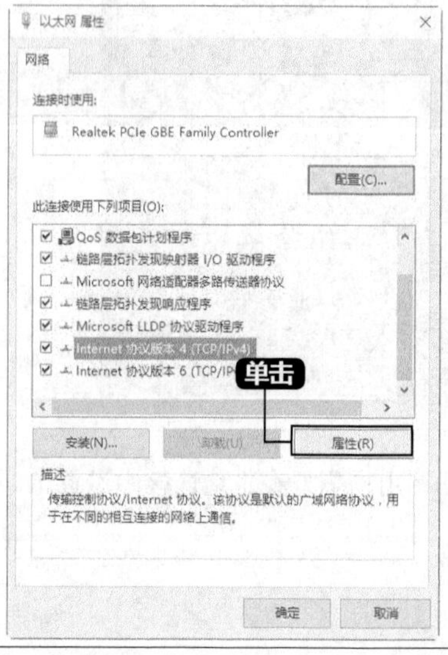

4 单击【确定】按钮

在弹出的对话框中，单击选中【使用下面的IP地址】单选项，然后在下面的文本框中填写服务商提供的IP地址和DNS服务器地址，然后单击【确定】按钮即可连接。

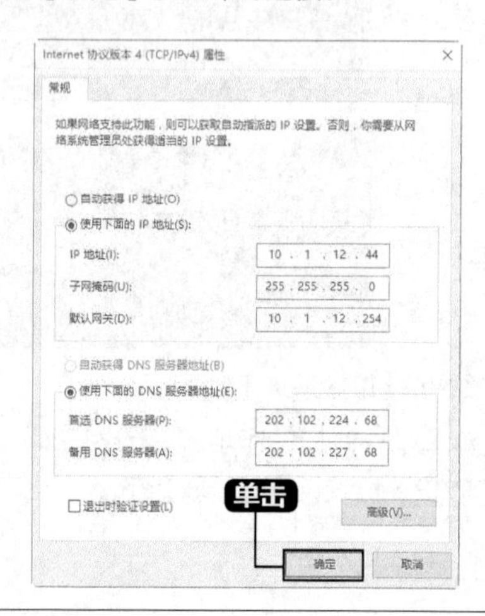

（3）使用MAC地址

如果小区或单位提供MAC地址，用户可以使用以下步骤进行设置。

1 单击【配置】按钮

打开【以太网 属性】对话框，单击【配置】按钮。

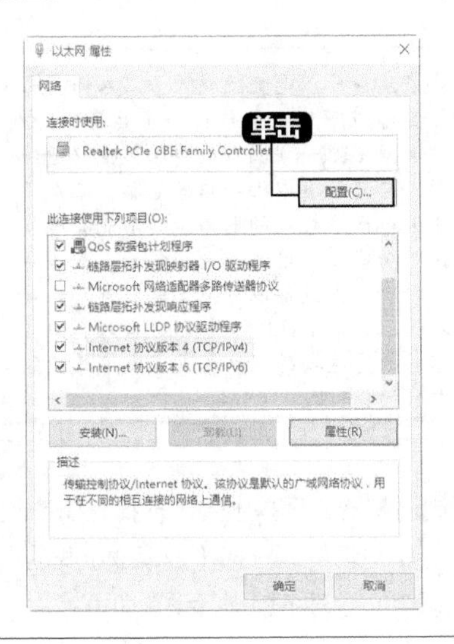

2 单击【确定】按钮

弹出属性对话框，单击【高级】选项卡，在属性列表中选择【Network Address】选项，在右侧【值】文本框中，输入12位MAC地址，单击【确定】按钮即可连接网络。

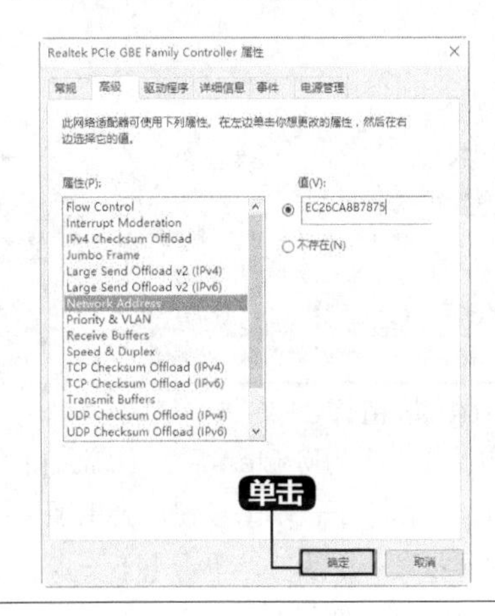

7.2.3 PLC上网

PLC（Power Line Communication，电力线通信）是指利用电力线传输数据和语音信号的一种通信方式。电力线通信是利用电力线作为通信载体，加上一些PLC局端和终端调制解调器，将原有电力网变成电力线通信网络，将原来所有的电源插座变为信息插座的一种通信技术。

1. 开通业务

申请PLC宽带的前提是用户所在的小区已经开通PLC电力线宽带。如果所在小区开通了PLC电力线宽带，用户可以通过“网上自助服务”或者拨打客服中心热线电话申请，在申请过程中用户需要提供个人身份证信息。

2. 设备的安装与设置

电力线接入有两种方式：一是直接通过USB接口适配器和电力线以及PC连接；二是通过电力线→电力线以太网适配器→Cable/DSL路由器→Cable/DSL Modem/PC的方式。后者对于设备和资源的共享有比较大的优势。

1 组装线路

将配送的网线一端插入路由器LINE端网线口，另一端插入电力Modem网线口，然后把电力Modem连接至电源插座上。

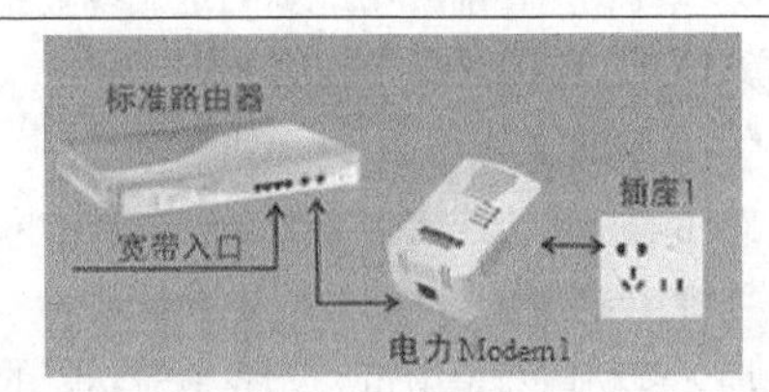

2 组装完毕

将另外一个电力Modem插在其他电源插座上，然后将配送的网线一端插入电力Modem网线口中，另一端插入电脑的以太网接口，这样一台电脑就连接完毕。

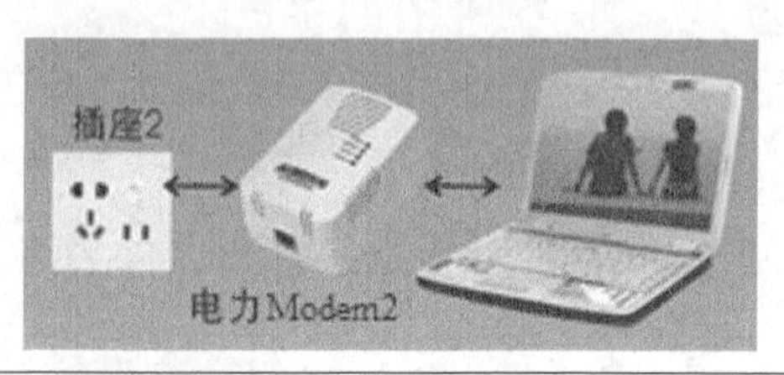

提示

如果用户要以电力线接入方式入网，必须具备以下几个条件：一是具有USB/以太网（RJ45）接口的电力线网络适配器；二是具有以上接口的电脑；三是用于进行网络接入的电力线路不能有过载保护功能（会过滤掉网络信号）；四是最好有路由设备以方便共享。剩下的接入和配置与小区LAN、DSL接入类似，不同的是连接的网线插座变成了普通的电器插座而已。

3. 电脑端的配置

电脑接入电力Modem后，系统会自动检测到电力调制调解器，屏幕上会出现找到USB设备的对话框，单击【下一步】按钮后会出现【找到新的硬件向导】对话框，选择【搜索适于我的设备驱动程序（推荐）】选项，单击【下一步】按钮，然后根据系统向导对电脑进行设置即可。

提示：如果使用的是动态IP地址，则安装设置已完成；如果是使用静态（固定）IP地址，则最好进行相应设置。在【Internet协议（TCP/IP） 属性】对话框中，填写IP地址（最后一位数不要和本电力局域网其他电脑相同，如有冲突可重新填写）、网关、子网掩码和DNS即可。

7.3 组建无线局域网

本节视频教学时间 / 5分钟 

随着笔记本电脑、手机、平板电脑等便携式电子设备的日益普及和发展，有线连接已不能满足工作和生活需要。无线局域网不需要布置网线就可以将几台设备连接在一起。无线局域网以其高速的传输能力、方便性及灵活性，得到广泛应用。组建无线局域网的具体操作步骤如下。

7.3.1 组建无线局域网的准备

无线局域网目前应用最多的是无线电波传播，覆盖范围广，应用也较广泛。在组建中最重要的设备就是无线路由器和无线网卡。

（1）无线路由器

路由器是用于连接多个逻辑上分开的网络的设备，简单来说就是用来连接多个电脑实现共同上网，且将其连接为一个局域网的设备。

而无线路由器是指带有无线覆盖功能的路由器，主要应用于无线上网，也可将宽带网络信号转发给周围的无线设备使用，如笔记本、手机、平板电脑等。

如下图所示，无线路由器的背面由若干端口构成，通常包括1个WAN口、4个LAN口、1个电源接口和一个RESET（复位）键。

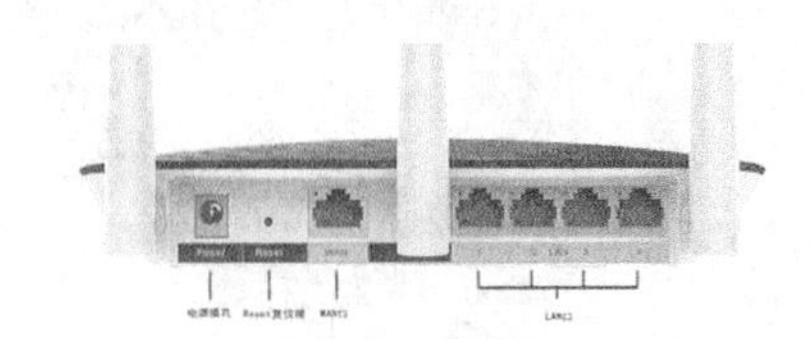

电源接口是路由器连接电源的插口。

RESET键又称为重置键，如需将路由器重置为出厂设置，可长按该键恢复。

WAN口是外部网线的接入口，将从ADSL Modem连出的网线直接插入该端口，小区宽带用户也可直接将网线插入该端口。

LAN口，为用来连接局域网的端口，使用网线将端口与电脑网络端口互联，实现电脑上网。

（2）无线网卡

无线网卡的作用、功能和普通电脑网卡一样，就是不通过有线连接，采用无线信号连接到局域网上的信号收发装备。而在无线局域网搭建时，采用无线网卡就是为了保证台式电脑可以接收无线路由器发送的无线信号，如果电脑自带有无线网卡（如笔记本），则不需要再添置无线网卡。

目前，无线网卡较为常用的是PCI和USB接口两种，如下图所示。

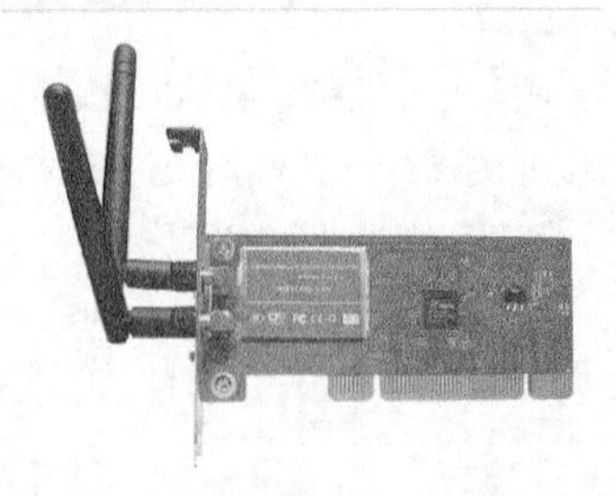

PCI接口无线网卡主要适用于台式电脑，将该网卡插入主板上的网卡槽内即可。PCI接口的网卡信号接收和传输范围广、传输速度快、使用寿命长、稳定性好。

USB接口无线网卡适用于台式电脑和笔记本电脑，即插即用，使用方便，价格便宜。

在选择上，如果考虑到便捷性可以选择USB接口的无线网卡，如果考虑到使用效果和稳定性、使用寿命等，建议选择PCI接口无线网卡。

（3）网线

网线是连接局域网的重要传输媒体，在局域网中常见的网线有双绞线、同轴电缆、光缆三种，而使用最为广泛的就是双绞线。

双绞线是由一对或多对绝缘铜导线组成的，为了减少信号传输中串扰及电磁干扰影响的程度，通常将这些线按一定的密度互相缠绕在一起，双绞线可传输模拟信号和数字信号，价格便宜，并且安装简单，所以得到广泛的使用。

一般使用方法就是和RJ45水晶头相连，然后接入电脑、路由器、交换机等设备中的RJ45接口。

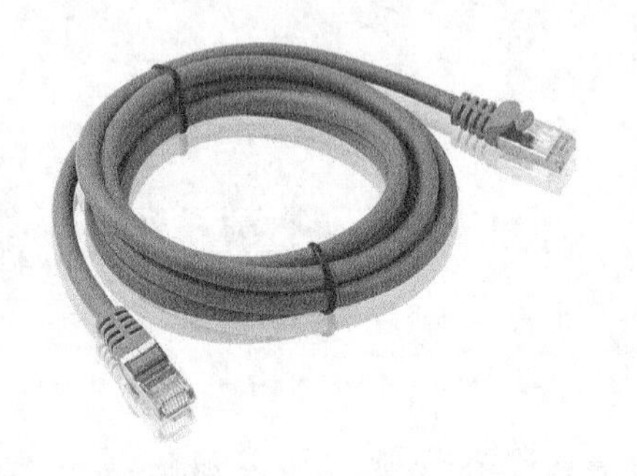

提示 RJ45接口也就是我们说的网卡接口，常见的RJ45接口有两类：用于以太网网卡、路由器以太网接口等的DTE类型，还有用于交换机等的DCE类型。DTE可以称做“数据终端设备”，DCE可以称做“数据通信设备”。从某种意义来说，DTE设备称为“主动通信设备”，DCE设备称为“被动通信设备”。通常，在判定双绞线是否通路，主要使用万用表和网线测试仪测试，而网线测试仪是使用最方便、最普遍的方法。

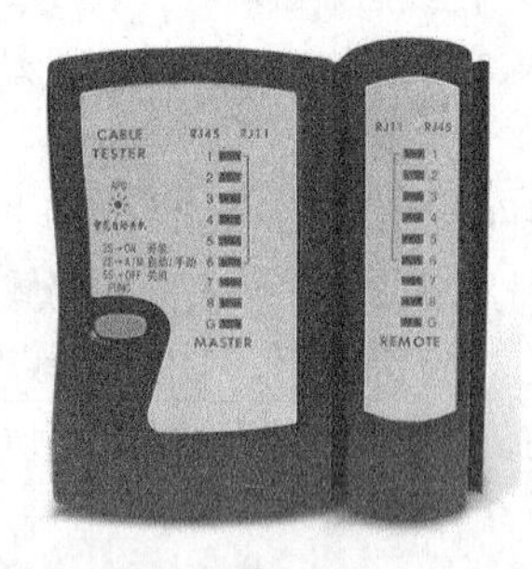

双绞线的测试方法，是将网线两端的水晶头分别插入主机和分机的RJ45接口，然后将开关调制到“ON”位置（“ON”为快速测试，“S”为慢速测试，一般使用快速测试即可），此时观察亮灯的顺序，如果主机和分机的指示灯1~8逐一对应闪亮，则表明网线正常。

主机

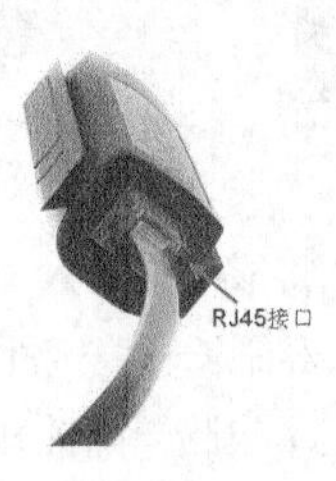

远程分机

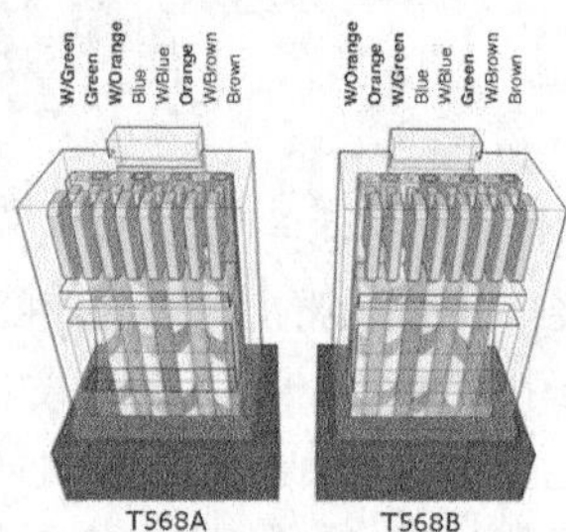

提示 如下图为双绞线对应的位置和颜色，双绞线一端是按568A标准制作，一端按568B标准制作。

引脚	568A定义的色线位置	568B定义的色线位置
1	绿白（W-G）	橙白（W-O）
2	绿（G）	橙（O）
3	橙白（W-O）	绿白（W-G）
4	蓝（BL）	蓝（BL）
5	蓝白（W-BL）	蓝白（W-BL）
6	橙（O）	绿（G）
7	棕白（W-BR）	棕白（W-BR）
8	棕（BR）	棕（BR）

7.3.2　组建无线局域网

随着笔记本电脑、手机、平板电脑等便携式电子设备的日益普及和发展，有线连接已不能满足工作和家庭需要，无线局域网不需要布置网线就可以将几台设备连接在一起。无线局域网以其高速的传输能力、方便性及灵活性，得到广泛应用。组建无线局域网的具体操作步骤如下。

1. 硬件搭建

在组建无线局域网之前，要将硬件设备搭建好。

首先，通过网线将电脑与路由器相连接，将网线一端接入电脑主机后的网孔内，另一端接入路由器的任意一个LAN口内。

其次，通过网线将ADSL Modem与路由器相连接，将网线一端接入ADSL Modem的LAN口，另一端接入路由器的WAN口内。

最后，将路由器自带的电源插头连接电源即可，此时即完成了硬件搭建工作。

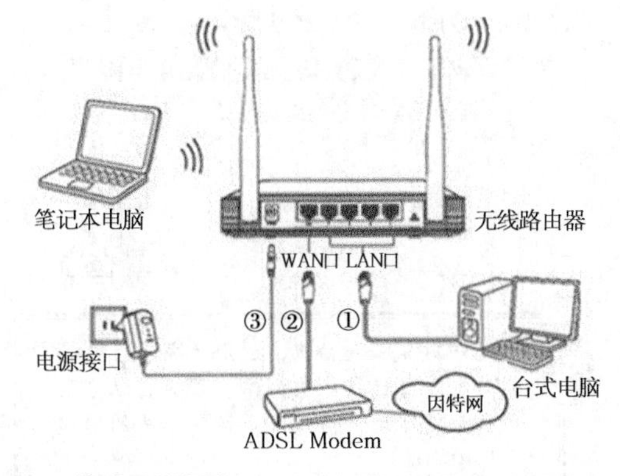

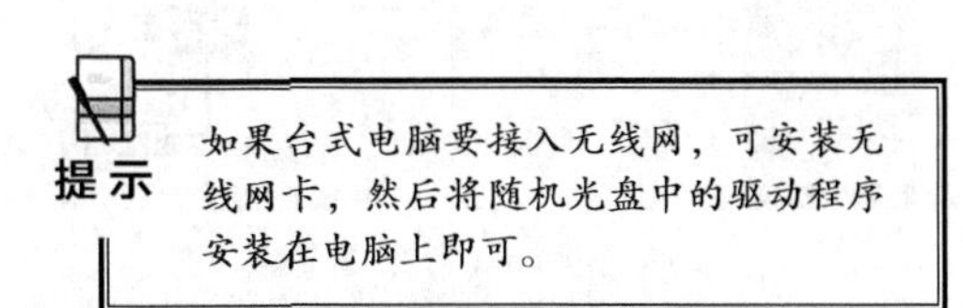

提示 如果台式电脑要接入无线网，可安装无线网卡，然后将随机光盘中的驱动程序安装在电脑上即可。

2. 路由器设置

路由器设置主要指在电脑或便携设备端，为路由器配置上网账号、设置无线网络名称、密码等信息。

下面以台式电脑为例，使用的是TP-LINK品牌的路由器，型号为WR882N，在Windows 10操作系统、Microsoft Edge浏览器的软件环境下的操作演示。具体步骤如下。

1 按【确认】按钮

完成硬件搭建后，启动任意一台电脑，打开IE浏览器，在地址栏中输入“192.168.1.1”，按【Enter】键，进入路由器管理页面。初次使用时，需要设置管理员密码，在文本框中输入密码和确认密码，然后按【确认】按钮完成设置。

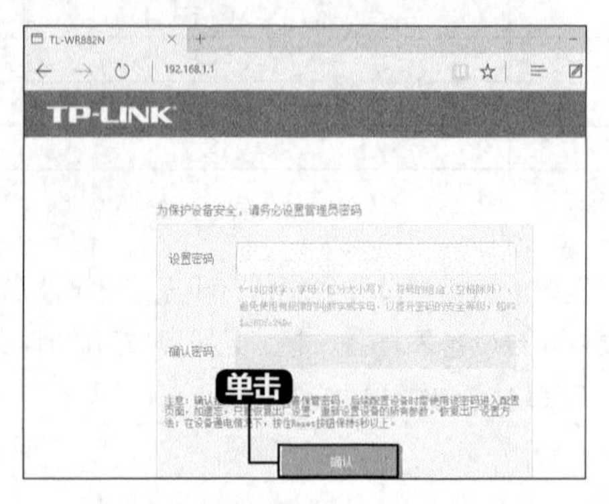

提示

不同路由器的配置地址不同，可以在路由器的背面或说明书中找到对应的配置地址、用户名和密码。部分路由器，输入配置地址后，弹出对话框，要求输入用户名和密码，此时，可以在路由器的背面或说明书中找到，输入即可。

另外用户名和密码可以在路由器设置界面的【系统工具】➤【修改登录口令】中设置。如果遗忘，可以在路由器开启的状态下，长按【RESET】键恢复出厂设置，登录账户名和密码恢复为原始密码。

2 进入设置界面

进入设置界面，选择左侧的【设置向导】选项，在右侧【设置向导】中单击【下一步】按钮。

3 单击【下一步】按钮

打开【设置向导】对话框选择连接类型，这里单击选中【让路由器自动选择上网方式】单选项，并单击【下一步】按钮。

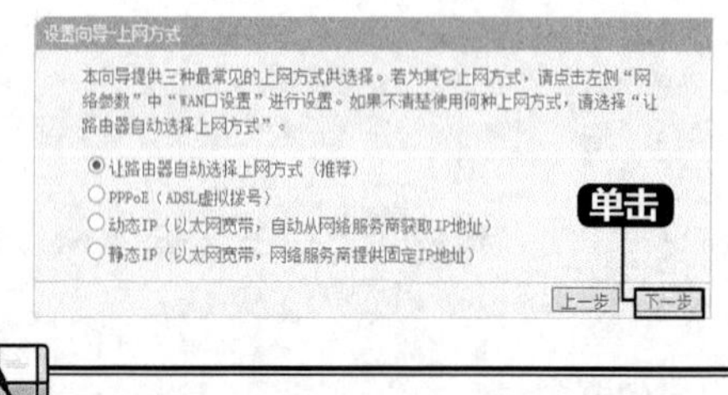

提示

PPPOE是一种协议，适用于拨号上网;而动态IP每连接一次网络，就会自动分配一个IP地址；静态IP是运营商给的固定的IP地址。

4 检测动态IP

如果检测为拨号上网，则输入账号和口令；如果检测为静态IP，则需输入IP地址和子网掩码，然后单击【下一步】按钮。如果检测为动态IP，则无需输入任何内容，直接跳转到下一步操作。

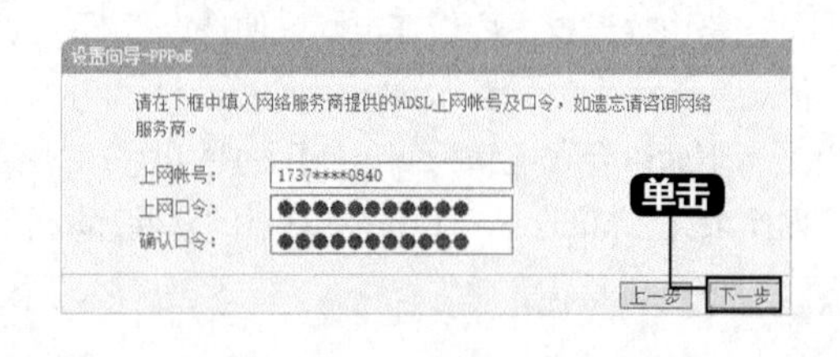

提示　此处的用户名和密码是指在开通网络时，运营商提供的用户名和密码。如果账户和密码遗忘或需要修改密码，可联系网络运营商找回或修改密码。若选用静态IP所需的IP地址、子网掩码等都由运营商提供。

5 设置PSK密码

在【设置向导-无线设置】页面，进入该界面设置路由器无线网络的基本参数，单击选中【WPA-PSK/WPA2-PSK】单选项，在【PSK密码】文本框中设置PSK密码。单击【下一步】按钮。

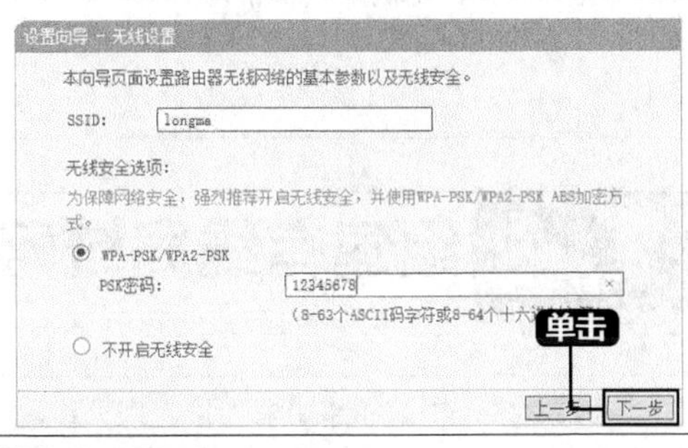

提示　用户也可以在路由器管理界面，单击【无线设置】选项进行设置。
SSID：是无线网络的名称，用户通过SSID号识别网络并登录。
WPA-PSK/WPA2-PSK：基于共享密钥的WPA模式，使用安全级别较高的加密模式。在设置无线网络密码时，建议优先选择该模式，不选择WPA/WPA2和WEP这两种模式。

6 重启路由器

在弹出的页面单击【重启】按钮，如果弹出“此站点提示”对话框，提示是否重启路由器，单击【确定】按钮，即可重启路由器，完成设置。

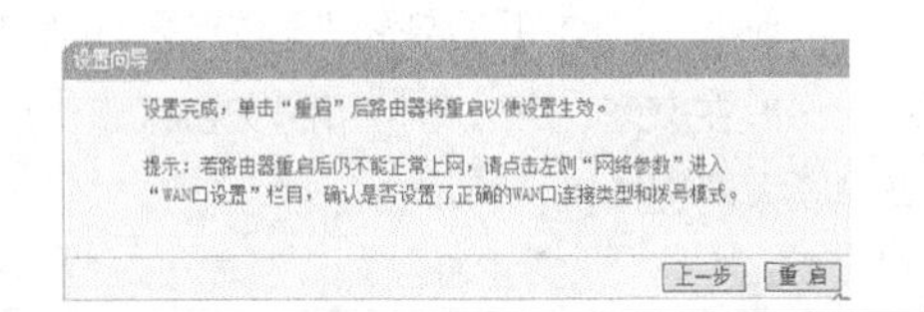

3. 连接上网

无线网络开启并设置成功后，其他电脑需要搜索设置的无线网络名称，然后输入密码，连接该网络即可。具体操作步骤如下所示。

1 单击【连接】按钮

单击电脑任务栏中的无线网络图标，在弹出的对话框中会显示无线网络的列表，单击需要连接的网络名称，在展开项中，勾选【自动连接】复选框，方便网络连接，然后单击【连接】按钮。

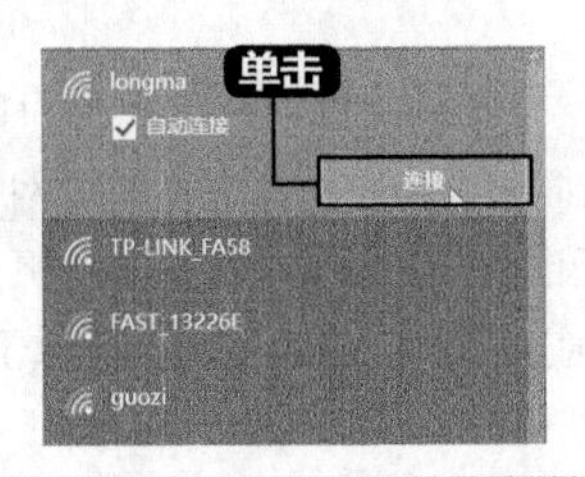

2 单击【下一步】按钮

网络名称下方弹出的【输入网络安全密钥】对话框中，输入在路由器中设置的无线网络密码，单击【下一步】按钮即可。

提示　如果忘记无线网密码，可以登录路由器管理页面，进行查看。

3 连接网络

密钥验证成功后，即可连接网络，该网络名称下，则显示“已连接”字样，任务栏中的网络图标也显示为已连接样式。

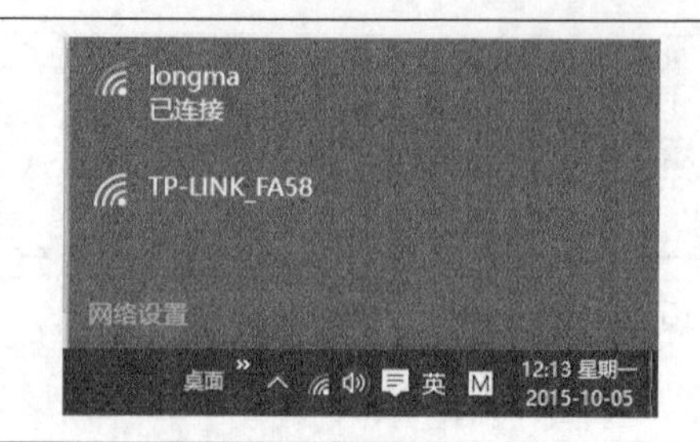

7.4 组建有线局域网

本节视频教学时间 / 2分钟

通过将多个电脑和路由器连接起来，组建一个小的局域网，可以实现多台电脑同时共享上网。本小节中以组建有线局域网为例，介绍多台电脑同时上网的方法。

7.4.1 组建有线局域网的准备

组建有线局域网和无线局域网最大的差别是无线信号收发设备上，其主要使用的设备是交换机或路由器。下面介绍下组件有线局域网的所需设备。

（1）交换机

交换机是用于电信号转发的设备，可以简单地理解为把若干台电脑连接在一起组成一个局域网，一般在家庭、办公室常用的交换机属于局域网交换机，而小区、一整幢大楼等使用的多为企业级的以太网交换机。

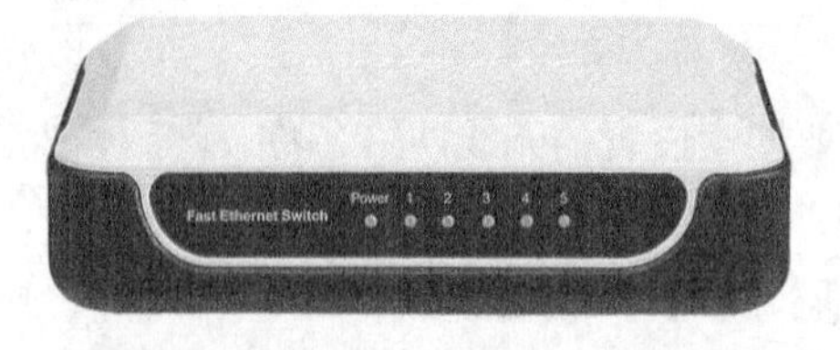

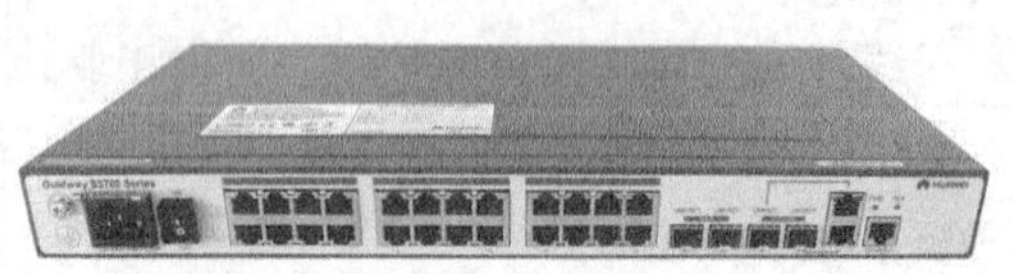

如上图所示，交换机和路由器外观并无太大差异，路由器上有单独一个WAN口，而交换机上全部是LAN口，另外，路由器一般只有4个LAN口，而交换机上有4～32个LAN口，其实这只是外观的对比，二者在本质上有明显的区别。

① 交换机是通过一根网线上网，如果几台电脑上网，是分别拨号，各自使用自己的带宽，互不影响。而路由器自带了虚拟拨号功能，是几台电脑通过一个路由器、一个宽带账号上网，几台电脑之间上网相互影响。

② 交换机工作是在中继层（数据链路层），是利用MAC地址寻找转发数据的目的地址，MAC地址是硬件自带的，是不可更改的，工作原理相对比较简单；而路由器工作是在网络层（第三层），是利用IP地址寻找转发数据的目的地址，可以获取更多的协议信息，以做出更多的转发决策。通俗地讲，交换机的工作方式相当于要找一个人，知道这个人的电话号码（类似于MAC地

址），于是通过拨打电话和这个人建立连接；而路由器的工作方式是，知道这个人的具体住址××省××市××区××街道××号××单元××户（类似于IP地址），然后根据这个地址确定最佳的到达路径，然后到这个地方，找到这个人。

③ 交换机负责配送网络，而路由器负责入网。交换机可以使连接它的多台电脑组建成局域网，但是不能自动识别数据包发送和到达地址的功能，而路由器则为这些数据包发送和到达的地址指明方向和进行分配。简单说就是交换机负责开门，路由器给用户找路上网。

④ 路由器具有防火墙功能，不传送不支持路由协议的数据包和未知目标网络的数据包，仅支持转发特定地址的数据包，防止了网络风暴。

⑤ 路由器也是交换机，如果要使用路由器的交换机功能，把宽带线插到LAN口上，把WAN空置起来就可以。

（2）路由器

组建有线局域网时，可不必要求为无线路由器，一般路由器即可使用，主要差别就是无线路由器带有无线信号收发功能，但价格较贵。

7.4.2 组建有线局域网

在日常生活和工作中，组建有线局域网的常用方法是使用路由器搭建和交换机搭建，也可以使用双网卡网络共享的方法搭建。本节主要介绍使用路由器组建有线局域网的方法。

使用路由器组建有线局域网，其中硬件搭建和路由器设置与组件无线局域网基本一致，如果电脑比较多的话，可以接入交换机，如下图连接方式。

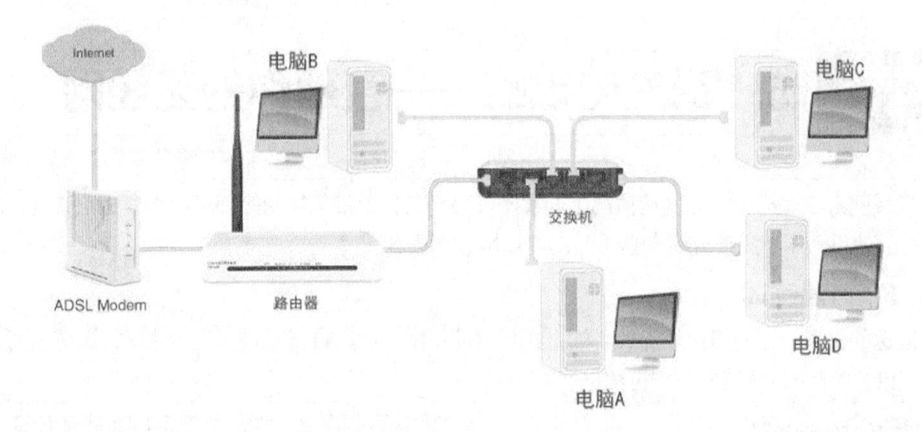

如果一台交换机和路由器的接口，还不能够满足电脑的使用，可以在交换机中接出一根线，连接到第二台交换机，利用第二台交换机的其余接口，连接其他电脑接口。以此类推，根据电脑数量增加交换机的布控。

路由器端的设置和无线网的设置方法一样，这里就不再赘述，为了避免所有电脑不在一个IP区域段中，可以执行下面操作，确保所有电脑之间的连接，具体操作步骤如下。

1 单击【以太网】超链接

在【网络】图标上单击鼠标右键，在弹出的快捷菜单中选择【打开网络和共享中心】命令，打开【网络和共享中心】窗口，单击【以太网】超链接。

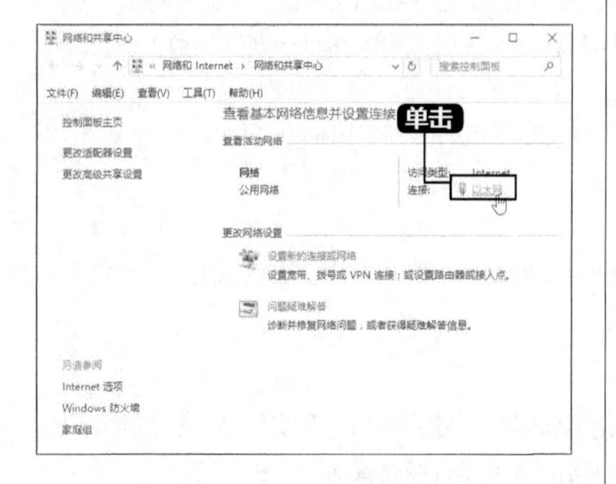

2 单击【确定】按钮

弹出【以太网状态】对话框，单击【属性】按钮，在弹出的对话框列表中选择【Internet协议版本4（TCP/IPv4）】选项，并单击【属性】按钮。在弹出的对话框中，单击选中【自动获取IP地址】和【自动获取DNS服务器地址】单选项，然后单击【确定】按钮即可。

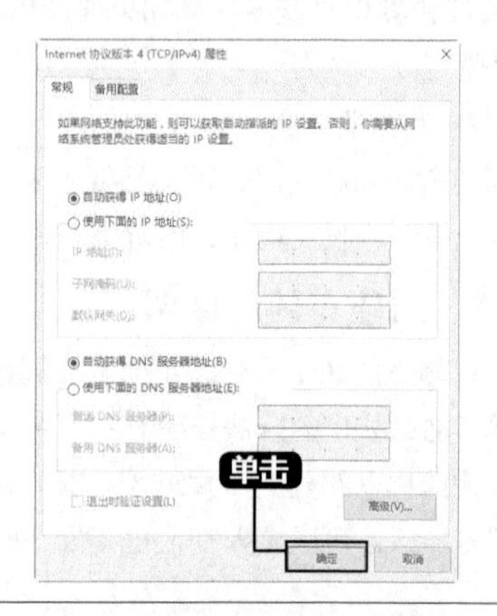

7.5 防"蹭"网攻略——管理你的无线网

本节视频教学时间 / 8分钟

局域网搭建完成后，如网速情况、无线网密码和名称、带宽控制等都可能需要进行管理，以满足公司的使用，本节主要介绍一些常用的局域网管理内容。

7.5.1 网速测试

网速的快慢一直是用户较为关心的，在日常使用中，可以自行对带宽进行测试，本节主要介绍如何使用"360宽带测速器"进行测试。

1 打开360安全卫士

打开360安全卫士，单击其主界面上的【宽带测速器】图标。

提 示　如果软件主界面上无该图标，请单击【更多】超链接，进入【全部工具】界面下载。

2 测速宽带

打开【360宽带测速器】工具，软件自动进行宽带测速，如下图所示。

3 打开速度

测试完毕后，软件会显示网络的接入速度。用户还可以依次测试长途网络速度、网页打开速度等。

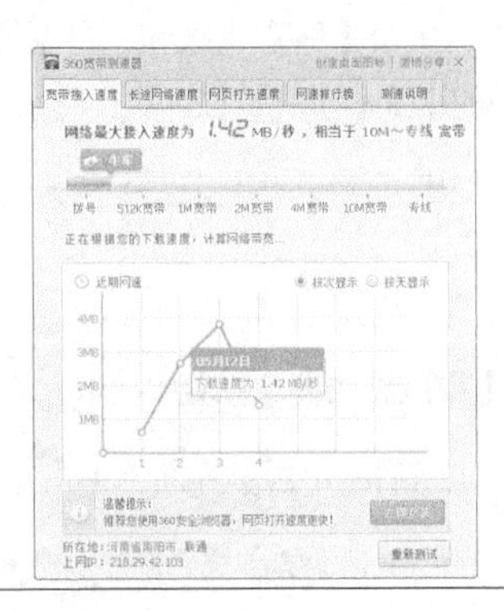

提 示　如果个别宽带服务商采用域名劫持、下载缓存等技术方法，测试值可能高于实际网速。

7.5.2　修改无线网络名称和密码

经常更换无线网名称有助于保护用户的无线网络安全，防止别人蹭取。下面以TP-Link路由器为例，介绍修改的具体步骤。

1 打开浏览器

打开浏览器，在地址栏中输入路由器的管理地址，如http://192.168.1.1，按【Enter】键，进入路由器登陆界面，并输入管理员密码，单击【确认】按钮。

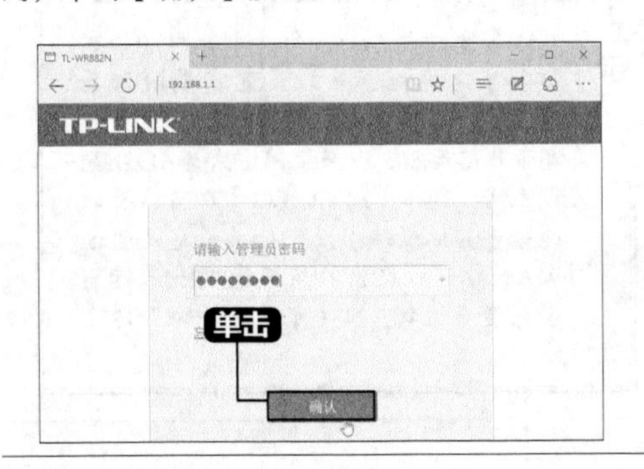

2 单击【保存】按钮

单击【无线设置】➤【基本设置】选项，进入无线网络基本设置界面，在SSID号文本框中输入新的网络名称，单击【保存】按钮。

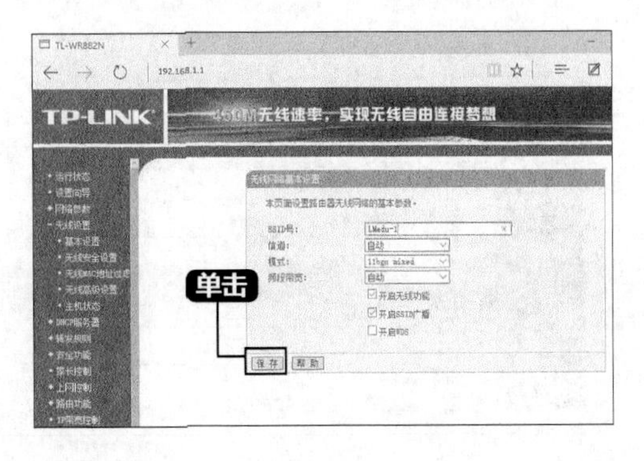

提示

如果仅修改网络名称，单击【保存】按钮后，根据提示重启路由器即可。

3 单击【重启】按钮

单击左侧【无线安全设置】超链接进入无线网络安全设置界面，在“WPA-PSK/WPA2-PSK”下面的【PSK密码】文本框中输入新密码，单击【保存】按钮，然后单击按钮上方出现的【重启】超链接。

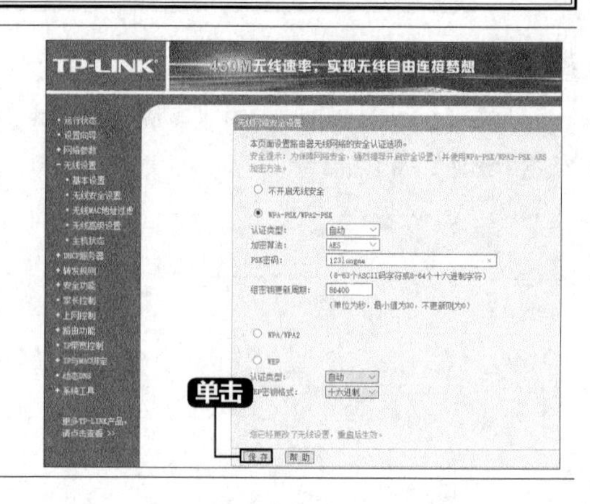

4 单击【重启路由器】按钮

进入【重启路由器】界面，单击【重启路由器】按钮，将路由器重启即可。

7.5.3 IP的带宽控制

在局域网中，如果希望限制其他IP的网速，除了使用P2P工具外，还可以使用路由器的IP流量控制功能来管控。

1 打开浏览器

打开浏览器，进入路由器后台管理界面，单击左侧的【IP带宽控制】超链接，单击【添加新条目】按钮。

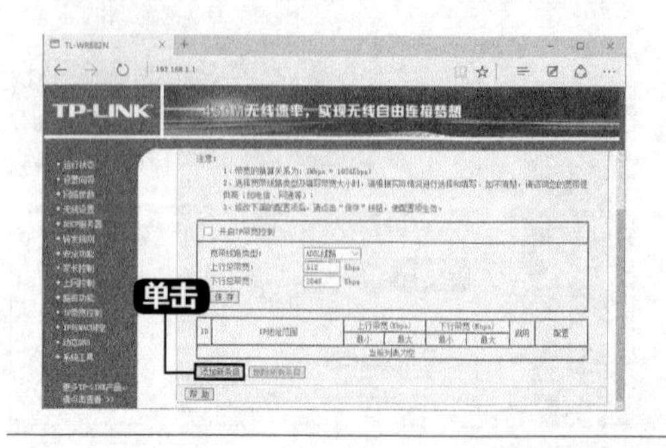

提示

在IP带宽控制界面，勾选【开启IP带宽控制】复选框，然后设置宽带线路类型、上行总带宽和下行总带宽。

宽带线路类型，如果上网方式为ADSL宽带上网，选择【ADSL线路】即可，否则选择【其他线路】。下行总带宽是通过WAN口可以提供的下载速度。上行总带宽是通过WAN口可以提供的上传速度。

2 单击【保存】按钮

进入【条目规则配置】界面，在IP地址范围中设置IP地址段、上行带宽和下行带宽，如下图设置则表示分配给局域网内IP地址为192.168.1.100的计算机的上行带宽最小128Kbit/s、最大256Kbit/s，下行带宽最小512Kbit/s、最大1024Kbit/s。设置完毕后，单击【保存】按钮。

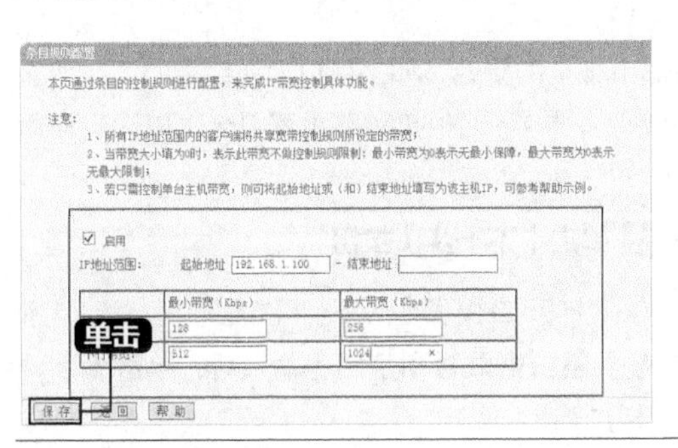

3 设置连续IP地址段

如果要设置连续IP地址段，如下图所示，设置了101~103的IP段，表示局域网内IP地址为192.168.1.101到192.168.1.103的三台计算机的带宽总和为上行带宽最小256Kbit/s、最大512Kbit/s，下行带宽最小1024Kbit/s、最大2048Kbit/s。

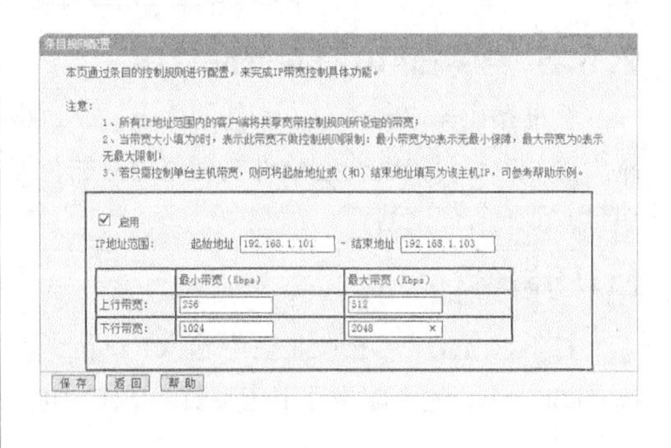

4 查看添加IP地址段

返回IP宽带控制界面，即可看到添加的IP地址段。

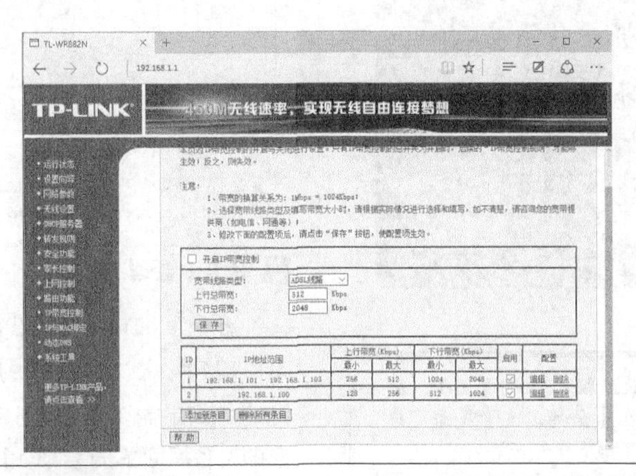

7.5.4 关闭路由器无线广播

通过关闭路由器的无线广播，防止其他用户搜索到无线网络名称，从根本上杜绝别人蹭网。

打开浏览器，输入路由器的管理地址，登录路由器后台管理页面，单击【无线设置】➤【基本设置】超链接，进入【无线网络基本设置】页面，撤消勾选【开启SSID广播】复选框，并单击【保存】按钮，重启路由器即可。

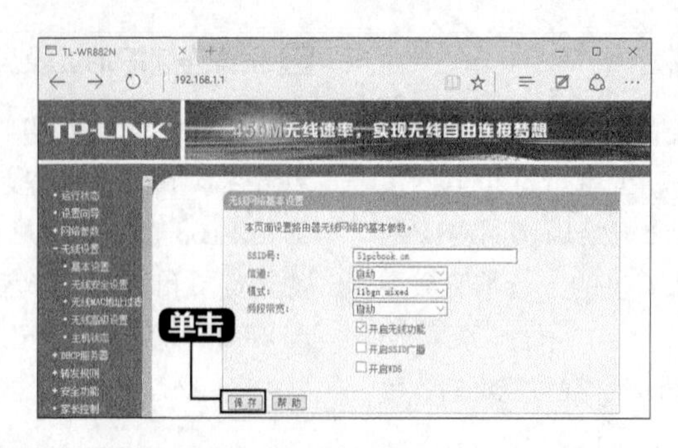

7.5.5 实现路由器的智能管理

智能路由器以其简单、智能的优点，成为路由器市场上的新宠，如果用户现在使用的不是智能路由器，也可以借助一些软件实现路由器的智能化管理。本节介绍的360路由器卫士可以让用户简单且方便地管理网络。

1 打开浏览器

打开浏览器，在地址栏中输入http://iwifi.360.cn，进入路由器卫士主页，单击【电脑版下载】超链接。

提示

如果使用的是最新版本360安全卫士，会集成该工具，在【全部工具】界面可找到，则不需要单独下载并安装。

2 单击【下一步】按钮

打开路由器卫士，首次登录时，会提示输入路由器账号和密码。输入后，单击【下一步】按钮。

3 单击【管理】按钮

此时，即可进到【我的路由】界面。用户可以看到接入该路由器的所有连网设备及当前网速。如果需要对某个IP进行带宽控制，在对应的设备后面单击【管理】按钮。

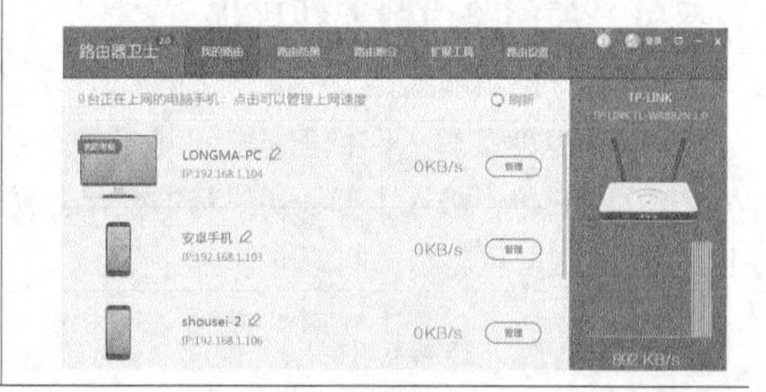

4 单击【确定】按钮

打开该设备管理对话框，在网速控制文本框中，输入限制的网速，单击【确定】按钮。

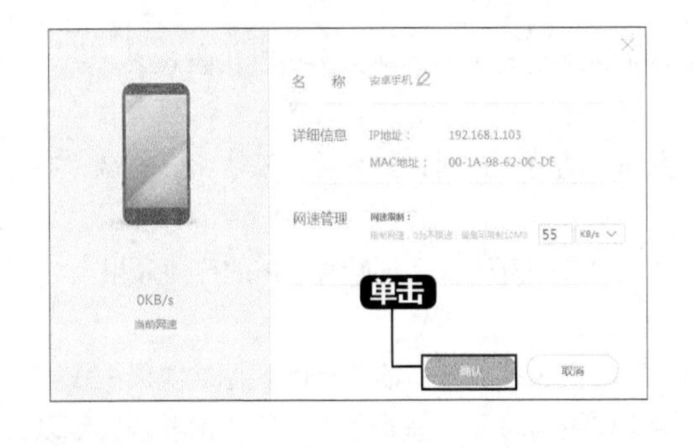

5 返回【我的路由】界面

返回【我的路由】界面，即可看到列表中该设备上显示【已限速】提示。

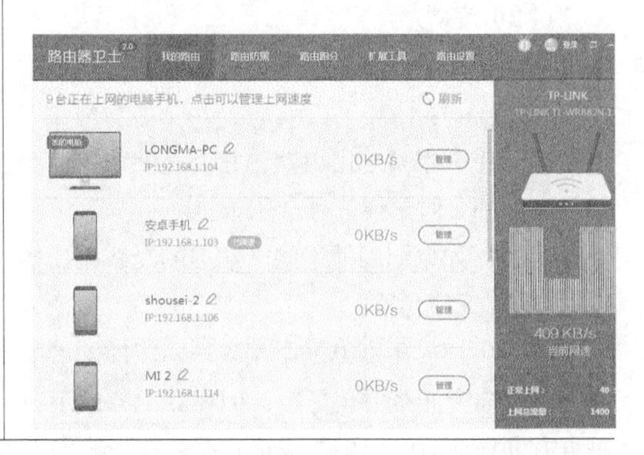

6 备份信息

同样，用户可以对路由器做防黑检测、设备跑分等。用户可以在【路由设置】界面备份上网账号、快速设置无线网及重启路由器功能。

7.6 实战演练——实现Wi-Fi信号家庭全覆盖

本节视频教学时间 / 4分钟

随着移动设备、智能家居的出现并普及，无线Wi-Fi网络已不可或缺，而Wi-Fi信号能否全面覆盖成了不少用户关心的话题，因为都面临着在家里存在着很多网络死角和信号弱等问题，不能获得良好的上网体验。本节讲述如何增强Wi-Fi信号，实现家庭全覆盖。

7.6.1 家庭网络信号不能全覆盖的原因

无线网络传输是一个信号发射端发送无线网络信号，然后被无线设备接收端接收的过程。对于一般家庭网络布局，主要是由网络运营商接入互联网，家中配备一个路由器实现有线和无线的小型局域网络布局。在这个信号传输过程中，会由于不同的因素，导致信号变弱，下面简单分析下几个最为常见的原因。

（1）物体阻隔

家庭环境不比办公环境，格局更为复杂，墙体、家具、电器等都对无线信号产生阻隔，尤其是自建房、跃层、大房间等，有着混凝土墙的阻隔，无线网络会逐渐递减到接收不到。

（2）传播距离

无线网络信号的传播距离有限，如果接收端距离无线路由器过长，则会影响其接收效果。

（3）信号干扰

家庭中有很多家用电器，它们在使用中都会产生向外的电磁辐射，如冰箱、洗衣机、空调、微波炉等，都会对无线信号产生干扰。

另外，如果周围处于同一信道的无线路由器过多，也会相互干扰，影响Wi-Fi的传播效果。

（4）天线角度

天线的摆放角度也是影响Wi-Fi传播的影响因素之一。大多数路由器配备的是标准偶极天线，在垂直方向上无线覆盖更广，但在其上方或下方，覆盖就极为薄弱。因此，当无线路由器的天线以垂直方向摆放时，如果无线接收端处在天线的上方或下方，就会得不到好的接收效果。

（5）设备老旧

过于老旧的无线路由器不如目前主流路由器的无线信号发射功率。早期的无线路由器都是单根天线，增益过低，而目前市场上主流路由器最少是两根天线，普遍为三根、四根，或者更多。当然天线数量多少，并不是衡量一个路由器信号强度和覆盖面的唯一标准，但在同等条件下，天线数量多的表现更为优越些。

另外，路由器的发射功率较低，也会影响无线信号的覆盖质量。

7.6.2 解决方案

了解了影响无线网络覆盖的因素后，我们就需要对应地找到解决方案。虽然家庭的格局环境是不可逆的，但是我们可以通过其他的布局调整，提高Wi-Fi信号的强度和覆盖面。

1. 合理摆放路由器

合理摆放路由器，可以减少信号阻隔、缩短传输距离等。在摆放路由器时，切勿放在角落处或靠墙的地方，应该放在宽敞的位置，比如客厅或几个房间的交汇处，如下图是在二室一厅中圆心位置就是路由器摆放的最佳位置，在几个房间的交汇处。

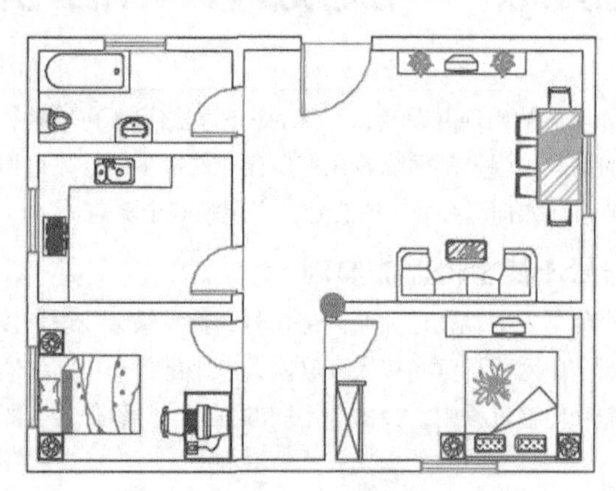

关于信号角度，建议将路由器摆放较高位置，使信号向下辐射，减少阻碍物的阻拦，减少信号盲区，如下图就可以在沙发上方置物架上摆放无线路由器。

另外，尽量将路由器摆放在远离其他无线设备和家用电器的位置，减少相互干扰。

2. 改变路由器信道

信号的干扰是影响无线网络接收效果的因素之一，而除了家用电器发射的电磁波影响外，网络信号扎堆同一信道段，也是信号干扰的主要问题，因此，用户应尽量选择干扰较少的信道，以获得更好的信号接收效果。用户可以使用类似Network Stumbler或Wi-Fi分析工具等，查看附近存在的无线信号及其使用的信道。下面介绍如何修改无线网络信道，具体步骤如下。

1 打开浏览器

打开浏览器，进入路由器后台管理界面，单击【无线设置】➤【基本设置】超链接，进入【无线网络基本设置】界面。

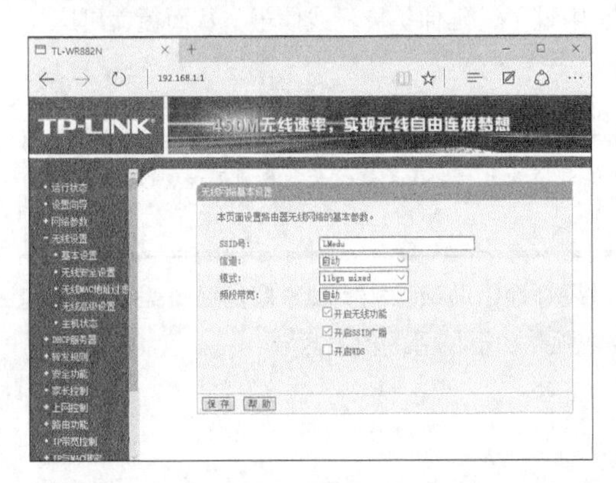

2 修改信道

单击信道后面的 ⌄ 按钮，打开信道列表，选择要修改的信道。

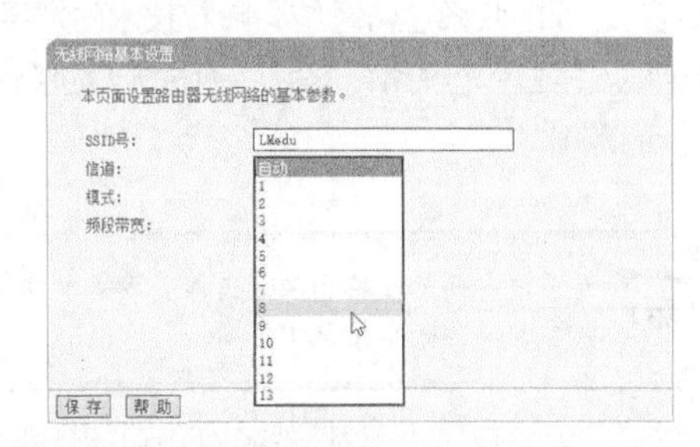

3 单击【保存】按钮

如这里将信道由【自动】改为【8】，单击【保存】按钮，并重启路由器即可。

如果路由器支持双频，建议开启5GHz频段，如今使用11ac的用户较少，5GHz频段干扰小，信号传输也较为稳定。

3.扩展天线，增强Wi-Fi信号

目前，网络流行的一种易拉罐增强Wi-Fi信号的方法，确实屡试不爽，可以较好地加强无线Wi-Fi信号，它主要是将信号集中起来，套上易拉罐后把最初的360度球面波向180度集中，改道向另一方向传播，改道后方向的信号就会比较强。如下图就是一个易拉罐Wi-Fi信号放大器。

4.使用最新的Wi-Fi硬件设备

Wi-Fi硬件设备作为无线网的源头，其质量的好坏也影响着无线信号的覆盖面，使用最新的Wi-Fi硬件设备可以得到最新的技术支持，能够最直接最快地提升上网体验，尤其是现在有各种大功率路由器，即使穿过墙面信号受到削弱，也可以表现出较好的信号强度。对于有条件的用户可以采用。一般用户建议使用前3种方法，减少信号的削弱，加强信号强度即可。如果用户有多个路由器，可以尝试WDS桥接功能，大大增强路由的覆盖区域。

7.6.3 使用WDS桥接增强路由覆盖区域

WDS是Wireless Distribution System的英文缩写，译为无线分布系统，最初运用在无线基站和基站之间的联系通信系统，随着技术的发展，其开始在家庭和办公方面充当无线网络的中继器，让无线AP或者无线路由器之间通过无线进行桥接（中继），延伸扩展无线信号，从而覆盖更广、更大的范围。

提示

目前流行的无线路由器放大器，就是将路由器的信号源放大，增强无线信号，其原理和WDS桥接差不多，作为一个无线中继器。

目前大多数路由器都支持WDS功能，用户可以很好地借助该功能实现家庭网络覆盖布局。本节主要讲述如何使用WDS功能实现多路由的协同，增强路由器信号的覆盖区域。

在设置之前，需要准备两台无线路由器，其中需要一台支持WDS功能，用户可以将无WDS功能的作为中心无线路由器，如果都有WDS功能，选用性能最好的路由器作中心无线路由器A，也就是与Internet网相连的路由器，另外一台路由器作为桥接路由器B。A路由器按照日常的路由设置即可，可按8.5节设置，本节不再赘述。主要是B路由器，需满足两点，一是与中心无线路由器信道相同，二是关闭DHCP功能即可。具体设置步骤如下。

1 连接A路由器

使用电脑连接A路由器，按照7.3.2节进行无线网设置，但需将其信道设置为固定数，如这里将其设置为“1”，勾选【开启无线功能】和【开启SSID广播】复选框，不勾选【开启WDS】复选框，如下图所示。

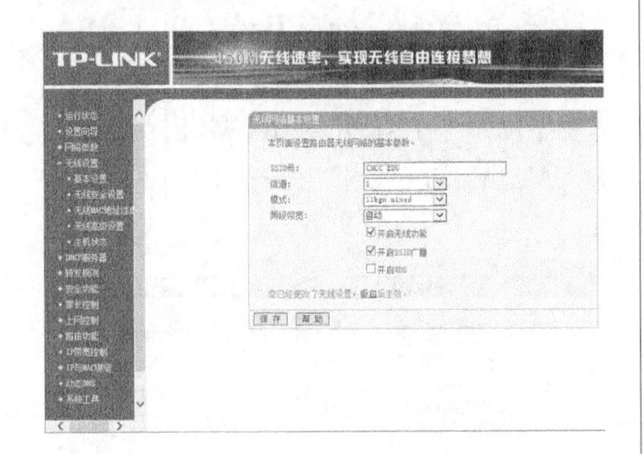

2 单击【保存】按钮

A路由器设置完毕后，将桥接路由器选择好要覆盖的位置，连接电源，然后通过电脑连接B路由器，如果电脑不支持无线，可以使用手机连接，比起有线连接更为方便。连接后，打开电脑或手机端的浏览器，登录B路由器后台管理页面，单击【网络参数】➤【LAN口设置】超链接，进入【LAN口设置】页面，将IP地址修改为与A路由器不同的地址，如A路由器IP地址为192.168.1.1，这里将B路由器IP地址修改为192.168.1.2，避免IP冲突，然后关闭【DHCP服务器】，设置为【不启用】即可。然后单击【保存】按钮，进行重启。

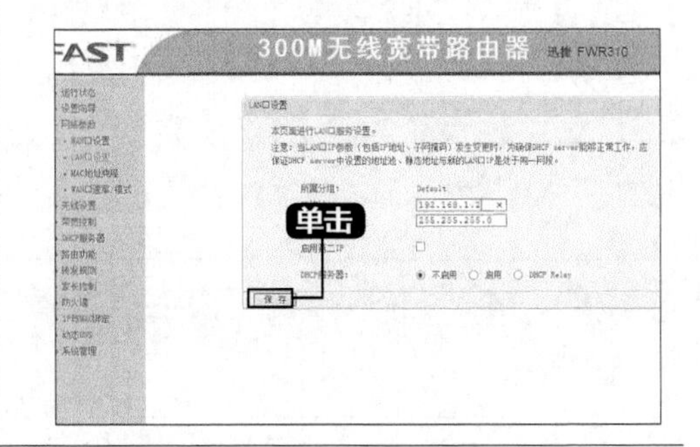

开启路由器的DHCP服务器功能，可以让DHCP服务器自动替用户配置局域网中各计算机的TCP/IP协议。B路由器关闭DHCP功能主要是有A路由器分配IP。另外如果【LAN口设置】页面如果没有DHCP服务器选项，可在【DHCP服务器】页面关闭。

3 勾选【开启WDS】复选框

重启路由器后，登录B路由器管理页面，此时B路由的配置地址变为：192.168.1.2，登录后，单击【无线设置】➤【基本设置】超链接，进入【无线基本设置】页面，将信道设置为与A路由器的相同的信道，然后勾选【开启WDS】复选框。

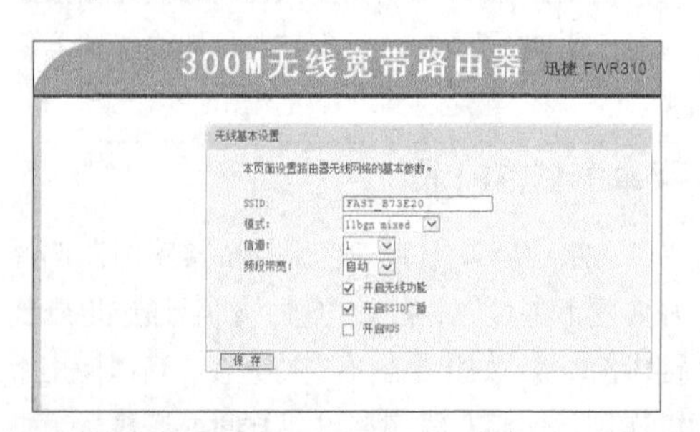

4 单击【扫描】按钮

单击弹出的【扫描】按钮。

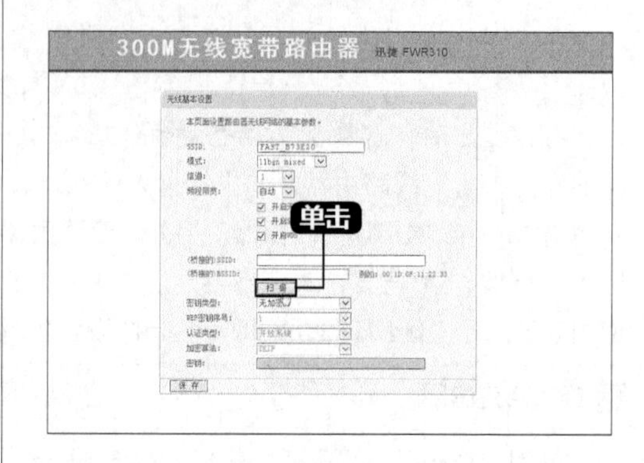

5 单击【刷新】按钮

在扫描的AP列表中，找到A路由器的SSID名称，然后单击【连接】超链接。如果未找到，单击【刷新】按钮。

6 单击【保存】按钮

返回【无线基本设置】页面，将【密钥类型】设置为与A路由器一致的加密方式，这里选择【WPA2-PSK】,并在【密钥】文本框中输入A路由器的无线网路密码，单击【保存】按钮。

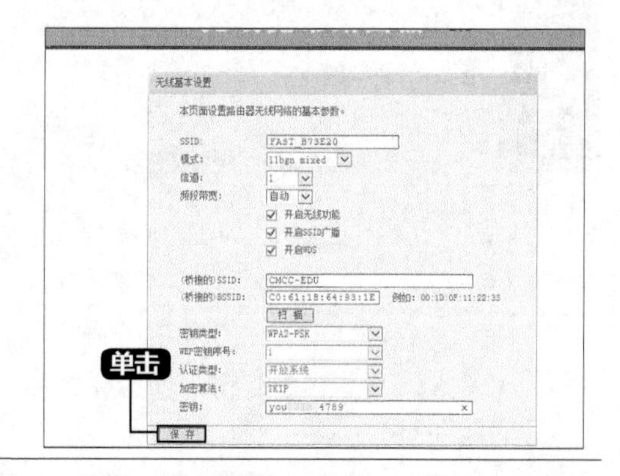

7 重启路由器

进入【WDS安全设置】页面，设置B路由器的无线网密码，单击【保存】按钮，重启路由器即可。

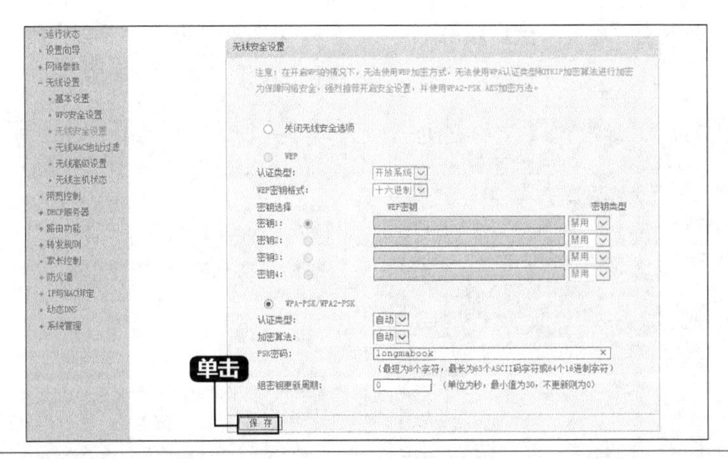

此时，两台路由器的桥接完成，用户可以连接B路由器上网了，同样用户还可以连接更多从路由器，进行无线网络布局，增强Wi-Fi信号，如果电脑在切换不同路由器时。其实，对于上面的操作可以总结为以下表，方便读者理解。

设置	WAN口设置	LAN口设置	DHCP	无线设置	
				信道	WDS
A（主）路由器	服务商	192.168.1.1（默认）	启用	信道一致即可	不勾选
B（从）路由器	无	192.168.1.X（1<X≤255）	不启用		勾选

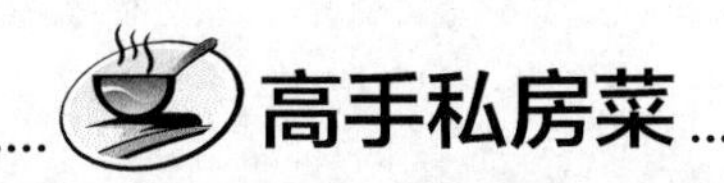

技巧1：安全使用免费Wi-Fi

黑客可以利用虚假Wi-Fi盗取手机系统、品牌型号、自拍照片、邮箱账号密码等各类隐私数据，像类似的事件不胜枚举，尤其是盗号、窃取银行卡、支付宝信息、植入病毒等，在使用免费Wi-Fi时，建议注意以下几点。

在公共场所使用免费Wi-Fi时，不要进行网购、银行支付，尽量使用手机流量进行支付。

警惕同一地方出现多个相同Wi-Fi，很有可能是诱骗用户信息的钓鱼Wi-Fi。

在购物、进行网上银行支付时，尽量使用安全键盘，不要使用网页之类的界面。

在上网时，如果弹出不明网页，让输入个人私密信息时，请谨慎，及时关闭WLAN功能。

技巧2：将电脑转变为无线路由器

如果电脑可以上网，即使没有无线路由器，也可以通过简单的设置将电脑的有线网络转为无线网络，但是前提是台式电脑必须装有无线网卡，笔记本电脑自带有无线网卡，如果准备好后，可以参照以下操作，创建Wi-Fi，实现网络共享。

1 单击【更多】超链接

打开360安全卫士主界面，然后单击【更多】超链接。

2 单击【360免费Wi-Fi】图标

在打开的界面中，单击【360免费Wi-Fi】图标按钮，进行工具添加。

3 设置Wi-Fi名称、密码

添加完毕后，弹出【360免费Wi-Fi】对话框，用户可以根据需要设置Wi-Fi名称和密码。

4 查看无线设备

单击【已连接的手机】可以看到连接的无线设备，如下图所示。

第8章 多媒体娱乐

重点导读

本章视频教学时间：29分钟 

Windows 10操作系统提供了功能强大的多媒体娱乐功能，使用此功能，用户可以浏览图片、听歌、看电影、玩游戏等。本章主要介绍如何使用电脑浏览和编辑图片、听音乐、看电影、玩游戏。

学习效果图

8.1 浏览和编辑图片

本节视频教学时间 / 5分钟

Windows系统自带的照片管理软件可以很方便地进行图片的查看与管理，除此之外，还可以使用美图秀秀和Photoshop美化处理图片。本节以“照片”应用为例，介绍如何浏览和编辑图片。

8.1.1 查看图片

在Windows 10操作系统中，默认的看图工具是“照片”应用，查看图片的具体操作步骤如下。

1 查看图片

打开图片所在的文件夹。双击需要查看的图片，即可通过“照片”应用查看图片。

2 单击【照片】应用窗口

切换图片。单击【照片】应用窗口中的【下一张】按钮，可查看下一张图片；单击【上一张】按钮，可查看上一张图片。

提示 按住【Alt】键的同时，向上或向下滚动鼠标滑轮，可以向上或向下切换图片。

3 按【F5】键

幻灯片浏览。单击窗口中的【放映幻灯片】按钮或按【F5】键，可以以幻灯片的形式查看图片，图片上无任何按钮，且自动切换并播放该文件夹内的图片。

4 单击【适应窗口】按钮

放大或缩小查看图片。单击【Esc】键可以结束幻灯片的放映，回到【照片】应用窗口，单击图片界面右下角的【放大】按钮+，可以放大显示照片，每单击一次可向上放大一次，或单击【缩小】按钮-，可以将放大的图片向下缩小比例，也可单击【适应窗口】按钮，恢复为适应窗口大小。

提示

按住【Ctrl】键的同时，向上或向下滚动鼠标滑轮，可以放大或缩小图片大小比例，也可以在双击鼠标左键，放大或缩小图片大小比例。按【Ctrl+1】组合键为实际大小显示图片，按【Ctrl+0】组合键为适应窗口大小显示图片。

8.1.2 选择图片

图像的旋转就是对图像进行旋转操作，可以纠正图片中主体颠倒的问题，具体操作步骤如下。

1 单击【照片】应用窗口

打开要编辑的图片，单击【照片】应用窗口顶端的【旋转】按钮或按【Ctrl+R】组合键。

2 旋转图片

图片即会向右逆时针旋转90° ，再次单击则再次旋转，直至旋转为合适的方向即可，如下图所示。

8.1.3 裁剪图片

在编辑图片时，为了突出图片主体，可以将多余的图片留白进行裁剪，以达到更好的效果。裁剪图片的具体步骤如下。

1 编辑图片

打开要编辑的图片，单击【照片】应用窗口顶端的【编辑】按钮或按【Ctrl+E】组合键。

2 单击【裁剪】按钮

即可进入编辑界面，首先单击【基本修复】按钮，在右侧弹出的子菜单中，单击【裁剪】按钮。

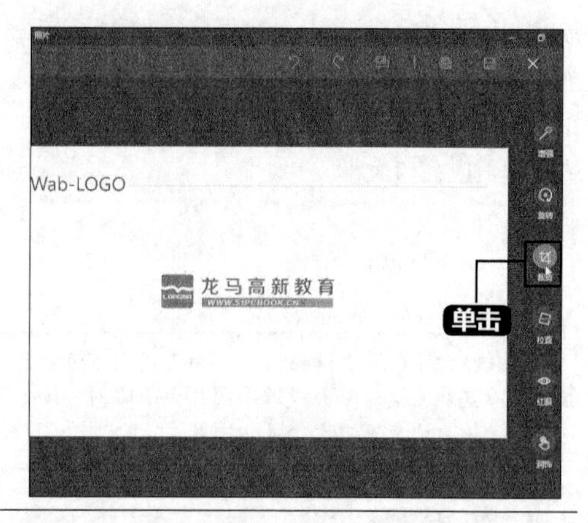

3 创建裁剪区域

图像中自动创建裁剪区域，将光标移至定界框的控制点上，单击并拖动鼠标调整定界框的大小，

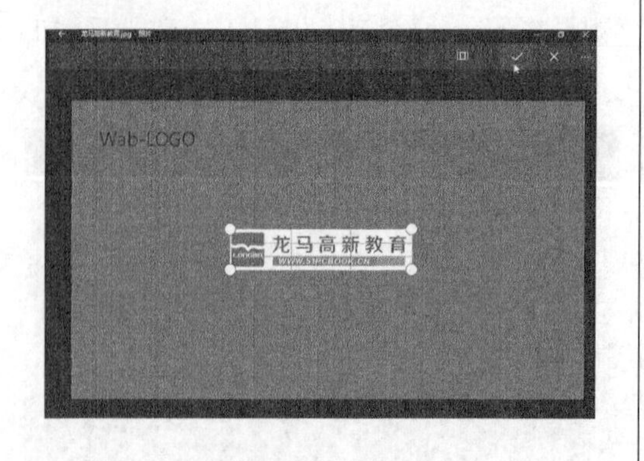

4 单击【应用】按钮

确定裁剪区域后，单击【应用】按钮，即可完成裁剪。单击【保存】按钮或【保存副本】按钮即可保存照片。

8.1.4 使用滤镜

滤镜主要用来实现图像的各种特殊的效果，在图片编辑中是一个较为常用的方式，如减少图像杂色，提高清晰度等。在【照片】应用中，共包含6个滤镜效果可供用户选择，具体操作步骤如下。

打开要编辑的图片，进入编辑界面，单击【滤镜】按钮，右侧即会显示6种滤镜效果预览图，单击即可应用并查看。

如选择第6种滤镜，即可以黑白效果显示，如下图所示。

8.1.5 修改图片光线

通过修改图片光线，可以调整图片色彩显示效果，如亮度、对比度等，都可以修复或提升图片自身的质量，具体操作步骤如下。

打开要编辑的图片，进入编辑界面，单击【光线】按钮，其右侧则弹出亮度、对比图、突出显示和阴影四个按钮，如下图所示。

如单击【亮度】按钮，然后滚动鼠标滑轮或拖动白色圆球旋转，调整图片的亮度值。

同样，根据图片显示效果，确定是否调整对比度、突出显示和阴影，左侧则显示预览效果。

调整完毕后，单击【比较】按钮，按住鼠标不动是没编辑前的原图片效果，松开之后可看到编辑后的图片效果，可连续单击鼠标查看图片编辑前和编辑后的效果区别。

8.2 听音乐

本节视频教学时间 / 8分钟

Windows 10操作系统给用户带来了更好的音乐体验，本节主要介绍Groove音乐播放器的设置与使用、在线听音乐、下载歌曲等内容。

8.2.1 Groove音乐播放器的设置与使用

Groove音乐播放器是Windows 10操作系统中自带的一个音乐播放器，其简单干净的界面，继承了Windows Media Player的优点，但对于初次接触的用户，多少会有些陌生，本节就介绍如何使用Groove音乐播放器。

1. 播放选取的歌曲

如果电脑中没有安装其他音乐播放器，则默认Groove音乐播放器为打开软件，双击歌曲文件即可播放。如果选取多首歌曲，则需右键单击歌曲文件，在弹出的快捷菜单中，单击【打开】命令，进行播放。

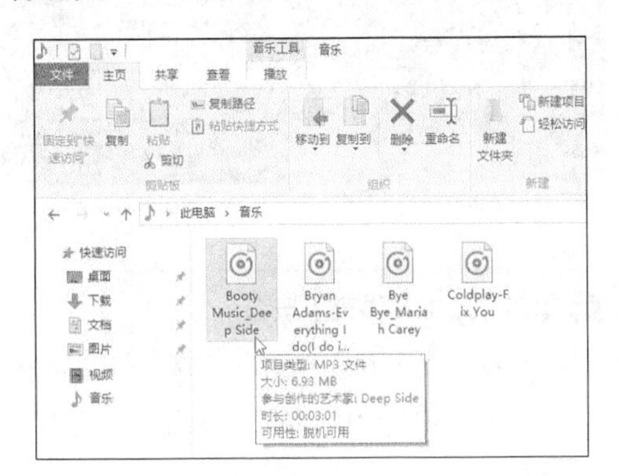

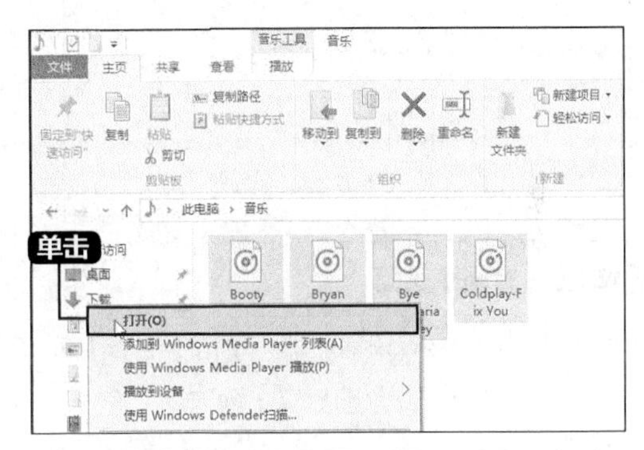

如果电脑中安装多个音乐播放器，而用Groove音乐播放器可以右键单击歌曲文件，在弹出的快捷菜单中，单击【打开方式】➤【Groove音乐】菜单命令，即可播放所选歌曲。

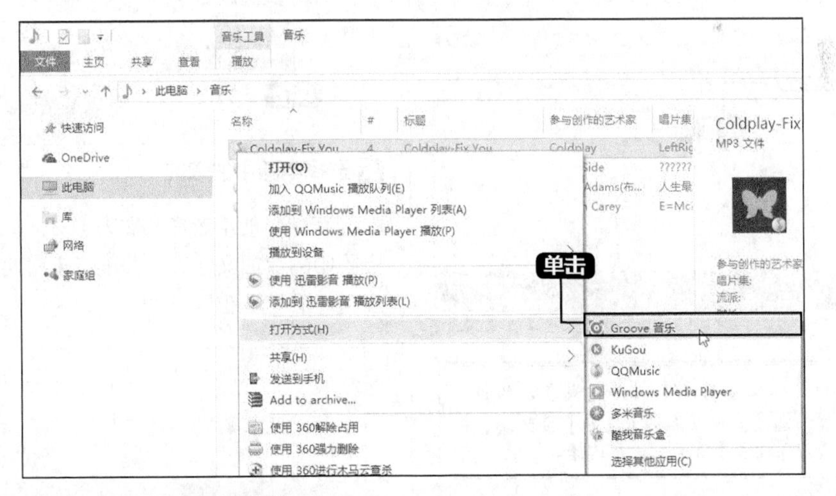

2. 在Groove音乐播放器添加歌曲

用户可以在Groove音乐播放器中添加包含歌曲的文件夹，以便该应用可以快速识别并将歌曲添加到应用中，具体操作步骤如下。

1 新建文件夹

新建文件夹，将歌曲文件放在文件夹下，如下图所示。

2 单击【Groove音乐】磁贴

按【Windows】键，在弹出的“开始”屏幕中，单击【Groove音乐】磁贴。

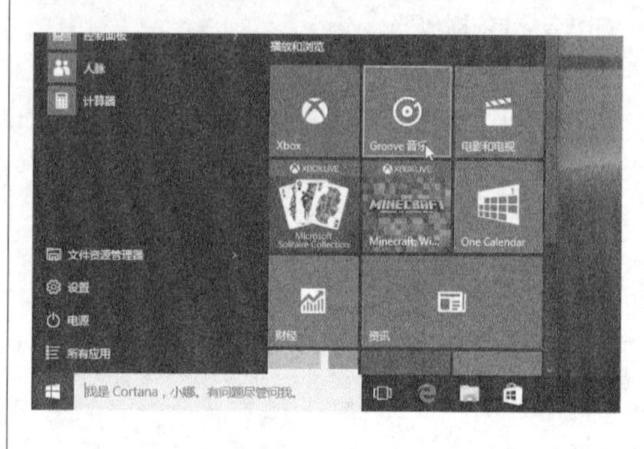

3 单击【专辑】页面

打开Groove音乐播放器，单击【专辑】页面下的【选择查找音乐的位置】选项。

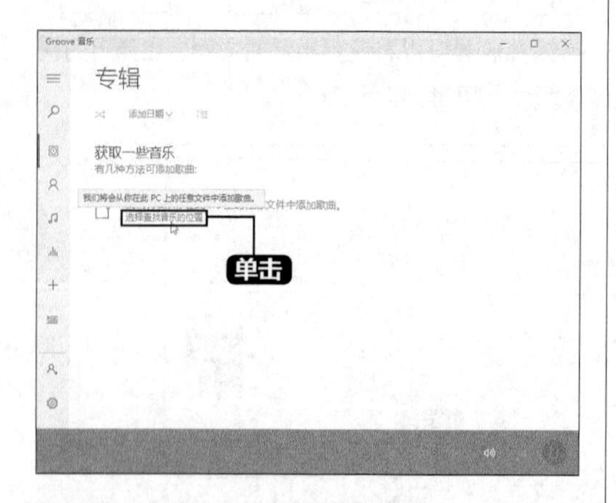

提 示

如果专辑页面无【选择查找音乐的位置】选项，可以单击【设置】按钮，进入【设置】页面，进行选择。

4 单击【添加文件夹】按钮

在弹出的【从你的本地音乐文件里创建你的收藏】对话框中，单击【添加文件夹】按钮。

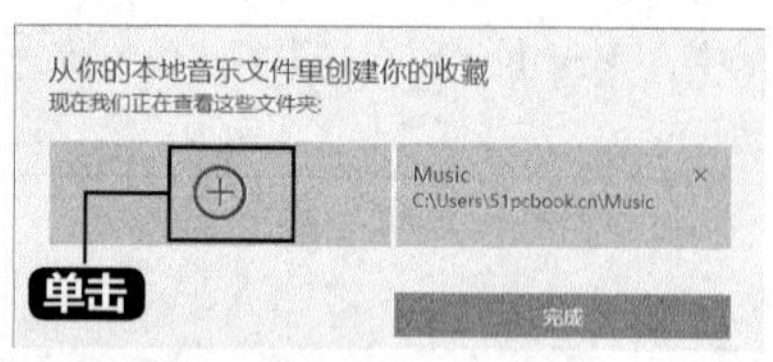

5 选择电脑中的歌曲

在弹出的【选择文件夹】对话框中，选择电脑中的歌曲文件夹，并单击【将此文件夹添加到音乐】按钮。

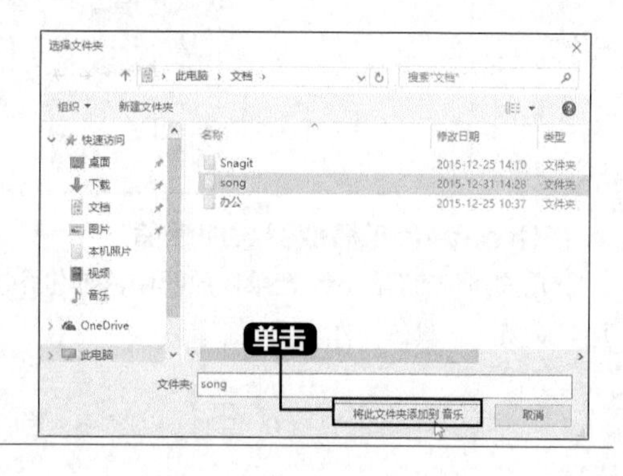

6 单击【完成】按钮

返回【从你的本地音乐文件里创建你的收藏】对话框，单击【完成】按钮。

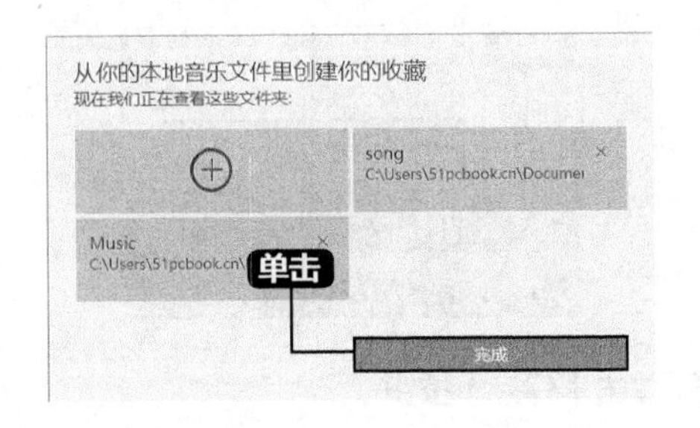

7 添加音乐文件

播放器即会扫描并添加音乐文件，如下图所示。

8 单击【全部随机播放】按钮

单击左侧菜单区域的按钮，可以以专辑、歌手、歌曲等分类显示添加的歌曲，如下图即为以“歌曲”列表显示。单击【全部随机播放】按钮即可播放所有歌曲。

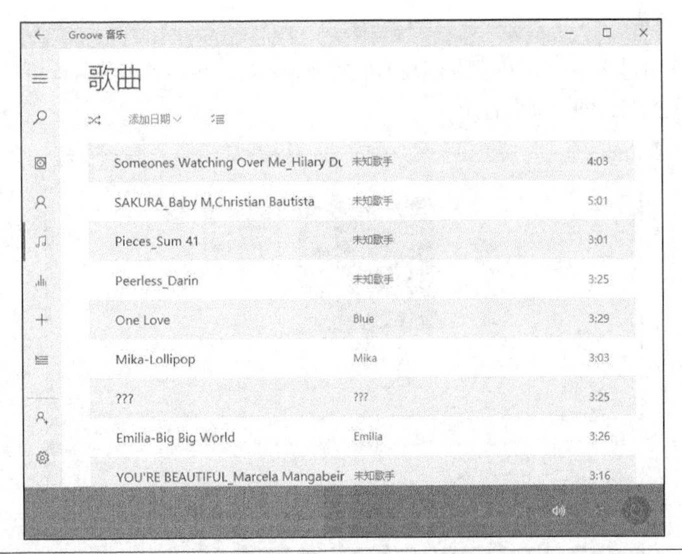

3. 建立播放列表

除了可以添加文件夹外，用户可以建立播放列表，方便对不同歌曲进行分类，具体操作步骤如下。

1 单击【添加到】按钮

单击【选择】按钮 ，在歌曲左侧的复选框中进行勾选，选择要添加的歌曲后，单击【添加到】按钮。

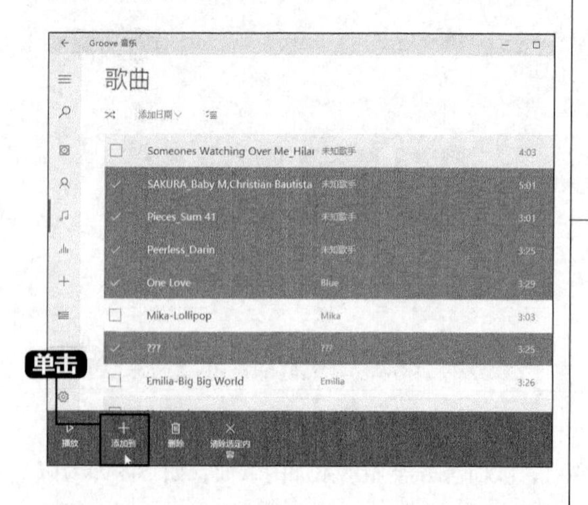

2 选择【新的播放列表】命令

在弹出的快捷菜单中，选择【新的播放列表】命令。

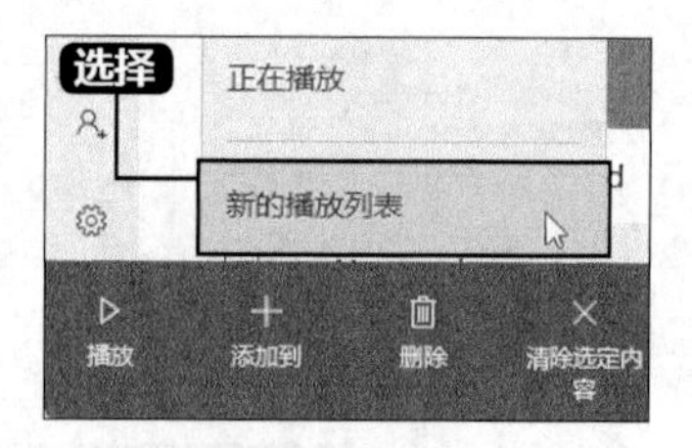

3 单击【保存】按钮

弹出【命名此播放列表】对话框，在文本框中输入播放列表名称，单击【保存】按钮。

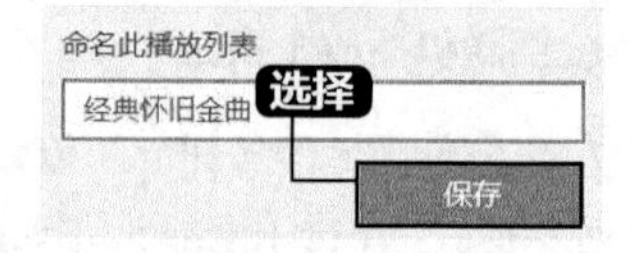

4 单击【播放】按钮

单击【显示菜单】按钮，即可看到创建的播放列表名称，单击该名称，即可显示改播放列表页面，单击【播放】按钮，即可播放音乐。

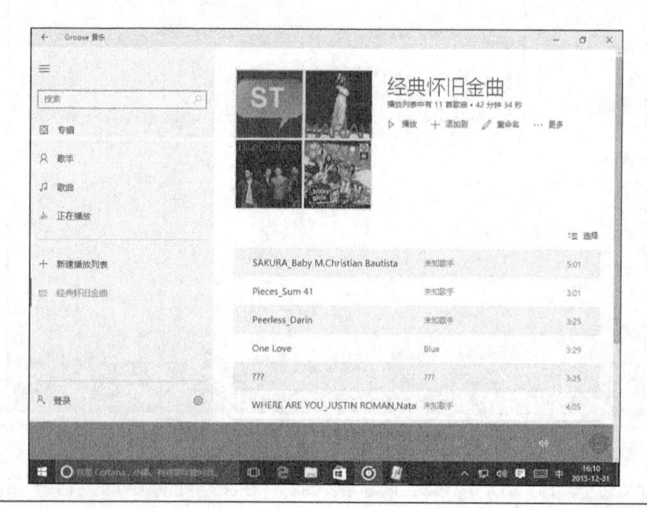

8.2.2 在线听歌

除了电脑上的音频文件，也可以直接在线收听网上的音乐。用户可以直接在搜索引擎中查找想听的音乐，也可以使用音乐播放软件在线听歌，如酷我音乐盒、酷狗音乐、QQ音乐、多米音乐等，下面以酷我音乐盒为例，介绍如何在线听歌。

1 下载软件

下载并安装“酷我音乐盒”软件，安装完成后启动软件，进入酷我音乐盒的播放主界面。

2 选择【排行】菜单

在酷我音乐盒界面左侧，可选择【推荐】、【电台】、【MV】、【分类】、【歌手】、【排行】、【我的电台】等。这里选择【排行】菜单。

3 选择播放的音乐

选择要播放的音乐，如这里打开【酷我热歌榜】音乐列表，单击歌曲后面的【播放歌曲】按钮 即可播放，单击【打开歌词/MV】按钮，即可同步显示歌词。

4 单击【观看MV】按钮

单击左侧的【观看MV】按钮，可观看歌曲的MV。

8.2.3 下载音乐

下载音乐主要可以在网站和音乐客户端下载，而在客户端更为方便、快捷，下面以搜狗音乐软件为例，讲述如何下载音乐。

1 单击【下载】按钮

下载并安装搜狗音乐软件，并启动软件进入主界面。在顶部搜索框中输入要下载的歌曲，按【Enter】键进行搜索，然后在搜索的相关歌曲中，选择要下载的歌曲，单击对应歌曲的【下载】按钮。如果要下载多首，可在歌曲名前勾选复选框，单击【下载】按钮 下载 ，进行批量下载。

2 设置下载地址

弹出【下载窗口】，选择歌曲的音质并设置下载地址。

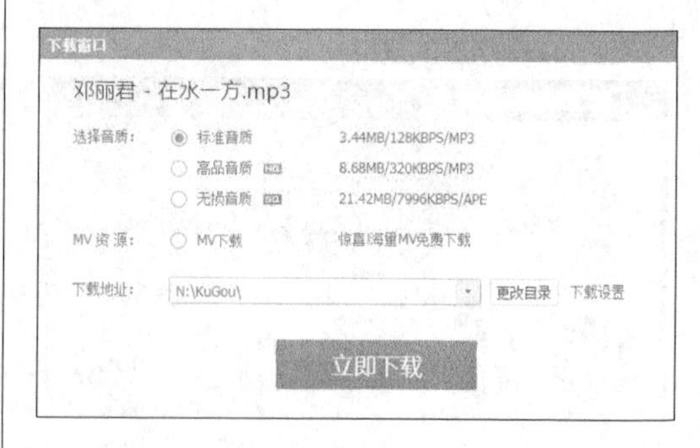

3 下载歌曲

单击【立即下载】按钮，即可下载该歌曲，在左侧【我的下载】列表中显示下载的进度。

4 单击【已下载】选项

下载完毕后，单击【已下载】选项，即可看到下载的歌曲，单击歌曲名既可播放，也可将其传到手机或添加到播放列表中。

8.3 看电影

本节视频教学时间 / 4分钟

随着电脑及网络的普及，越来越多的人开始在电脑上观看电影视频，本节主要讲述如何在电脑中看视频、在线看电影、下载电影等。

8.3.1 使用电影和电视应用

电影和电视是Windows 10中默认的视频播放应用，以其简洁的界面、简单的操作，给用户带来了不错的体验。

电影和电视应用和Groove音乐播放器的使用方法相似，具体使用方法如下。

1 单击【电影和电视】磁贴

按【Windows】键，在弹出的“开始”屏幕中，单击【电影和电视】磁贴。

2 打开视频应用

即可打开电影和电视应用，如下图即为主界面。如要添加视频，可单击【更改查找位置】选项。

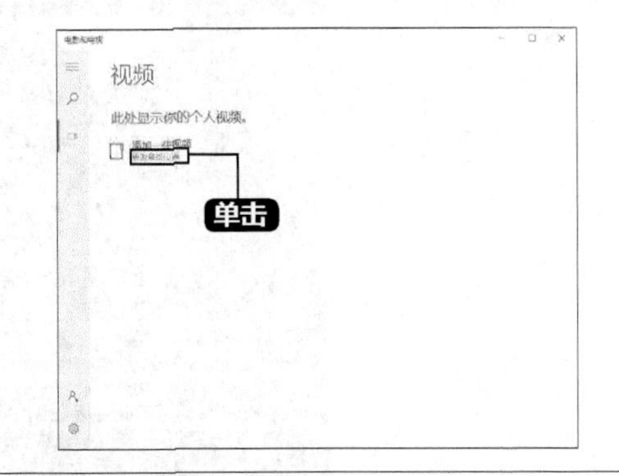

3 加视频文件

在弹出的界面中，添加视频所在的文件夹，并单击【完成】按钮。

4 查看添加文件

返回【视频】界面，即可看到添加的文件夹。

5 单击文件夹图标

单击文件夹图标，即可看到文件夹内的电影缩略图。

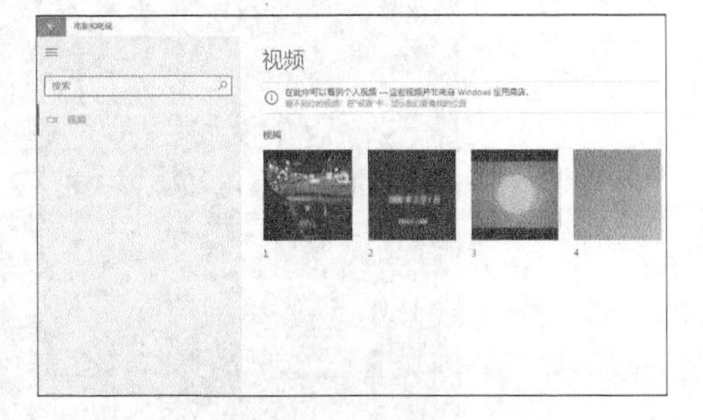

6 播放视频

单击要播放的视频缩略图，即可播放，如下图所示。

由于【电影和电视】应用支持的视频格式有限，主要支持mp4格式视频文件，如不支持avi、rmvb、rm、mkv等格式，建议可以使用系统自带的Windows Media Player播放器播放，或者下载迅雷看看、暴风影音等播放工具观看视频。

8.3.2 在线看电影

在网速允许的情况下，可以在线看视频、看电影，不需要将其缓存下来，极其方便。一般在线看电影主要可以通过视频客户端和网页浏览器进行观看。使用视频客户端是较为常用的方式，可以随看随播，如常用的有爱奇艺视频、腾讯视频、乐视视频、迅雷看看和优酷土豆等，下面以迅雷看看为例，讲述如何使用视频客户端播放视频。

启动下载的迅雷影音视频播放器，在右侧的【在线视频】列表中，可以看到各种分类，包括电影、电视剧、综艺、动漫等各类型节目。

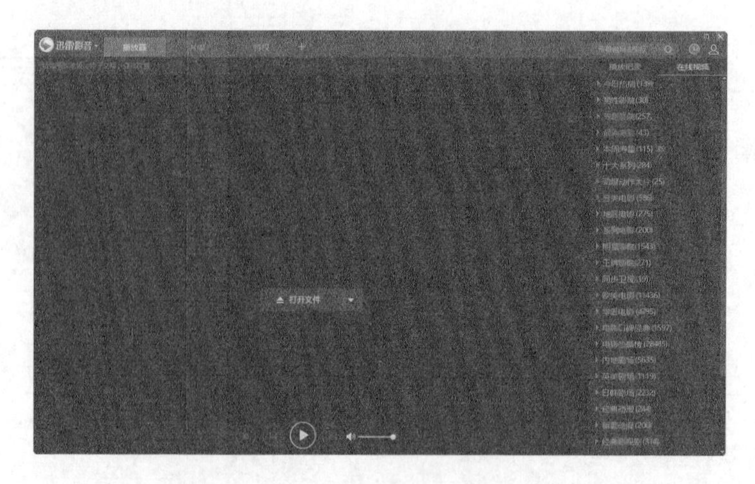

如单击【纪录片】分类，即可展开详细的子分类和具体的节目名称，如下图所示。

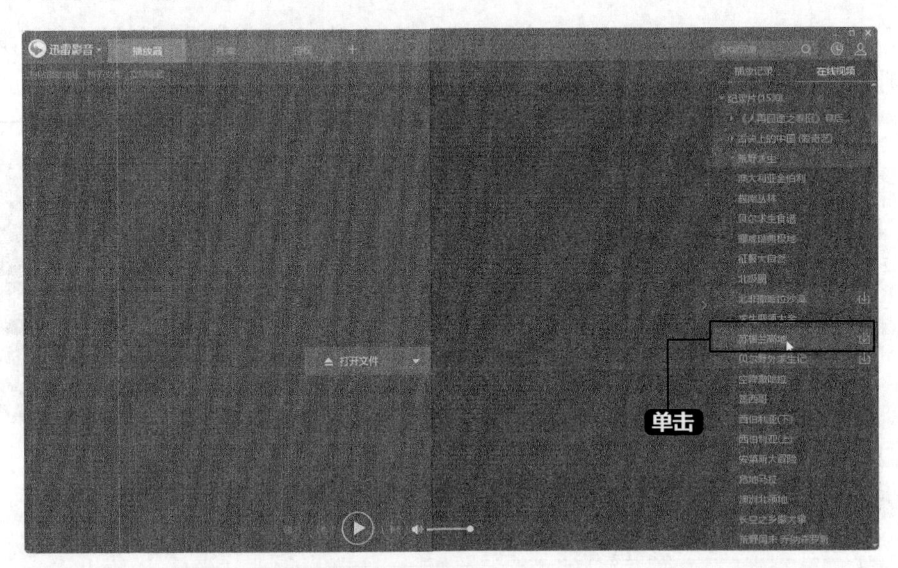

单击选择要播放的视频，播放器加载后即可播放。

8.3.3 下载电影

将电影下载到电脑中，可以方便自己随时观看影片。而下载电影的方法也有多种，我们可以使用软件下载电影，也可以使用影视客户端离线下载。下面以乐视客户端为例，讲述如何离线下载电影。

1 单击【搜索】按钮

打开软件进入主界面，在顶部搜索框中输入想看的节目名称，搜索观看。这里在搜索框中输入“舌尖上的中国2”，单击【搜索】按钮 ，在搜索的结果中，选择要缓存下载的视频。

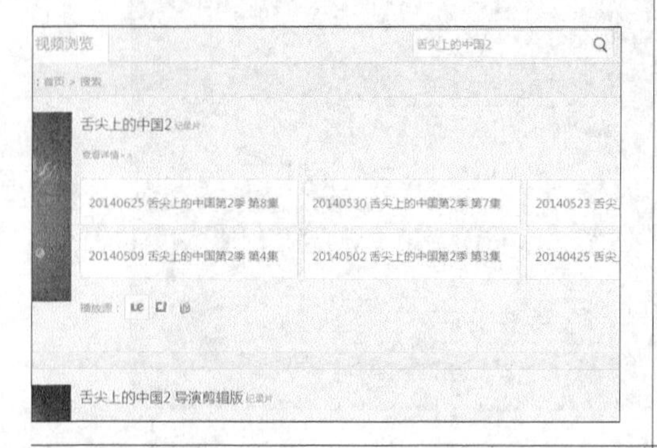

2 单击【下载】按钮

此时，所选视频会开始播放，单击播放页面右上角的【下载】按钮。

3 单击【登录】按钮

系统弹出【乐视账号登录】对话框，在文本框中输入账号和密码，并单击【登录】按钮；如果没有注册账号，可单击左下角的【注册】超链接，根据提示进行注册即可。

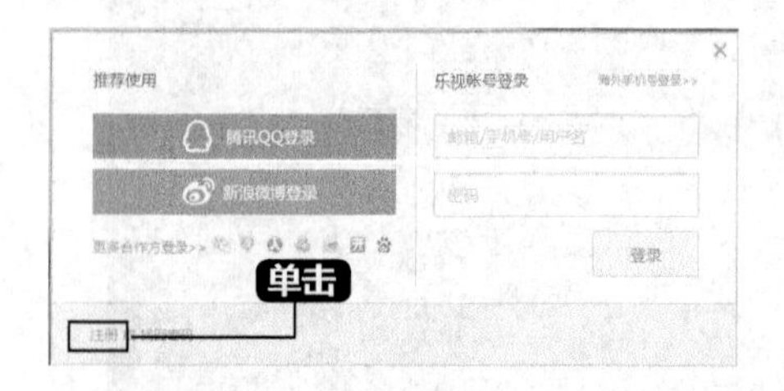

4 查看下载详情

此时，播放界面会弹出【添加下载成功】提示，单击右上角的【我的下载】按钮 ，即可查看下载详情。

8.4 玩游戏

本节视频教学时间 / 4分钟 

在Windows 10系统中，游戏已经成了至关重要的一部分。在Windows 10操作系统中附带了可供用户娱乐的小游戏，玩家可以在应用商店中下载很多好玩的游戏。

8.4.1 单机游戏——纸牌游戏

Windows 10系统自带了多种纸牌游戏，每种玩法中又分为简单、困难等几个级别，可以给用户带来不同的休闲娱乐体验，下面简单地介绍Windows 10系统中自带的纸牌游戏玩法，具体操作步骤如下。

1 打开开始菜单

按【Windows】键，打开开始菜单，选择【所有应用】➤【Microsoft Solitaire Collection】菜单命令。

2 单击【Klondike】游戏图标

打开【Microsoft Solitaire Collection】游戏主界面，在主界面单击【Klondike】游戏图标。

3 进入游戏主界面

即可进入【Klondike】游戏的主界面，如下图所示。

4 游戏说明

Klondike纸牌的目标是在右上角构建四组按从小到大顺序排列的牌，每组只能包含一个花色。四组牌基牌必须从A开始，以K结束。下方各列中的牌可以移动，但必须从大到小排列，并且两张相邻的牌必须黑红交替。将底牌翻开之后，根据顺序再将下面罗列好的牌放到上面的空白处。

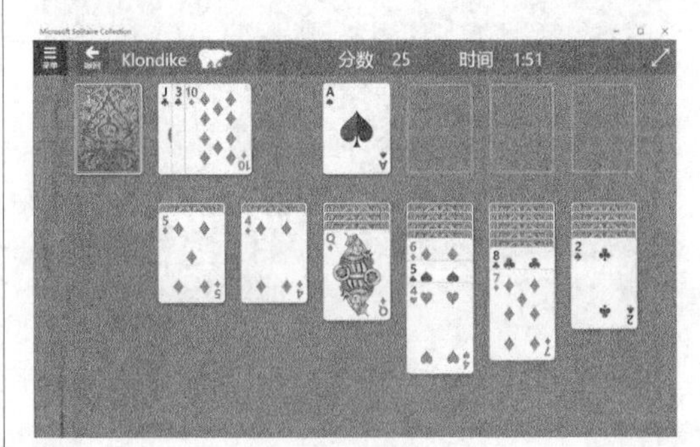

5 设置游戏

单击左上角【菜单】按钮，可以对游戏进行设置。

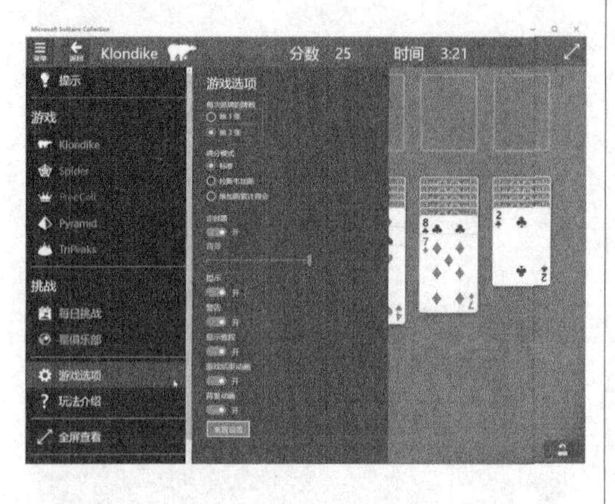

6 单击【新游戏】按钮

如果全部罗列完成，则可开始玩新的一局，游戏过程中单击左下角【新游戏】按钮，也可以重新开始新一轮游戏。

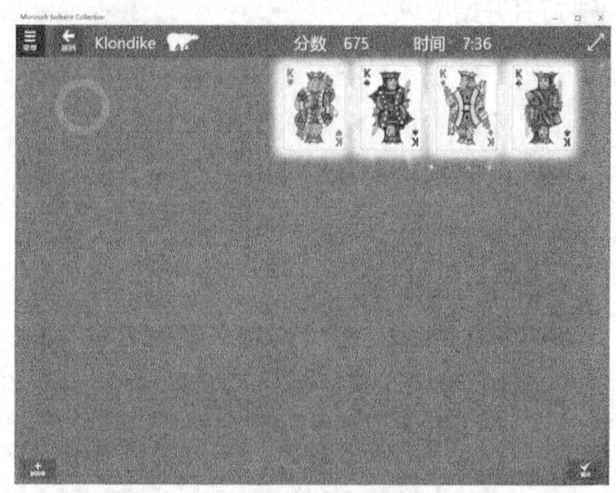

8.4.2 联机游戏——Xbox

Xbox是微软公司所开发的一款家用游戏机，在Windows 10系统中，微软将旗下各个平台的设备通过Microsoft账户进行统一，同时也推出了Windows 10版Xbox One应用程序，将Xbox游戏体验融入到Windows 10中，用户可以通过本地Wi-Fi将Xbox游戏串流到中Windows 10设备中，如台式机、笔记本或平板电脑上，也可以同步储存用户的游戏记录、好友列表、成就额点数等信息。

1. 登录Xbox应用

用户使用Microsoft账户即可登录Xbox应用，具体操作步骤如下。

1 单击【Xbox】应用磁贴

按【Windows】键，在弹出的开始菜单中，单击【Xbox】应用磁贴。

2 单击【登录】按钮

弹出Xbox登录界面，单击【登录】按钮。

3 选择登录账号

弹出【选择账户】对话框，选择要登录的账号。

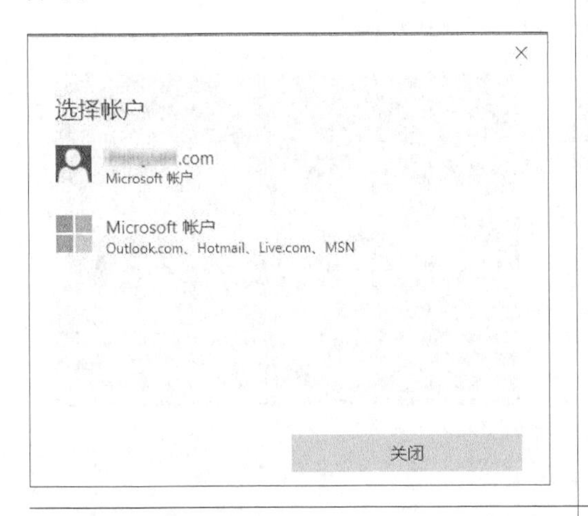

4 登录成功

登录成功后，即可弹出如下界面，

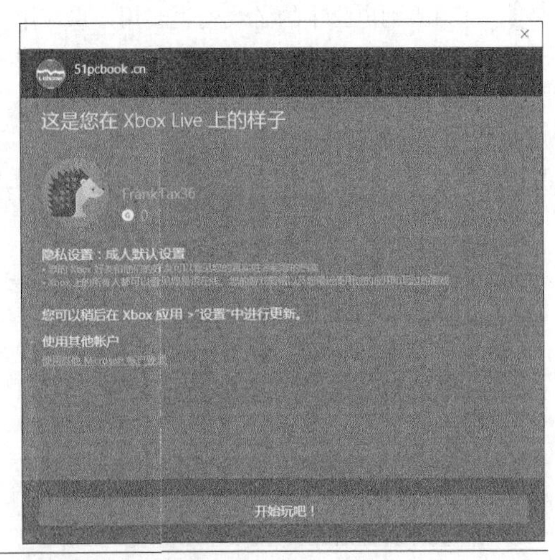

5 连接Xbox应用

单击【开始玩吧】按钮，即可开始连接Xbox应用。

6 进入Xbox界面

连接成功后，即可进入Xbox界面，如下图所示。

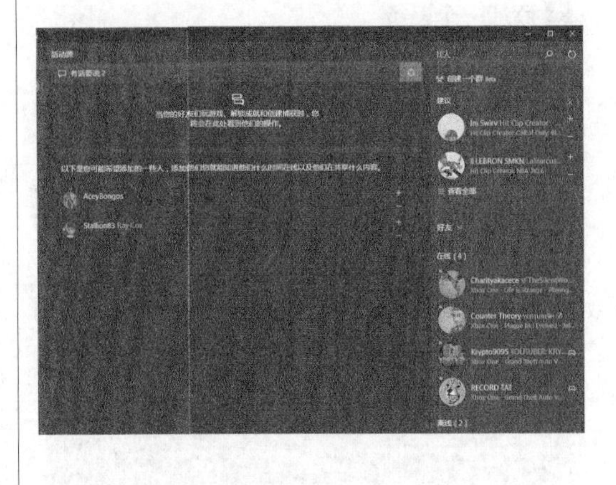

2. 添加游戏

用户可以将游戏添加到Xbox应用中，这样可以储存游戏记录、记录游戏成就、以及分享游戏片段等。

1 添加游戏

在Xbox应用中，单击【我的游戏】按钮，即可看到电脑中的游戏列表。用户从应用商店中下载的游戏都会显示列表中，也可以单击【从您的电脑添加游戏】按钮，添加电脑中的游戏。

2 单击【商店】按钮

另外，单击【商店】按钮，可以进入Xbox商店界面，从Windows 10应用商店或Xbox One获取应用。

3. 流式传输游戏

Windows 10扩展了Xbox游戏的体验方式，用户可以通过台式机、笔记本电脑或者平板电脑上利用本地Wi-Fi将Xbox One中的游戏流式传输到设备中，具体步骤如下。

1 添加一个设备

在Xbox界面中，单击【连接】按钮，进入【连接您的Xbox One】界面，单击【添加一个设备】按钮。

2 单击【连接】按钮

弹出【添加一个设备】对话框，选择要添加的设备，如果未检测到Xbox游戏主机，可以在文本框中输入IP地址，并单击【连接】按钮。

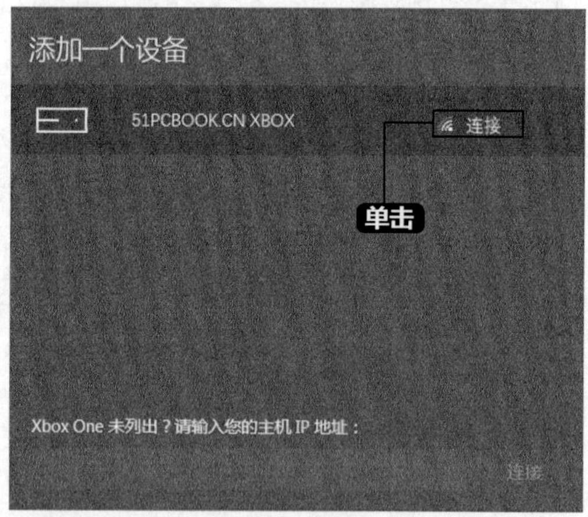

3 单击【流式传输】按钮

返回【连接您的Xbox One】界面，单击【流式传输】按钮。

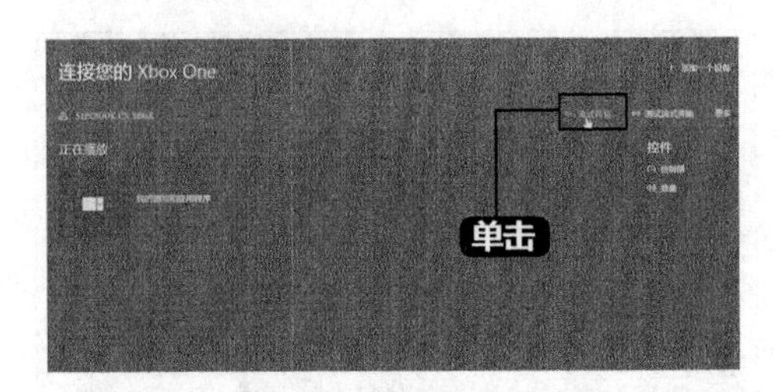

4 连接Xbox游戏主机

即可开始连接Xbox游戏主机，提示连接成功后，即可使用控制器操纵屏幕，开始游戏。

8.5 实战演练——使用美图秀秀美化照片

本节视频教学时间 / 5分钟 

美图秀秀是一款傻瓜式的图片处理软件，可以在没有Photoshop的前提下，使用该软件对照片进行美容、添加场景特效、添加文字等处理。本节就介绍如何使用美图秀秀美化照片。

8.5.1 照片添加特效

美图秀秀提供了很多特性，可以快速为图片添加LOMO效果、哥特风、复古、漫画效果等，下面就介绍如何为照片添加特性。

1 美化照片

打开美图秀秀软件进入其主界面，单击顶部导航中的【美化】选项卡，然后单击【打开一张照片】按钮，选择要美化的照片。

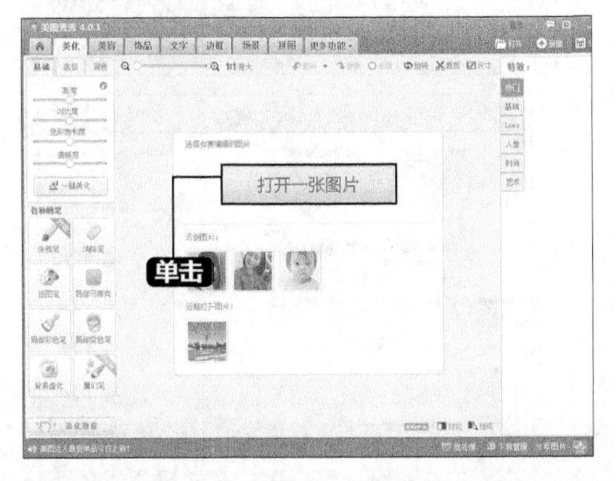

提示

如果选择的照片尺寸太大，软件会提示“是否缩小的最佳尺寸”，用户可根据需要选择是否缩小照片尺寸。

2 查看编辑工具

打开照片后，即可看到左侧显示了基本的编辑工具，右侧显示了各种特效，如下图所示。

3 应用特效

如将照片设置为“旧时光”特性，单击后即可看到应用该特效后的效果。

4 对比照片

如果需要对比照片处理前后的效果，可单击【对比】按钮 对比，即可对比处理前和处理后的照片对比，如下图所示。

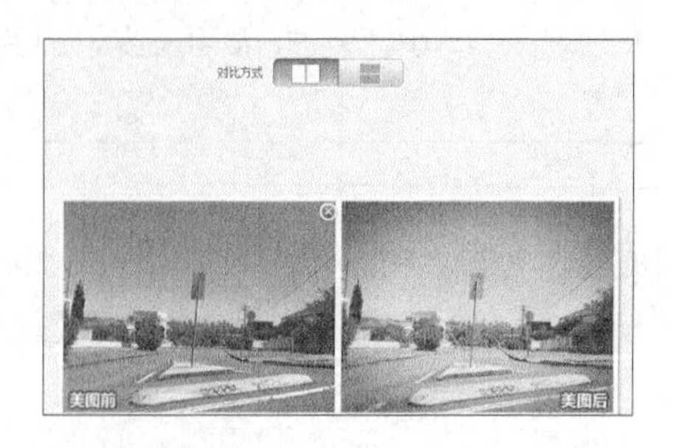

5 重新选择特效

如果不满意，可以单击【原图】按钮 原图，重新选择特效。

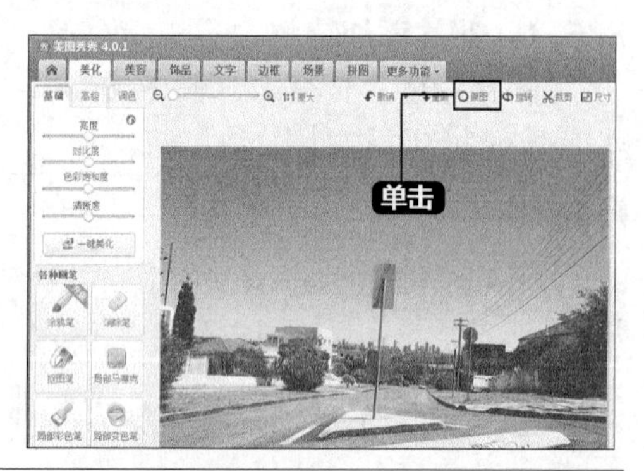

6 单击【保存】按钮

添加特效完成后，可单击【保存与分享】按钮。弹出【保存与分享】对话框，设置好保存路径和名称后单击【保存】按钮即可将美化后的图片保存。也可以单击右侧社交平台图标，分享图片。

8.5.2 人物照片美容

美图秀秀可以为人物照片瘦脸瘦身、皮肤美白、眼睛放大、唇彩等，本节以皮肤美白为例，介绍如何使用美图秀秀为人物照片美容。

1 选择处理照片

单击顶部导航中的【美容】选项卡，进入【美容】界面，并选择要处理的人物照片。

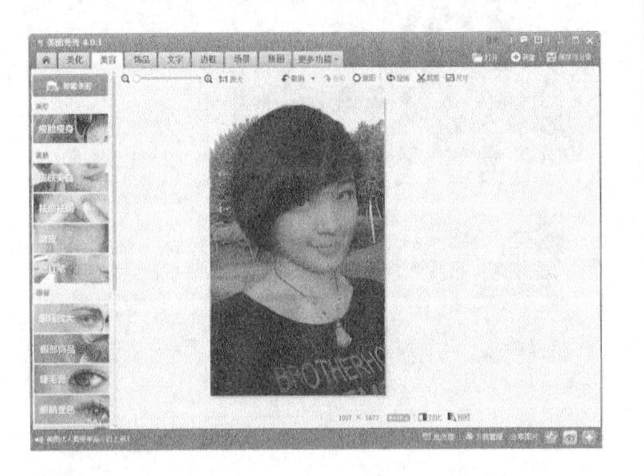

2 进入【皮肤美白】界面

单击左侧的【皮肤美白】图标，进入【皮肤美白】界面，如下图所示。

3 调整效果图

拖动【美白力度】和【肤色】下方的滑块，即可调整，左侧偏暗，右侧偏白，如下图即可看到调整后的效果。

4 单击【应用】按钮

整体美白也会改变照片背景的色调，也可以选择【局部美白】选项卡，仅对人物皮肤进行美白。选择皮肤颜色后，单击画笔在人物脸部和颈部进行擦除美白。调整完毕后，单击【应用】按钮即可，然后保存处理好的照片。

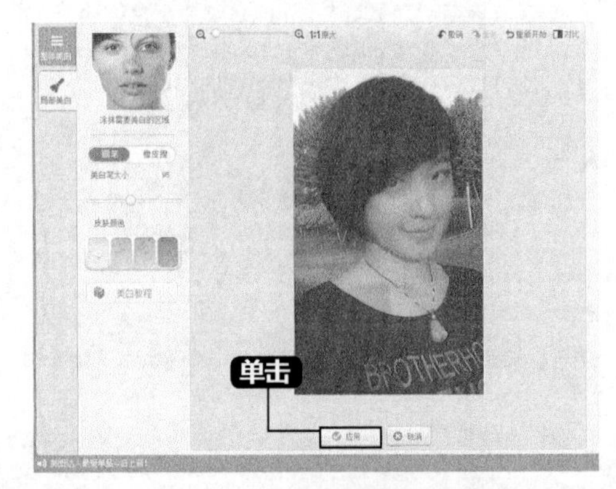

8.5.3 照片抠图换背景

用户可以根据需要，为照片添加各种场景模板，使照片更富有特色，更加逼真。美图秀秀为用户提供了不同的场景模板素材，一般的制作过程主要是先进行抠图，然后添加背景，保存新的效果。

1 打开素材照片

单击顶部导航中的【场景】选项，在弹出的对话框中，单击【打开一张图片】按钮。打开素材照片后，单击【抠图换背景】下的【桌面背景】按钮，然后单击素材图片上显示的【开始抠图】按钮。

2 选择【1.自动抠图】选项

弹出相应信息提示框，选择【1.自动抠图】选项。

3 进入【抠图】编辑窗口

进入【抠图】编辑窗口，在图片上单击并拖曳鼠标，可进行自动抠图。

4 单击【完成抠图】按钮

如果有多选的区域，选择【删除笔】选项，在图片上单击并拖曳鼠标，去除多余选区。完成后，单击【完成抠图】按钮。

5 调整其大小

进入【抠图换背景】编辑窗口，在右侧的【桌面背景】素材库列表下选择一张背景图。单击应用此背景，将图片拖曳至合适位置，适当调整其大小。

6 选择桌面背景

设置完成后，单击【确定】按钮，即可应用选择的桌面背景，效果如下图所示。

高手私房菜

技巧1：将喜欢的图片设置为照片磁贴

用户可以将自己喜欢的图片设置为照片应用的磁贴，使开始屏幕更加个性，具体操作步骤如下。

1 单击【查看更多】按钮

打开要设置为照片磁贴的图片，单击【查看更多】按钮 ，在弹出的菜单中单击【设置为】➤【设置为照片磁贴】菜单命令。

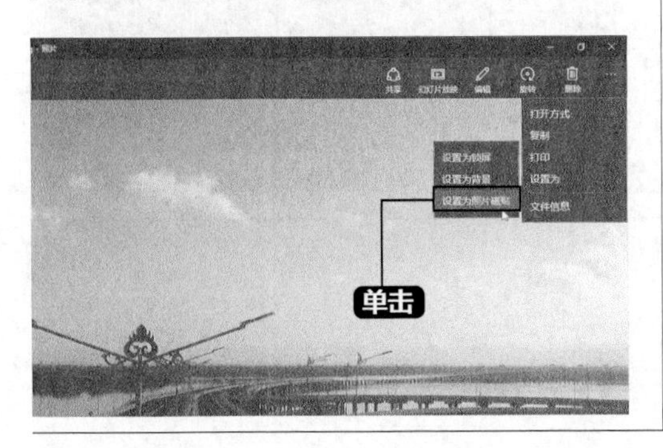

2 效果图

设置完毕后，打开开始屏幕，即可看到应用后的效果，如下图所示。

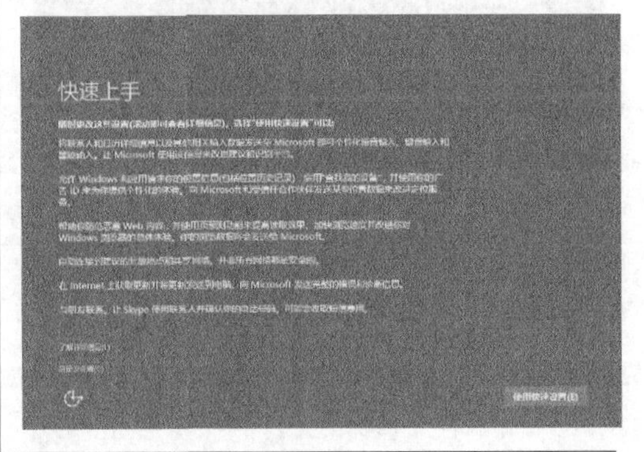

技巧2：创建照片相册

在照片应用中，用户可以创建照片相册，将同一主题或同一时间段的照片添加到同一个相册中，并为其设置封面，以方便查看。创建照片相册，具体操作步骤如下。

1 打开【照片】应用

打开【照片】应用，单击左侧菜单中，单击【相册】按钮，进入相册界面，并单击【新建相册】按钮 ＋ 。

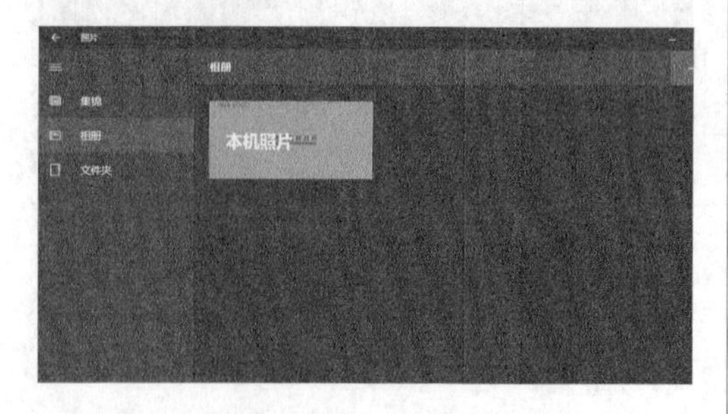

2 单击【已完成】按钮

进入【选择此相册的照片】界面中，拖曳鼠标浏览并选择要添加到相册的照片，并单击【已完成】按钮 ✓ ，进行确认。

3 进入编辑界面

进入相册编辑界面，用户可以在标题文本框中编辑相册标题、设置相册封面和添加或删除照片。

4 单击【保存】按钮

编辑完成后，单击【保存】按钮 ，即可保存该相册。

第 9 章

Windows 10上网体验

重点导读

本章视频教学时间：23分钟

上网已成为人们学习和工作的一种方式，可以网上查看信息、下载需要的资源、网上购物等，给人们的生活带来了极大的便利。

学习效果图

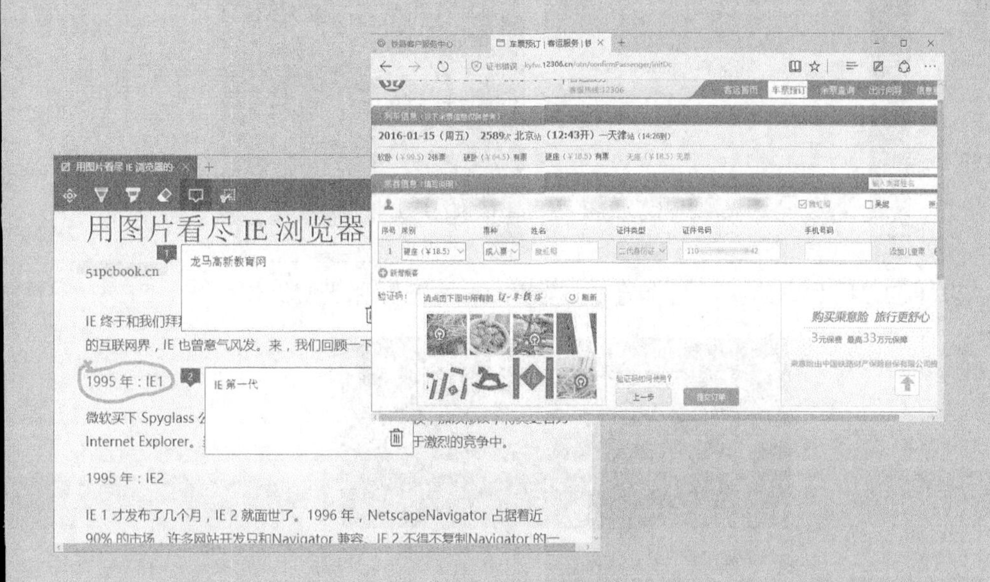

9.1 私人助理——Cortana语音助手

本节视频教学时间 / 3分钟

Cortana（小娜）是Windows 10中集成的一个程序，它不仅是语音助手，还可以根据用户的喜好和习惯，帮助用户进行日程安排、回答问题和推送关注信息等。本节主要介绍如何使用Cortana。

9.1.1 启用并唤醒Cortana

在初次使用时，Cortana是关闭的，如果要启用Cortana，需要登录Microsoft账户，并单击任务栏中的搜索框，启动Cortana设置向导，并根据提示设置允许显示提醒、启用声音唤醒、使用名称或昵称等，设置完成后，即可使用Cortana。

虽然通过上面的设置启用了Cortana，但是在使用时，需要唤醒Cortana。用户可以单击麦克风图标，唤醒Cortana至聆听状态，然后就可以使用麦克风和它对话。

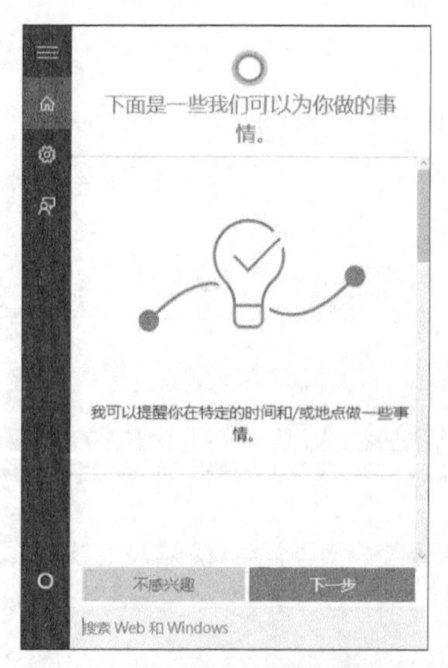

另外用户也可以按【Windows+C】组合键，唤醒Cortana至迷你版聆听状态。

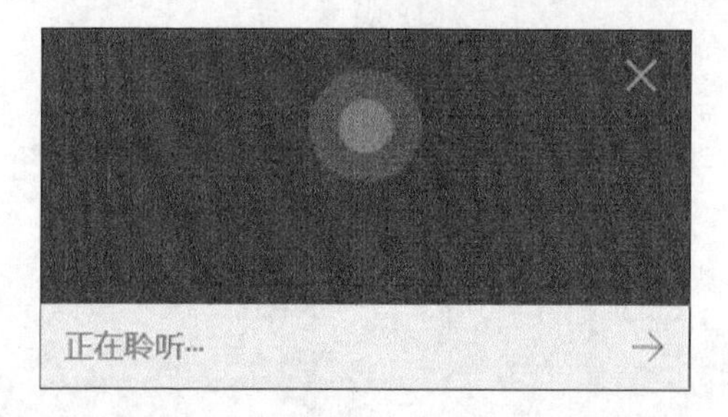

9.1.2 设置Cortana

Cortana界面简洁，主要包含主页、笔记本、提醒和反馈4个选项。用户可按【Win+S】组合键，打开Cortana主页，单击【笔记本】➤【设置】选项，打开设置列表，可以设置Cortana的开/关、图标样式、响应“你好小娜”、查找跟踪信息等。

在笔记本列表中，可以添加和设置的关注信息，如关注的球队、名人、天气、彩票、电视节目及快递等，单击要设置的项，进入该页面即可设置并添加关注信息。如单击添加对彩票信息的追踪，具体步骤如下。

1 单击【添加彩票】按钮

在【笔记本】页，单击【彩票】选项，进入彩票页面，单击【添加彩票】链接。

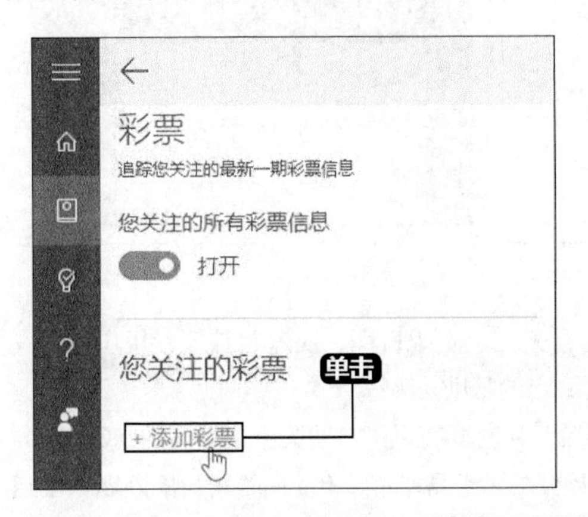

2 选择彩票

在【搜索彩票】的文本框中输入要添加的彩票，或者在下方推荐列表中，单击选择，如单击选择【双色球】彩票。

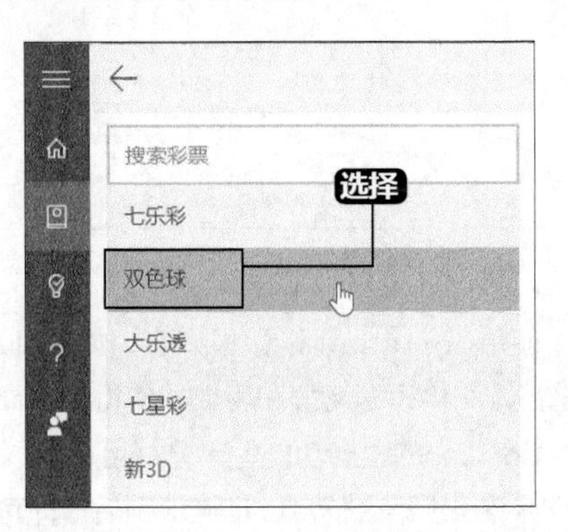

3 单击【添加】按钮

进入双色球页面，单击【添加】按钮。

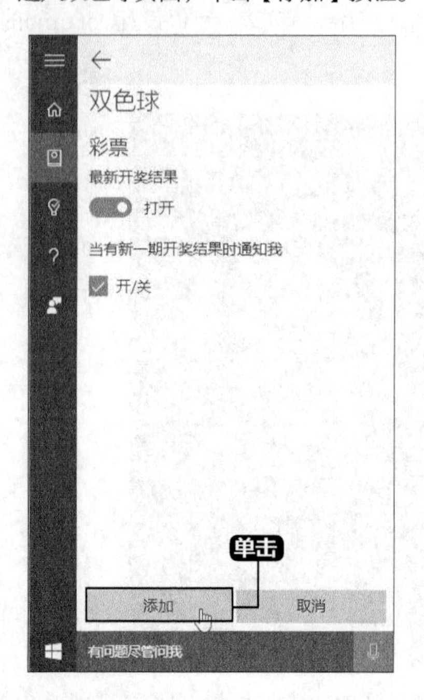

4 单击【保存】按钮

返回彩票页面，单击【保存】按钮即可完成添加。

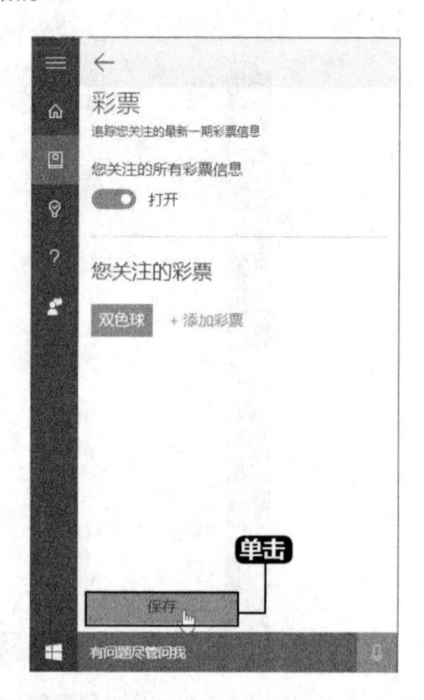

5 弹出通知

当有新的彩票信息时，电脑桌面右下角即会弹出通知，如下图所示。

6 查看开奖信息

单击弹出的桌面通知信息，即可打开Cortana查看具体的开奖信息。

9.1.3　使用Cortana

使用Cortana可以做很多事，如打开应用、查看天气、安排日程、快递跟踪等，用户可以在“笔记本”中设置喜好和习惯，使得Cortana带来更贴心的帮助。

Cortana的语音功能，十分好用，唤醒Cortana后，如对麦克风讲“明天会下雨吗”，Cortana会聆听并识别语音信息，准确识别后，即可显示明天的天气情况。如果不能回答用户的问题，会自动触发浏览器并搜索相关的内容。

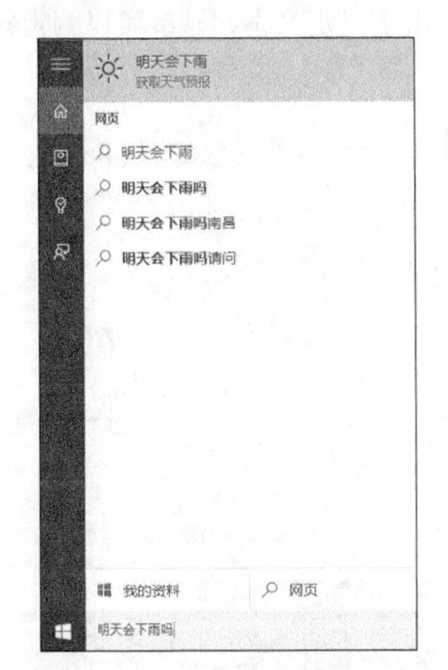

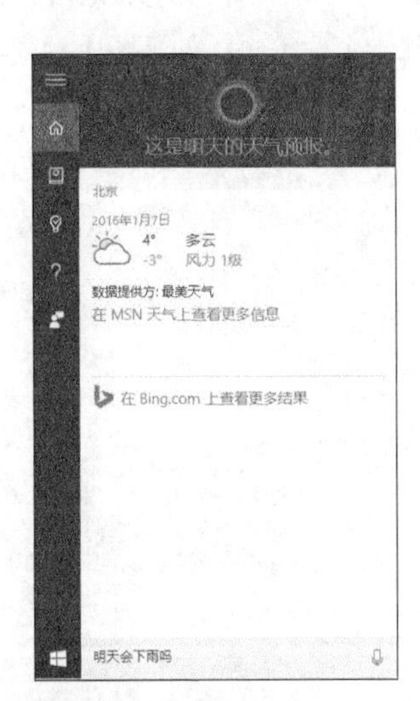

另外，用户也可以在“提醒”页面中，设置通知提醒，安排日程。

9.2 使用Microsoft Edge浏览器

本节视频教学时间 / 5分钟

Microsoft Edge浏览器是微软推出的一款全新、轻量级的浏览器，是Windows 10操作系统的默认浏览器，与IE浏览器相比，在媒体播放、扩展性和安全性上都有很大提升，又集成了Cortana、Web笔记和阅读视图等众多新功能，是浏览网页的不错选择。

9.2.1 Microsoft Edge的功能与设置

Microsoft Edge浏览器采用了简单整洁的界面设计风格，使其更具现代感，如下图即为其主界面，主要由标签栏、功能栏和浏览区3部分组成。

在标签栏中显示了当前打开的网页标签，如上图显示了百度的网页标签，单击【新建标签页】按钮＋，即可新建一个标签页，如下图所示。单击【自定义】超链接可以编辑新标签页的打开方式。

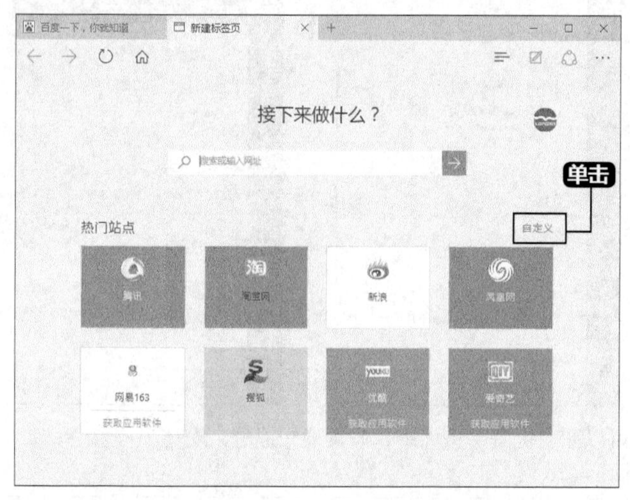

在功能栏中包含了前进、后退、刷新、主页、地址栏、阅读视图、收藏、中心、做Web笔记、共享Web笔记和更多功能按钮。单击【更多操作】按钮···，即可打开其他功能选项菜单，如下图所示。

提示

主页按钮是默认不显示的，如果要启用可单击【更多操作】➤【设置】➤【查看高级设置】菜单命令，开启显示主页按钮。

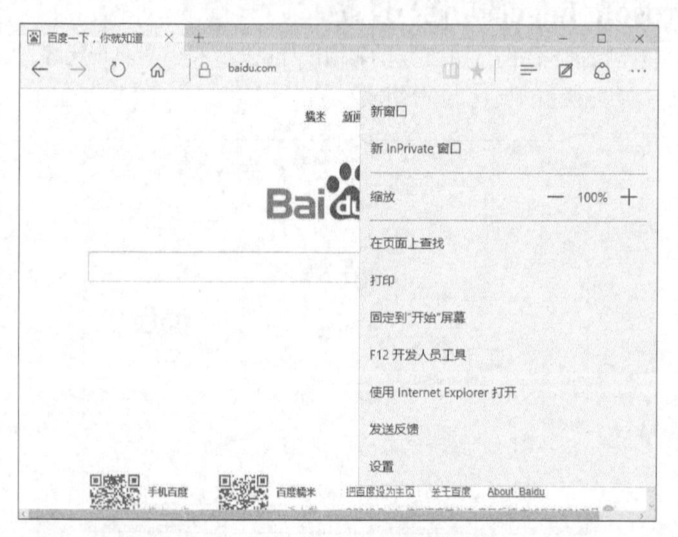

单击【设置】命令，可以打开Microsoft Edge浏览器的设置菜单，用户可以设置浏览器的主

题、显示收藏夹栏、默认主页、清除浏览数据、阅读视图风格以及高级设置等。下面介绍几个常用的设置。

1. 主页的设置

用户可以根据需求设置启动Microsoft Edge浏览器后，显示的网页主页面。单击【设置】命令，打开Microsoft Edge浏览器的设置菜单，在【打开方式】列表中选择【特殊页】单选项，并在【输入网址】文本框中输入要设置的主页网址，如输入“www.51pcbook.cn”，然后单击【添加】按钮即可将其设置为默认主页。

2. 设置地址栏搜索方式

在Microsoft Edge浏览器地址栏中可以输入并访问网址，也可以输入要搜索的关键词或内容，进行搜索，默认搜索引擎为必应，另外也提供百度搜索引擎方式，用户可以根据需要对其修改。

在设置菜单中，单击【查看高级设置】按钮，进入高级设置菜单，在【地址栏搜索方式】区域下，单击【更改】按钮，在选择列表中，选择“百度”，并单击【设为默认值】按钮即可。

按【ESC】键，退出设置菜单，在地址栏中输入关键词，按【Enter】键，即可显示搜索的结果如下图所示。

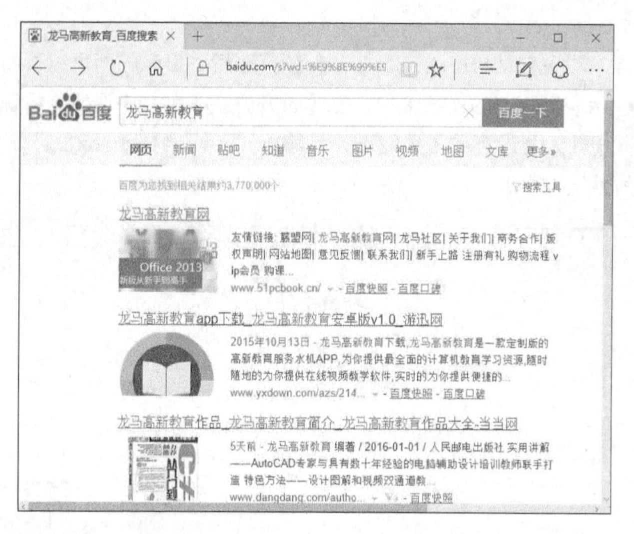

9.2.2 无干扰阅读——阅读视图

阅读视图是一种特殊的查看方式，开始阅读视图模式后，浏览器可以自动识别和屏蔽与网页无关的内容干扰，如广告等，可以使阅读更加方便。

开启阅读视图模式很简单，只要网页符合阅读视图模式，按下Microsoft Edge浏览器地址栏右侧的【阅读视图】按钮则显示为可选状态，否则则为灰色不可选状态。单击【阅读视图】按钮，即可开启阅读视图模式。

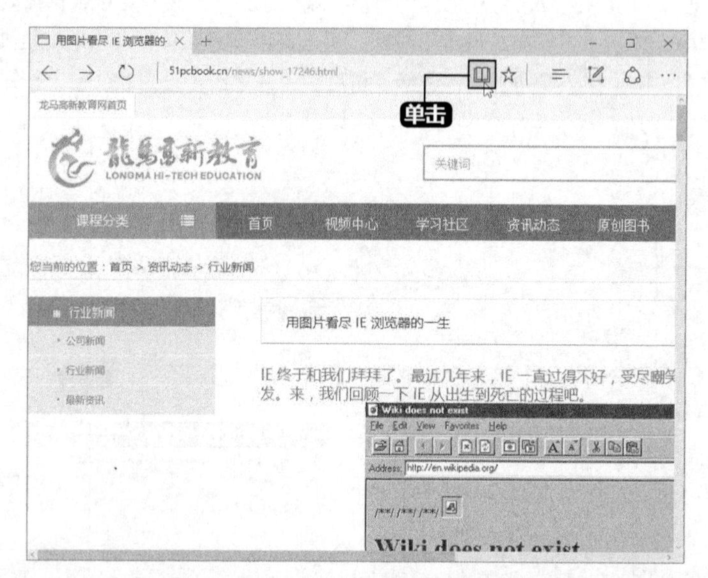

启用阅读视图模式后，浏览器会给用户提供一个最佳的排版视图，将多页内容合并到同一页，

此时【阅读视图】按钮则变为蓝色可选状态，再次单击该按钮，则退出阅读视图模式。

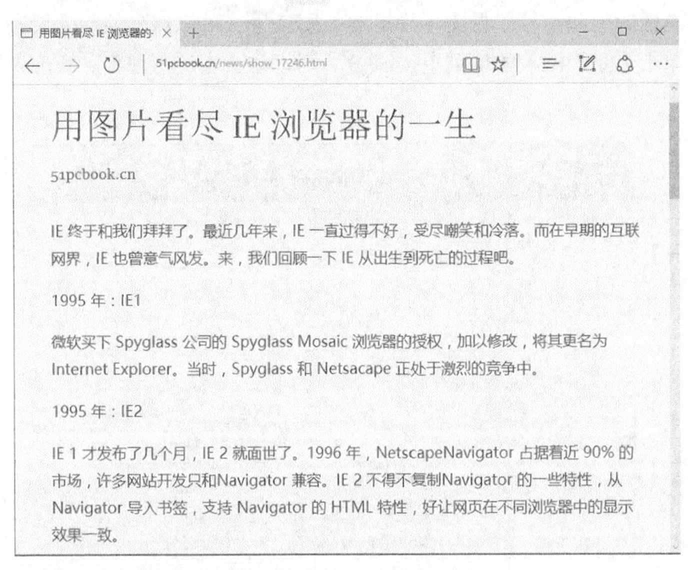

另外，用户可以在设置菜单中设置阅读视图的显示风格和字号。

9.2.3 在Web上书写——做Web笔记

Web笔记是Microsoft Edge浏览器自带的一个功能，用户可以使用该功能对任何网页进行标注，可将其保存至收藏夹或阅读列表，也可以通过邮件或OneNote将其分享给其他用户查看。

在要编辑的网页中，单击Microsoft Edge浏览器右上角的【做Web笔记】按钮，即可启动笔记模式，网页上方及标签都变为紫色，如下图所示。

在功能栏中，从左至右包括平移、笔、荧光笔、橡皮擦、添加键入的笔记、剪辑、保存Web笔记、共享Web笔记和退出9个按钮。

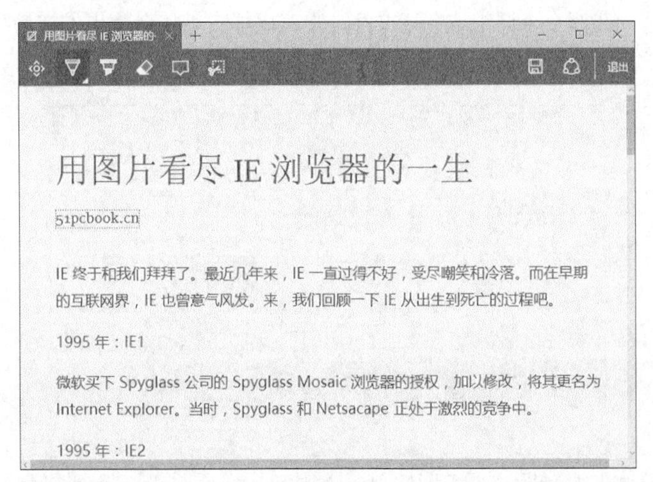

单击【平移】按钮，可以将当前整个网页页面以图片的形式复制到桌面或其他文档中。

单击【笔】按钮 或【荧光笔】按钮 ，可以结合鼠标或触摸屏在页面中进行标记，当再次单击，可以设置笔的颜色和尺寸。单击【橡皮擦】按钮 ，可以清除涂写的墨迹，也可清除页面中所有的墨迹。单击【添加键入的笔记】按钮 ，可以为文本进行注释、添加评论等，如下图所示。

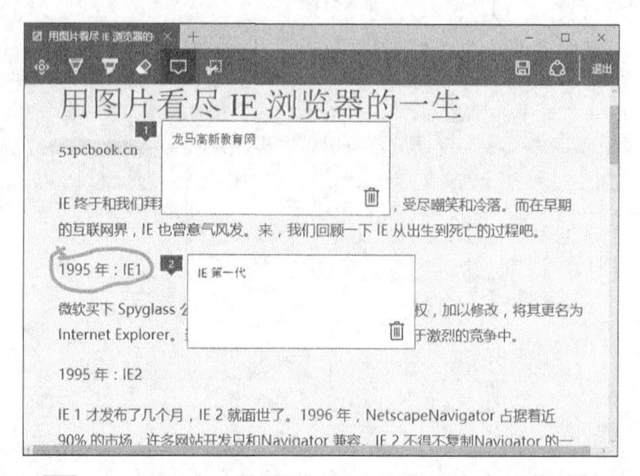

单击【剪辑】按钮 ，可以拖曳鼠标选择裁剪区域，以图片的形式截取复制。用户可以将图片粘贴到文档中，如Windows日记、Word、邮件等。

Web笔记完成后，单击【保存Web笔记】按钮 ，可以将其保存到收藏夹或阅读列表中，单击【共享Web笔记】按钮 ，将其以邮件或OneNote分享给朋友。

单击【退出】按钮，则退出笔记模式。

9.2.4 在浏览器中使用Cortana

在Microsoft Edge浏览器中，集成了私人助理Cortana，可以在浏览网页时，随时询问Cortana，获取更多的相关信息，如相关解释、路线信息、来源信息、天气信息等。

在当前网页中，选择一个词组或一段文字，单击鼠标右键，在弹出的快捷菜单中选择【询问Cortana】命令，浏览器右侧即会显示搜索的相关信息。

9.2.5 无痕迹浏览——InPrivate

Microsoft Edge浏览器支持InPrivate浏览，使用该功能时，可以使用户在浏览完网页关闭InPrivate标签页后，会删除浏览的数据，不留任何痕迹。如Cookie、历史记录、临时文件、表单数据及用户名和密码等信息。

在Microsoft Edge浏览器中，单击【更多操作】按钮···，在打开的菜单列表中，单击【新InPrivate窗口】命令，即可启用InPrivate浏览，打开一个新的浏览窗口，如下图所示。在该窗口中进行的任何浏览操作或记录，都会在该窗口关闭后，被删除。

9.3 使用Internet Explorer 11浏览器

本节视频教学时间 / 1分钟

虽然Microsoft Edge浏览器有很强的兼容性，但是为了兼容旧版网页，IE 11浏览器也被集成于Windows 10中。如在使用Microsoft Edge浏览器访问各大银行的网银支付网站，则会被提示“此网站需要Internet Explorer”提示，用户可以单击【使用Internet Explorer打开】链接，即可打开IE浏览器。如果单击【在Microsoft Edge中继续进行】超链接，也可浏览，但可能会因为兼容性问题，影响正常使用。

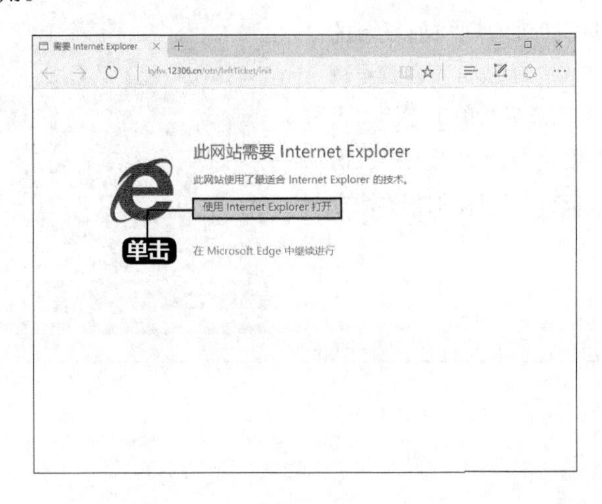

另外，用户可以在Microsoft Edge浏览器中，单击【更多操作】按钮···，在打开的菜单列表中，单击【使用Internet Explorer打开】命令，打开IE浏览器。也可以按【Windows】键，打开开始“屏幕”，单击【所有应用】➤【Windows 附件】➤【Internet Explorer】选项，打开IE浏览器。

9.4 查看天气

本节视频教学时间 / 1分钟

天气关系着人们的生活，尤其是在出差或旅游时一定要知道所到地当天的天气如何，这样才能有的放矢地准备自己的衣物。在Windows 10操作系统中，集成了天气应用，可以方便的查看天气情况。

1 单击【天气】磁贴图标

按【Windows】键，在弹出的开始菜单中，单击【天气】磁贴图标。

2 输入所在城市的名称

打开【天气】对话框，在【请选择您的默认位置】搜索框中输入所在城市的名称，并单击【搜索】按钮。

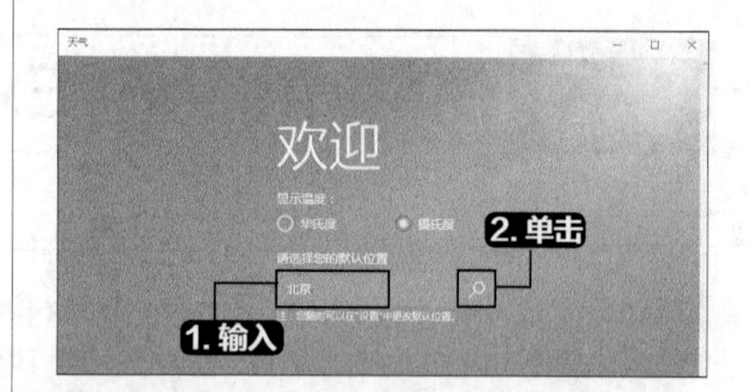

3 查看天气情况

进入【预报】界面即可看到当前城市的天气情况，拖曳窗口右侧的滑块，可以查看每小时、降水及温度的天气情况。单击【历史天气】按钮，可以查看该城市的历史天气情况；单击【地点】按钮，可以添加其他地方和启动位置。

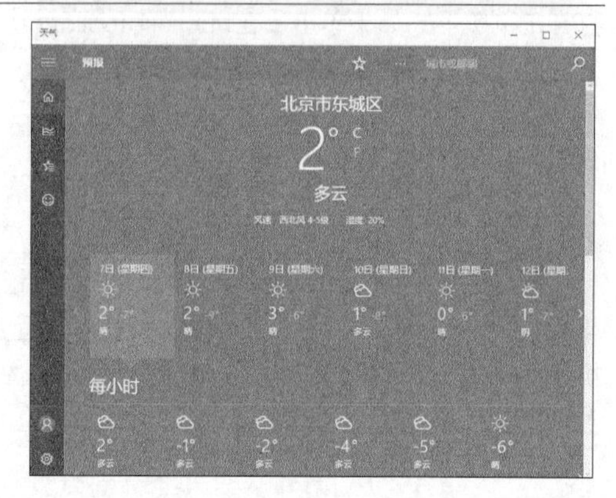

4 应用设置

将【天气】应用设置为“动态磁贴”后，再次打开“开始”屏幕，即可看到天气情况。

5 添加城市关注

另外，用户也可以在Cortana中搜索天气情况，或在Cortana的【笔记】中添加城市关注，可以在Cortana主页快速查看天气信息。

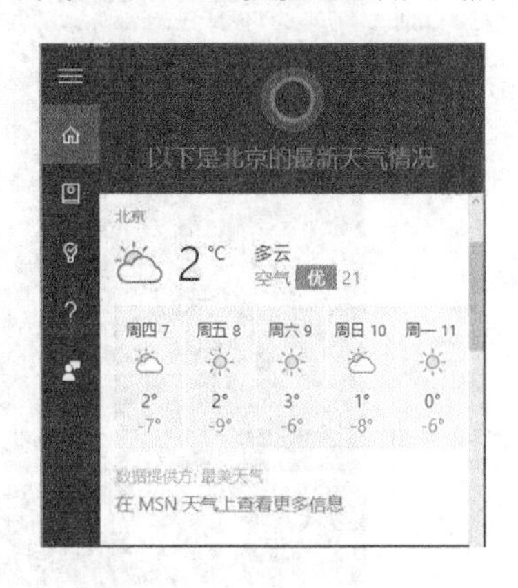

9.5 查询地图

本节视频教学时间 / 4分钟

地图在人们的日常生活中是必不可少的，尤其是在出差、旅游时。那么如何在网上查询地图呢？以地图应用为例，介绍如何查询地图。

按【Windows】键，打开开始“屏幕”，依次选择【所有应用】➤【地图】选项，打开地图应用，在【地图】界面中，可以看到当前城市的地图信息，单击界面右侧的【显示我的位置】按钮，即可定位当前所在位置，如图中“圆点”即为“我的位置”。

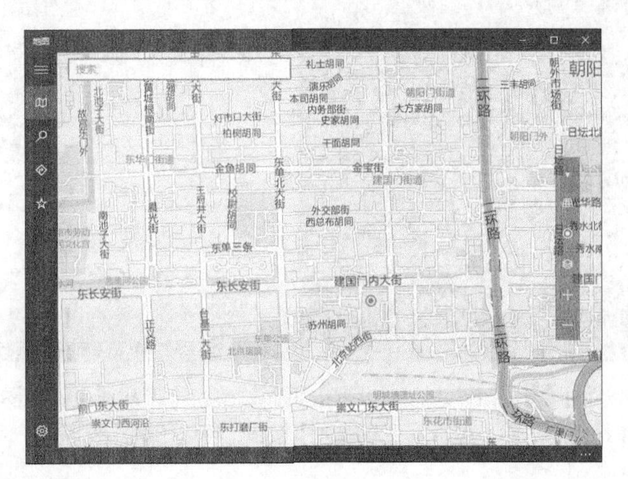

在搜索文本框中，输入要搜索的地址信息，按【Enter】键，即可查询相关的地址信息，地图中的红色圆点即为搜索的相关地点。

在搜索的列表中，选择希望要查看的地址即可在地图上查看。单击【路线】链接，即可进入【路线】界面，在起点A中输入起点位置，并选择出行方式，按【Enter】键即可获取路线，如下图所示。

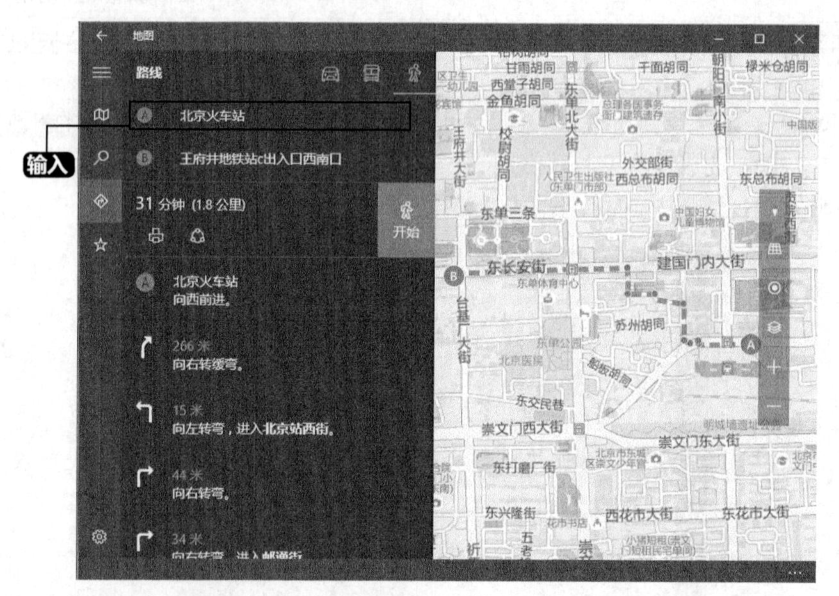

另外，单击【设置】按钮，进入【设置】页面，单击【下载或更新地图】按钮，即可打开【设置】对话框的【地图】界面，单击【下载地图】按钮，可以下载离线地图。

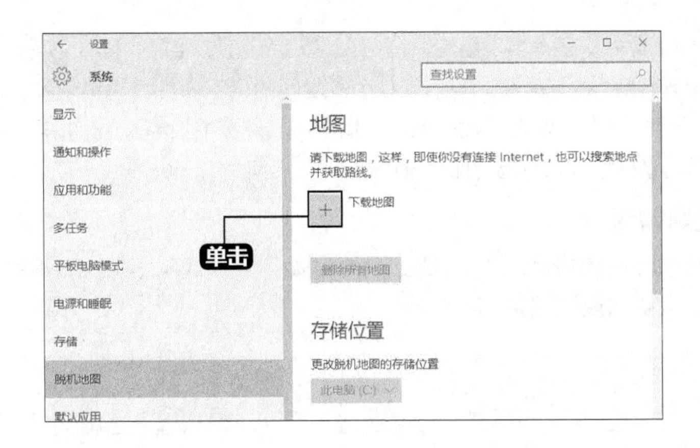

9.6 网上购物

本节视频教学时间 / 3分钟 

网上购买手机、订购车票、团购酒店等，都属于网上购物的范畴，用户可以通过电脑、手机、平板电脑等联网设备，到电子商务网站搜索并购买喜欢的商品。可通过网上银行、担保交易（如支付宝、财付通、快钱等）、货到付款等支付方式购买，网购以其购买方便、无区域限制、价格便宜等优点，深受不少用户喜爱。

9.6.1 认识网购平台

购物网站有很多，用户可以根据自己需要购买的商品类目，选择合适的网站平台，下面列举一些较为常用的购物网站。其中有关运费的内容，各网站可能会有所调整，请以网站实际规定为准。

购物平台	网站类型	主营特色	优点	运费
淘宝网：淘宝集市（www.taobao.com）	C2C	百货	商品种类齐全，可对比性高	分为买家承担和卖家承担两种，具体根据店铺费用说明
淘宝网：天猫商城（www.tmall.com）	B2C	品牌商品	品牌齐全，质量有保证	分为买家承担和卖家承担两种，具体根据店铺费用说明
京东商城（www.jd.com）	B2C	电子产品	种类齐全，质量有保证，可开具发票	自营商品，一般会员满99元免邮费，不满99元加收6元配送费
当当网（www.dangdang.com）	B2C	书籍音像产品	中国最大的图书网上商城，图书种类齐全，正品保障	自营商品，一般地区满49元免运费，不满49元加收5元配送费
亚马逊（www. amazon.cn）	B2C	百货	种类齐全，正品行货，价格低，专业配送	满99元免运费，不满99元支付相应运费，
1号店超市（www.yhd.com）	B2C	百货	线上超市，价格低廉，被誉为“网上沃尔玛”	不同地区不同质量的订单其运费也不同，具体见网站收费标准

除了以上购物平台外，还有苏宁易购、国美在线、易迅网、唯品会等，不再一一枚举。

提示：C2C指消费者对消费者，即个人与个人之间的电子商务，简单来说，就是一个消费者在网上把商品卖给另外一个消费者，代表网站有淘宝、易趣、拍拍等。B2C指商家对客户，通俗来讲，就是商家在网上把商品卖给消费者的一种平台，代表网站有天猫商城、京东商城等。

9.6.2　网上购物流程

网上购物并不同于传统购物，只要掌握了它的购物流程，就可以快速完成购物。不管在哪家购物平台购买商品，其操作流程基本一致。

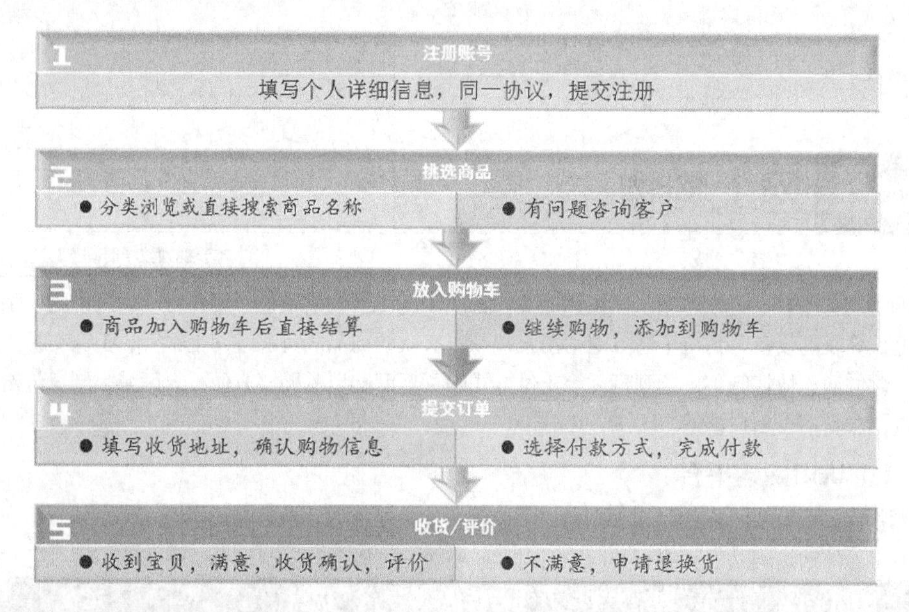

9.6.3　网上购物注意事项

虽然网络购物如今已经很成熟，但是依然存在着诸多陷阱，因此要时刻警惕，防止上当受骗。下面列出一些网络购物的注意事项。

（1）选择正规的网络购物平台。在选择购物平台时一定要选择知名度高、口碑好、官方认证、实行实名制的网站。

（2）个人信息慎填。注册账号时，能少填写的信息尽量少填写，例如邮箱，尽量选择工作以外的邮箱，防止商家广告的投放。

（3）账号安全。网上交易一定要在安全的电脑上进行，避免在网吧、公共场合输入账号、网银信息等。建议开启账号保护，如手机绑定、数字证书等业务。

（4）货比三家。在选择商品时，可选择一些销量好、评价好、卖家信誉好的商品，多方对比，如哪家更优惠、质量更有售前售后保障，但不要受广告所蛊惑。

（5）与卖家交流。在购物时，一定要使用网站认证的交流工具，要和卖家确认商品的质量、规格、数量、发货方式、发货时间、质量问题处理方式等，对于交流的信息一定要保存完整，可在出现问题时，作为证据维护自己的权益。

（6）选择支付的方式。建议尽量使用第三方支付工具或货到付款的方式，用网银直接交易时要谨慎，以免出现交易纠纷。网银不是很熟悉的用户，建议选择一些支持货到付款的卖家或购物平台。

（7）打款给卖家。在没有收到货物时，一定不要确认收货打款给对方，如果没有问题，再进行操作。

（8）合理处理纠纷。如果收到商品，请及时核实数量、规格等，是否与订单一致，如果出现问题请及时联系卖家协商解决，如申请退换货、退款等操作，如果卖家违反交易约定或不予解决，可通过官方客服介入，进行维权。

9.6.4 网上购物

了解了购物流程后，本节将详细介绍如何在网上购物，具体步骤如下。

1. 注册账号

注册账号是网上购物的一个前提，购买任何物品都需要在登录该账号的情况下进行操作，方便购买者查询账户信息，也确保其隐私和安全。下面以淘宝网为例，讲述如何注册淘宝账户。

1 打开淘宝网

打开淘宝网（www.taobao.com）主页，单击顶部【免费注册】链接，在弹出【注册协议】对话框中，单击【同意协议】按钮，进入账户注册页面，用户可以选择使用手机号码和邮箱两种方式进行注册，根据提示在文本框中输入对应的信息即可。

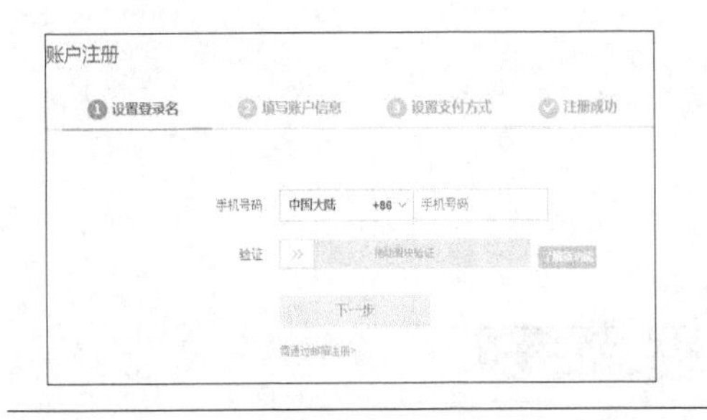

2 完成账号注册

进入【验证手机】页面，用户将手机短信中获取的6位数字的验证码，输入文本框中，单击【确定】按钮，即可根据提示完成账号注册。

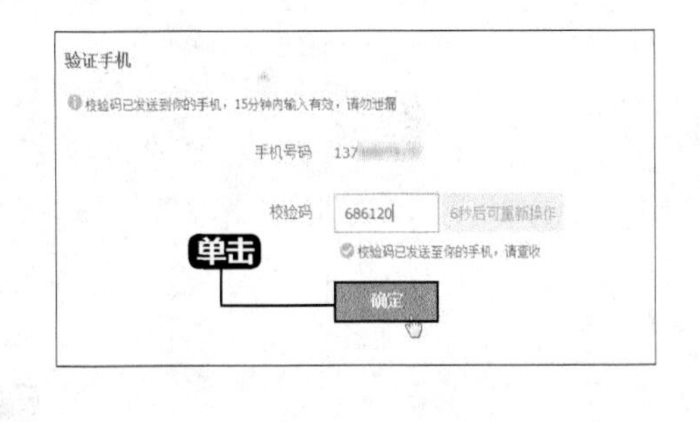

提示

如果没有注册成功，主要有以下3种原因。

(1) 已注册过的邮箱或手机不能重复注册；

(2) 请注意将输入法切换为半角状态，内容输入完毕后不要留空格；

(3) 如果注册的会员名已被使用，请更换其他名称，应具有唯一性。

2. 挑选商品

注册了购物网站的账号后，用户就可以登录该账号，在这个网站上挑选并购买自己喜欢的商品。下面以淘宝为例，具体操作步骤如下。

1 输入搜索商品的名称

打开淘宝网的主页面，在搜索文本框中输入搜索商品的名称及信息，这里输入“无线路由器”，单击【搜索】按钮。

2 查看喜欢的产品

弹出搜索结果页面，用户筛选产品的属性、人气、价格等，然后在列表中单击选择查看喜欢的产品。

3. 放入购物车

如果选择好产品，就可以加入购物车，下面以淘宝为例，讲述如何添加到购物车。在宝贝详情界面，选择要购买的产品属性和数量，然后单击【加入购物车】按钮。

> **提示**
>
> 在购买商品前，建议联系客服咨询产品的情况、运费及优惠信息等。例如在淘宝网使用旺旺联系客服。

如果仅购买一件产品，在淘宝网、拍拍网等平台，可单击【立刻购买】按钮直接下订单，京东商城、1号店超市等平台则需要先添加到购物车才可提交订单。

此时，即会提示【添加成功】的信息。如需继续购买商品，关闭该页面，继续将需要买的商品添加至购物车；如购买完毕，单击顶部【购物车】超链接查看购买的商品并进行结算。

4. 提交订单

选择好要购买的商品后，即可提交订单进行支付。

1 单击【结算】按钮

商品挑选完毕后，单击顶部右侧的【购物车】超链接，进入购物车页面，勾选要结算的商品，如需要删除商品可单击商品右侧的【删除】按钮，确定无误后，单击【结算】按钮。

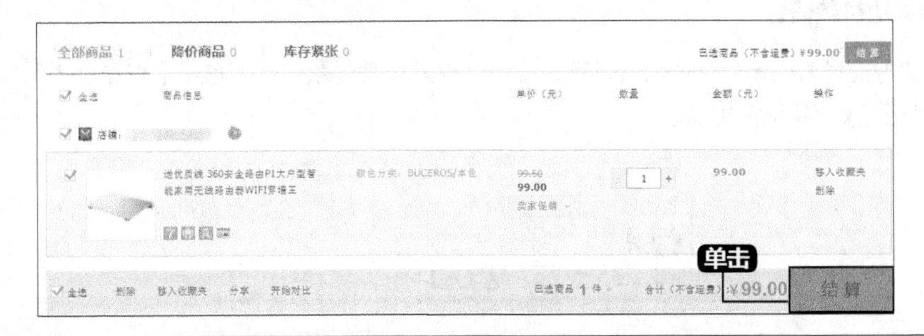

2 填写收货地址

如未设置过收货地址，则首次购物时，会弹出【使用新地址】对话框，在文本框中对应填写收货地址信息即可，然后单击【保存】按钮。

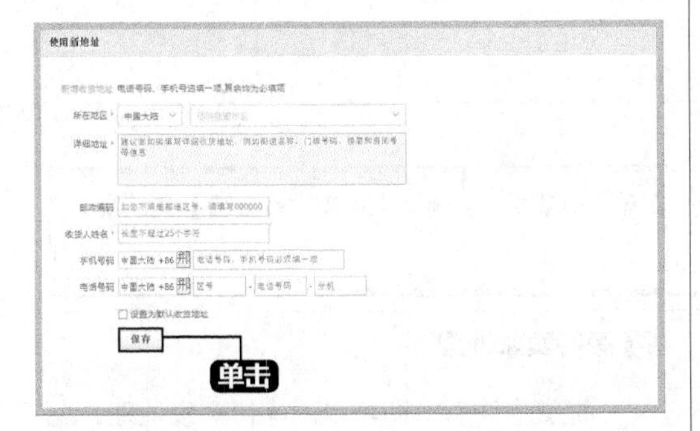

3 单击【提交订单】按钮

确认信息无误后，单击【提交订单】按钮。

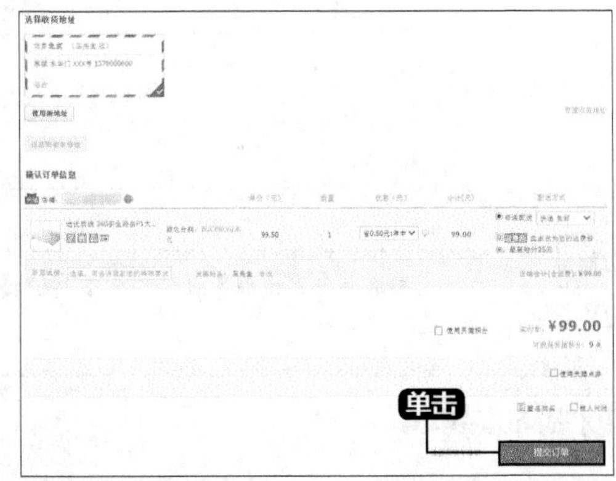

4 选择付款方式

转到支付宝付款界面，在页面中选择付款的方式，如果选用账号余额支付，在密码输入框中输入支付密码，单击【确定付款】按钮即可。如果选用其他储蓄卡或信用卡方式，可单击 + 银行卡 按钮，根据提示添加银行卡即可。

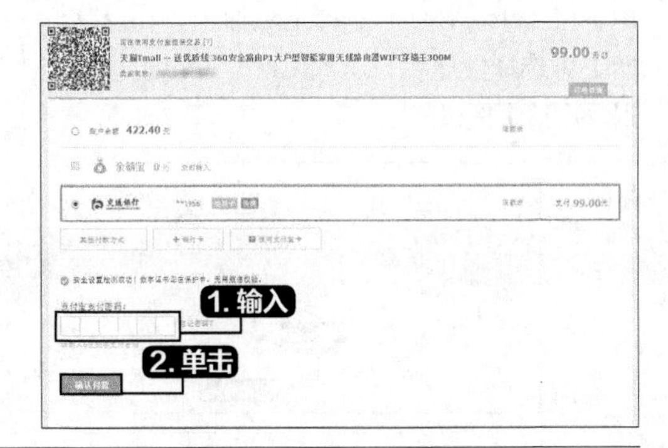

提 示

不管使用支付宝余额还是银行支付都需要提前开通支付宝业务。支付宝业务可使用邮箱或手机号进行注册并与淘宝账号绑定。它是第三方支付平台，使用方便快捷，购买淘宝网商品都需要它担保交易，保障消费者的权益。如果收到货物没问题，支付宝会将交易款项打给卖家。如果有问题，买家可以和卖家协商退换货，或者使用消费维权。另外，与此相似的还有拍拍网的财付通等。

5 提示成功付款信息

如填写支付密码无误，成功支付后，系统会提示成功付款信息。单击【查看已买到宝贝】超链接，可查看已购买商品的信息。

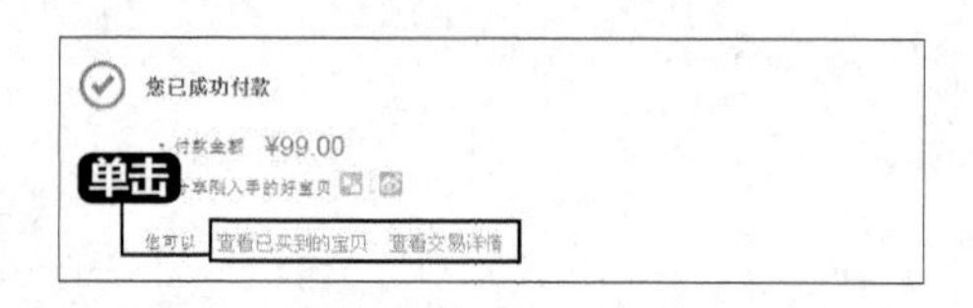

6 等待买家发货

在【已买到的宝贝】页面，可以看到显示的已付款的信息，此时即可等待买家发货。如果对于购买的宝贝不满意或不想要了，可单击【退款/退货】超链接。

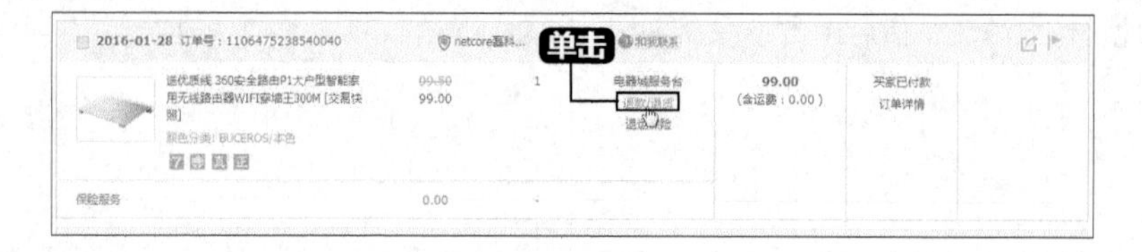

提 示

也可单击网页顶部【我的淘宝】超链接，在弹出的菜单中，选择【已买到的宝贝】超链接，进入该页面。

7 提交退款申请

进入申请退款页面，在【退款原因】项中，单击下拉按钮，选择退款原因，在退款说明上可选择性地填写退款说明，并单击【提交退款申请】按钮。

8 等待卖家处理

提交申请后，即可提示等待卖家处理，此时，可以联系卖家旺旺告之退款理由，方便快速退款。

等待商家处理退款申请

- 如果商家同意，退款申请将达成并退款至您的支付宝帐号或银行卡中。
- 如果商家发货，此退款申请将会关闭；如果您仍需退款，可以再次发起退款申请。
- 如果 1天23时54分35秒 内商家未处理，退款申请将达成并退款至您的支付宝帐号或银行卡中。

5. 收货/评价

确认收货是在确认商品没问题后，同意把交易款项支付给卖家；如果没有收到货物或货物有问题请不要进行任何操作，因此要特别注意。下面以淘宝网为例，介绍如何确认收货及进行商品评价。

1 单击【确认收货】按钮

如果收到卖家发的商品，且确认没有问题，可进入并登录淘宝网，单击顶部【我的淘宝】➤【已买到的宝贝】超链接，进入该页面。在需确定收货的商品右侧，单击【确认收货】按钮。

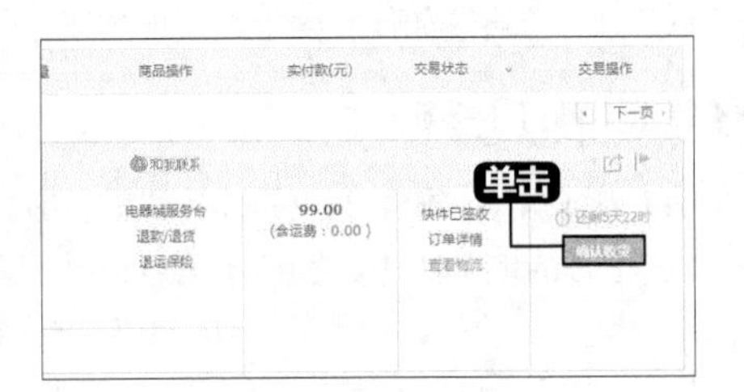

2 输入支付密码

跳转至确认收货页面，在该页面输入支付密码，并单击【确认】按钮。

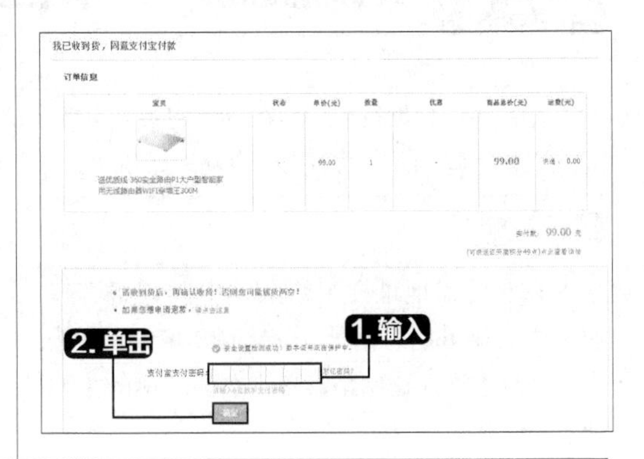

3 单击【确定】按钮

在弹出的【来自网页的消息】对话框中，单击【确定】按钮，即会将交易款项打给卖家，如不确定，请单击【取消】按钮。

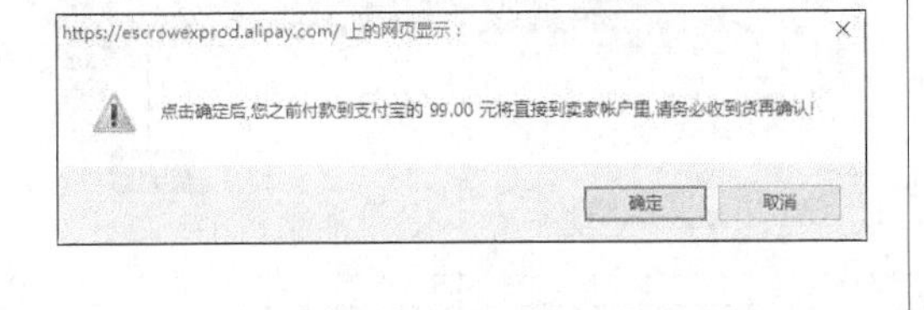

4 对产品进行评价

交易成功后，可发起对卖家的评价。在交易成功页面，单击右侧的下拉滑块，拖曳鼠标到页面底部，即可对产品进行评价。用户可以根据自己的购买体验对卖家提出中肯的评价。

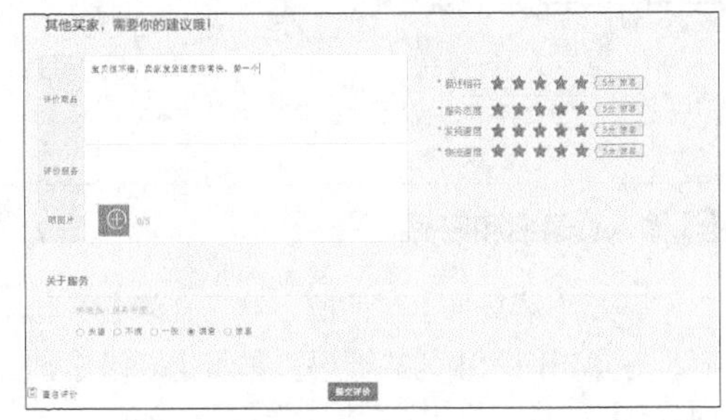

提示

在网上购买商品，如果客户对产品不满意，在不影响销售的情况下，卖家是不得以任何理由拒绝买家退换货的，最新消费者权益保护法规定，网上购物同样享有7天无条件退款服务，如果遇到不能退换货的情况，买家可向网购平台投诉该卖家。

商品交易都有固定的交易时长，如果买家在交易时间内未对交易作出任何操作，交易超时后，淘宝网会将款项自动打给卖家。例如淘宝虚拟交易时间为3天，实物交易时间为10天，其他网站各不相同，可在交易详情页面查看。如果需要退换货，可自行延长收货时间或联系卖家延长时间，以保护自己的权益。

如买家在规定时间内未对卖家做出评价，系统将默认好评。如淘宝网评论时间为确认交易后15天。

9.7 实战演练——网上购买火车票

本节视频教学时间 / 3分钟

用户可以根据行程提前在网上购买火车票，这样可以减少排队购买的时间。购买后可凭借身份证或取票密码到火车站窗口、自助取票机等，取得纸质车票。本节讲述如何在网上购买火车票。

1 输入网址

在浏览器地址栏中输入“中国铁路客户服务中心服务网”网址www.12306.cn/，按【Enter】进入该网站，单击页面左侧的【购票】超链接。

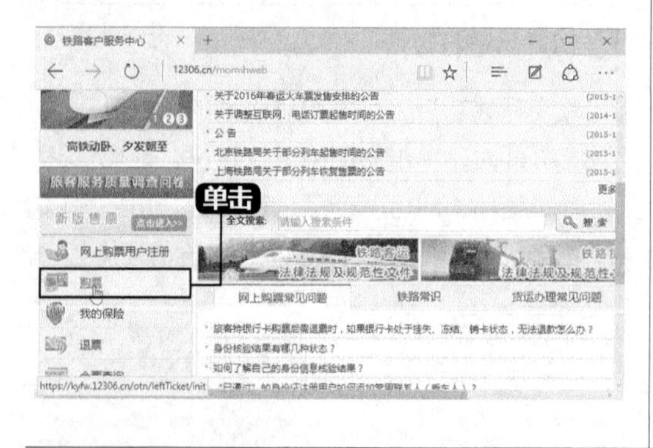

2 单击【预订】按钮

进入【车票预订】页面，设置【出发地】、【目的地】和【出发日】信息，并筛选【车次类型】、【发车时间】和【出发车站】条件，单击需要购买车次后面【预订】按钮。

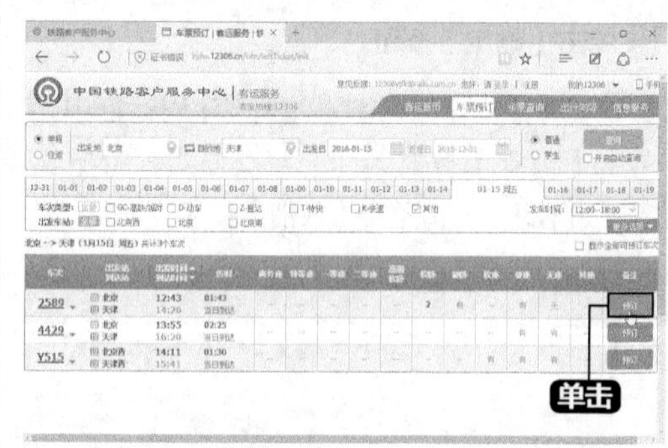

3 输入登录名和密码

弹出【请登录】对话框，输入登录名和密码，并单击图片中的验证码，单击【登录】按钮。

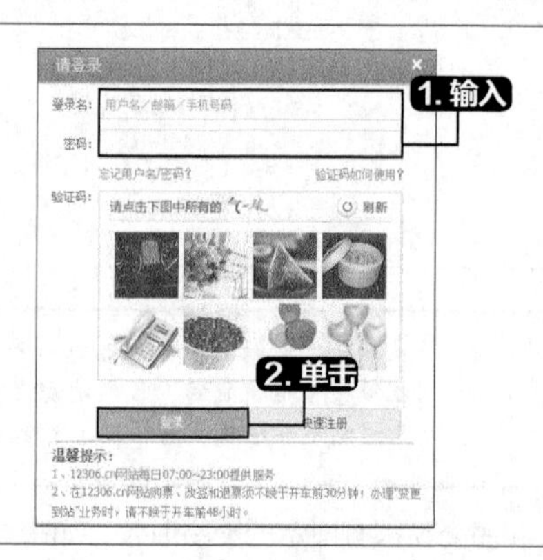

提示　如无该网站账户，可单击【快速注册】超链接，注册购票账号。

4 单击【提交订单】按钮

选择乘客信息和席别，并根据验证码提示单击对应的图片，然后单击【提交订单】按钮。

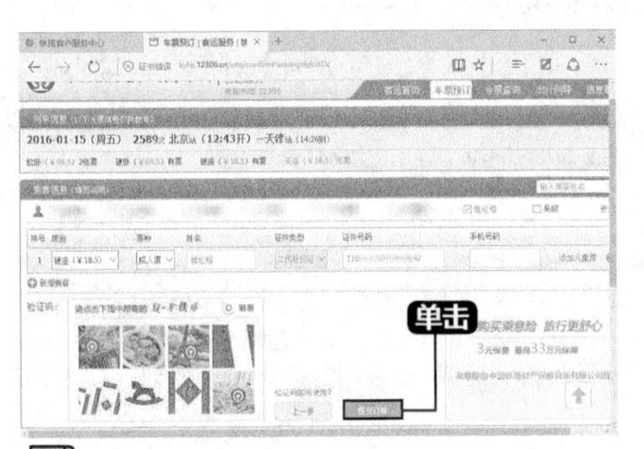

提示　如果要添加新联系人（乘车人），可单击【新增乘客】超链接，在弹出的【新增乘客】对话框中，增加常用联系人。

5 核对信息

弹出【请核对以下信息】对话框，车次信息无误后，单击【确认】按钮。

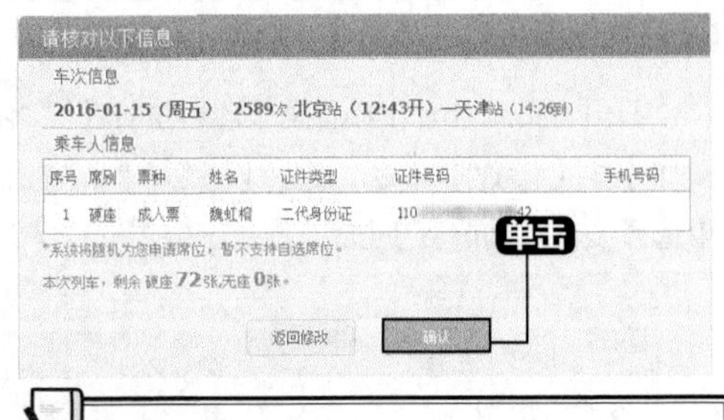

提示　需要在30分钟内容完成支付，否则订单将被取消。

6 单击【网上支付】按钮

进入【订单信息】页面，即可看到车厢和座位信息，确定无误后，单击【网上支付】按钮，然后选择支付方式进行支付即可。

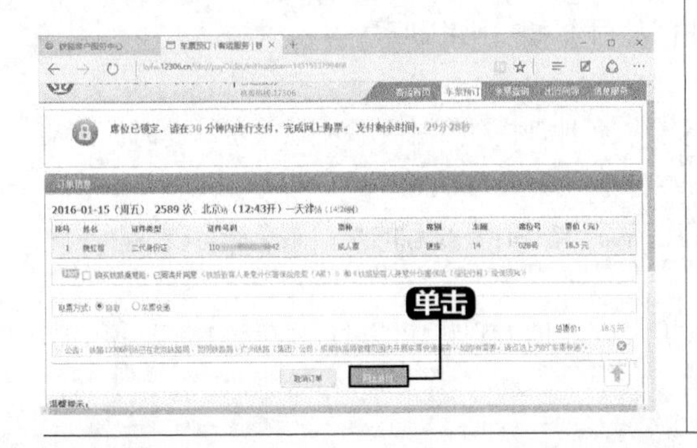

7 换取纸质车票

支付完成后，即可提示“交易已成功”，用户届时即可拿着身份证去换取纸质车票。另外，单击【查看车票详情】按钮，查看已完成订单，也可对未出行订单进行改签、变更到站和退票等操作。

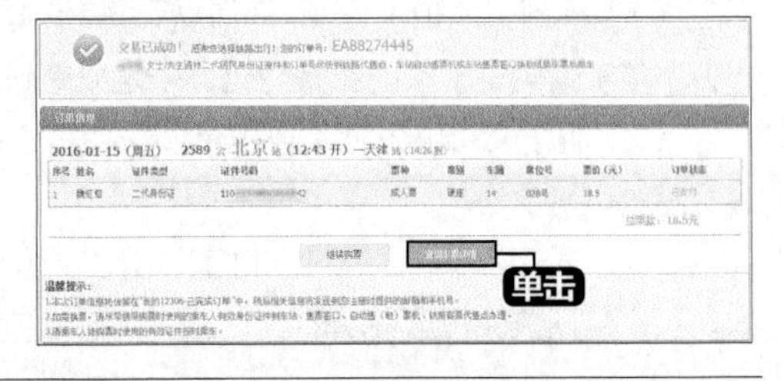

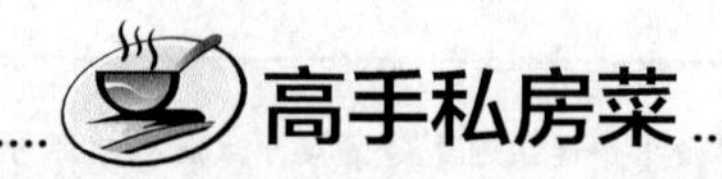

高手私房菜

技巧1：删除上网记录

浏览器在上网时会保存很多的上网记录，这些上网记录不但随着时间的增加越来越多，而且还有可能泄露用户的隐私信息。如果不想让别人看见自己的上网记录，则可以把上网记录删除。具体的操作步骤如下。

1 进入设置菜单

打开Microsoft Edge浏览器，选择【更多操作】➤【设置】命令，进入设置菜单，单击【选择要清除的内容】按钮。

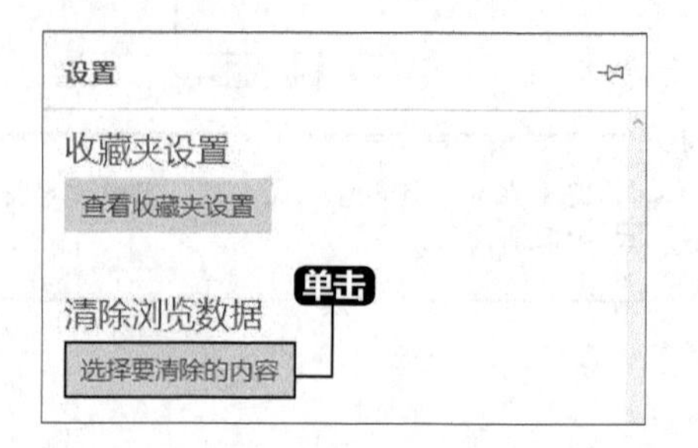

2 单击【清除】按钮

弹出【清除浏览数据】对话框，勾选想要删除的内容的复选框，单击【清除】按钮，即可删除浏览的历史记录。

技巧2：认识网购交易中的卖家骗术

随着网络交易的增多，网络诈骗频频发生。骗子卖家利用买家喜欢物美价廉的商品的心理，发布一些价格特别低的商品，比较常见的有虚拟充值卡、手机和数码相机等。

骗子卖家常会采用以下几种手段欺骗买家。

（1）等到买家拍下商品并付款后，骗子卖家会以各种理由使买家尽快确认收货。此时，买家千万不能听信骗子卖家的花言巧语，一定要等到收到货后再进行确认。

（2）骗子卖家以各种手段引诱买家使用银行汇款。这里需要注意的是，买家一定要使用支付宝交易，以防上当。

（3）骗子卖家声称支持支付宝，引诱买家使用支付宝即时到账功能进行支付。对不认识的卖家，买家应谨慎使用这种功能。

第10章 电脑系统的优化与维护

重点导读

本章视频教学时间：20分钟 

在使用电脑时，不仅需要对电脑的性能进行优化，而且需要对病毒木马进行防范，对电脑系统进行维护等，以确保电脑的正常使用。本章主要介绍对电脑系统的优化和系统维护内容，包括系统安全与防护、优化电脑、备份与还原系统和重新安装系统等内容。

学习效果图

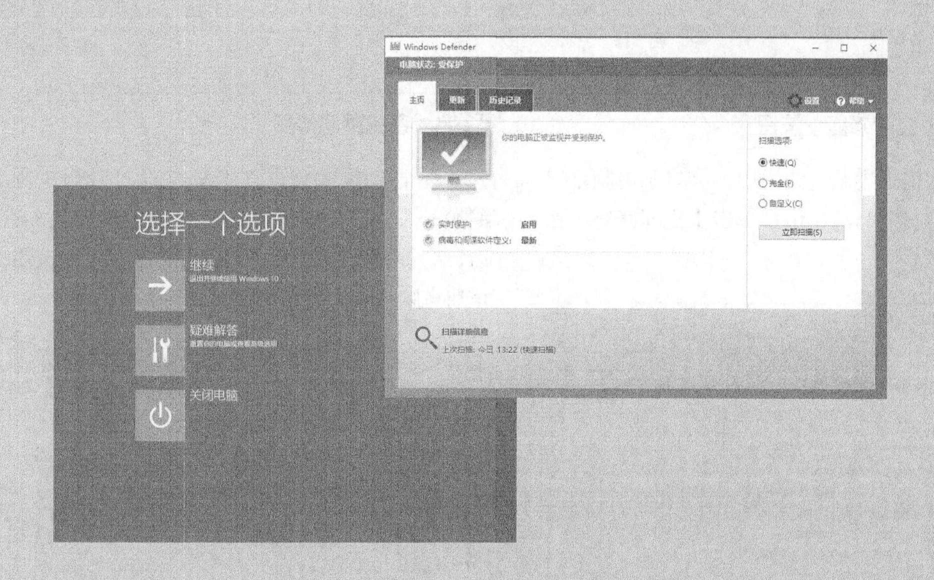

10.1 系统安全与防护

本节视频教学时间 / 4分钟

当前，电脑病毒十分猖獗，而且更具有破坏性、潜伏性。电脑染上病毒，不但会影响电脑的正常运行，使机器速度变慢，严重的时候还会造成整个电脑彻底崩溃。本节主要介绍系统漏洞的修补与查杀病毒。

10.1.1 修补系统漏洞

系统本身的漏洞是重大隐患之一，用户必须要及时修复系统的漏洞。下面以360安全卫士修复系统漏洞为例进行介绍，具体操作如下。

1 单击【查杀修复】按钮

打开360安全卫士软件，在其主界面单击【查杀修复】图标按钮。

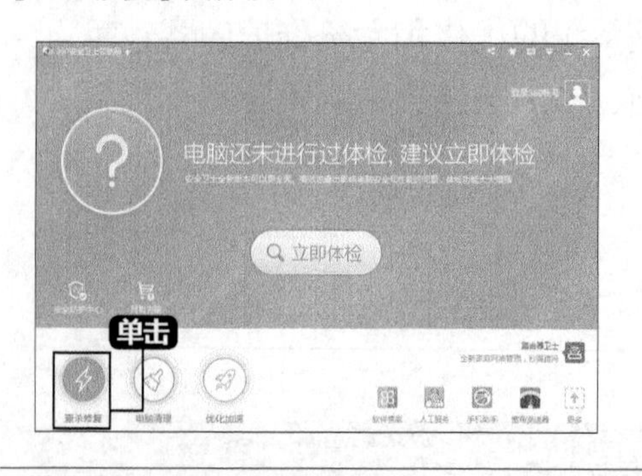

2 单击【漏洞修复】按钮

单击【漏洞修复】图标按钮。

3 单击【立即修复】按钮

软件扫描电脑系统后，即会显示电脑系统中存在的安全漏洞，用户单击【立即修复】按钮。

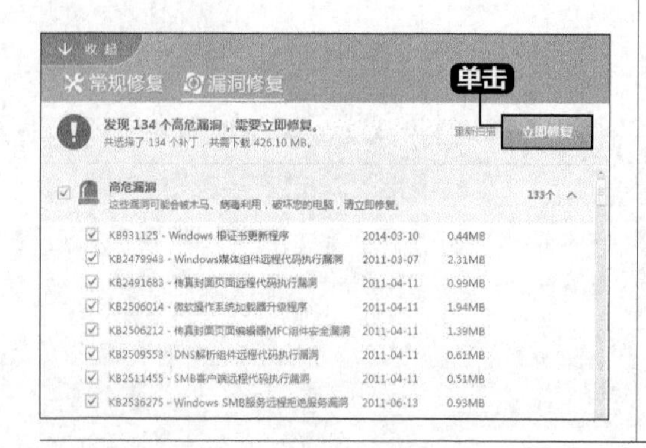

4 完成系统漏洞修复

此时，软件会进入修复过程，自行执行漏洞补丁下载及安装。有时系统漏洞修复完成后，会提示重启电脑，单击【立即重启】按钮重启电脑完成系统漏洞修复。

10.1.2 查杀电脑中的病毒

电脑感染病毒是很常见的，但是当遇到电脑故障的时候，很多用户不知道电脑是否是感染病毒，即便知道了是病毒故障，也不知道该如何查杀病毒。下面以“360杀毒”软件为例，具体操作步骤如下。

1 单击【快速扫描】按钮

打开360杀毒软件，单击【快速扫描】按钮。

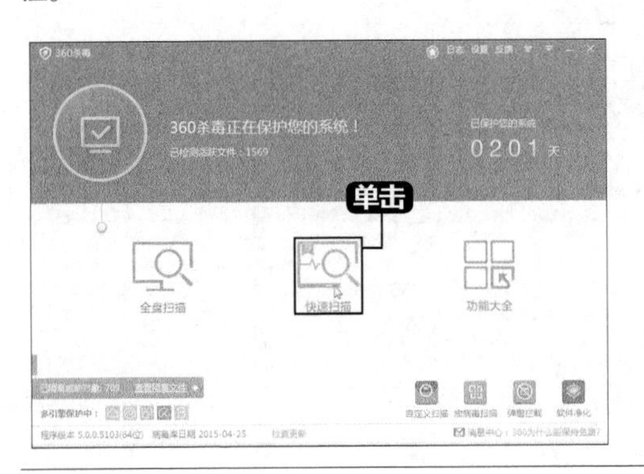

2 进行病毒查杀

软件只对系统设置、常用软件、内存及关键系统位置等进行病毒查杀。

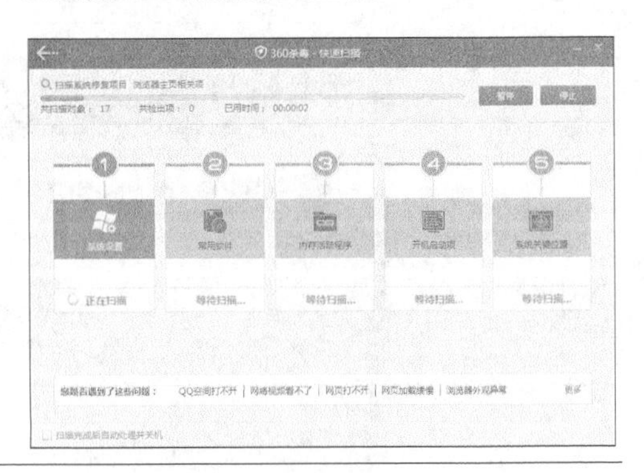

3 查杀结束

查杀结束后，如果未发现病毒，系统会提示“本次扫描未发现任何安全威胁”。

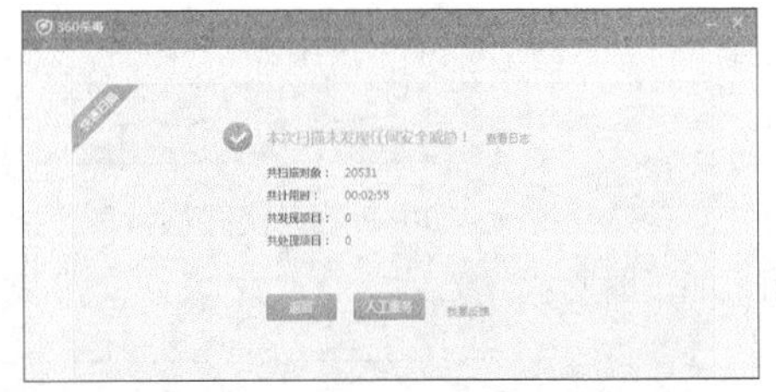

4 单击【立即处理】按钮

如果发现安全威胁，单击选中威胁对象，单击【立即处理】按钮，360杀毒软件将自动处理病毒文件，处理完成后单击【确认】按钮，完成本次病毒查杀。

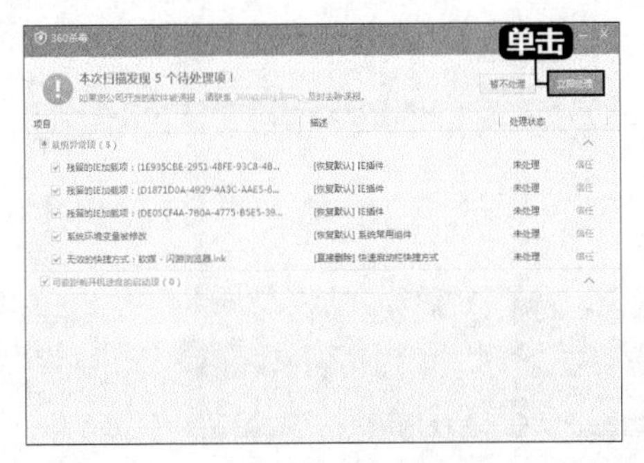

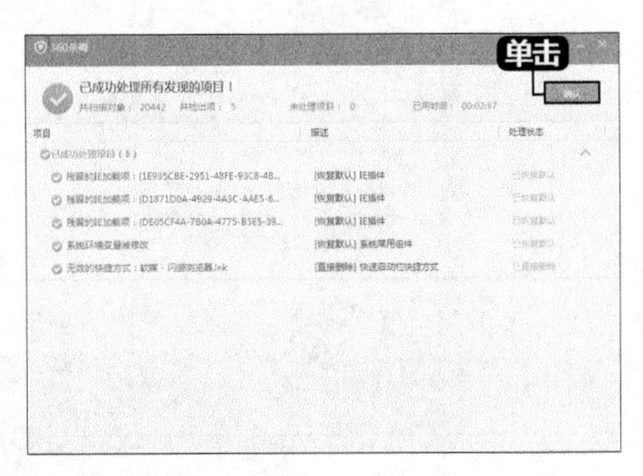

另外，用户还可以使用全面扫描和自定义扫描，对电脑进行病毒检测与查杀。

10.1.3 使用Windows Defender

Windows Defender是Windows 10中自带的反病毒软件，不仅能够扫描系统，而且可以对系统进行实施监控、清除程序和使用的历史记录。本节主要介绍如何使用Windows Defender。

1.启用Windows Defender

单击【开始】按钮，在弹出的开始菜单中，选择【所有程序】➤【Windows 系统】➤【Windows Defender】选项，或者在Cortana中搜索Windows Defender，即可打开Windows Defender程序，如下图所示。

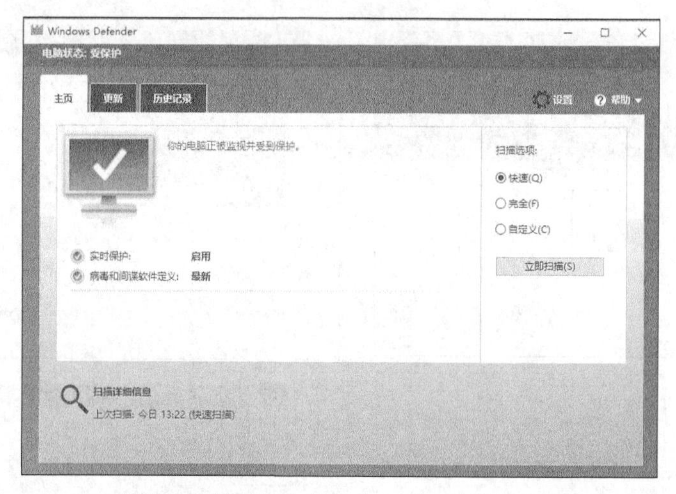

如果Windows Defender软件顶部颜色条为红色，则电脑处于不受保护状态，实时保护已被关闭，如下图所示。

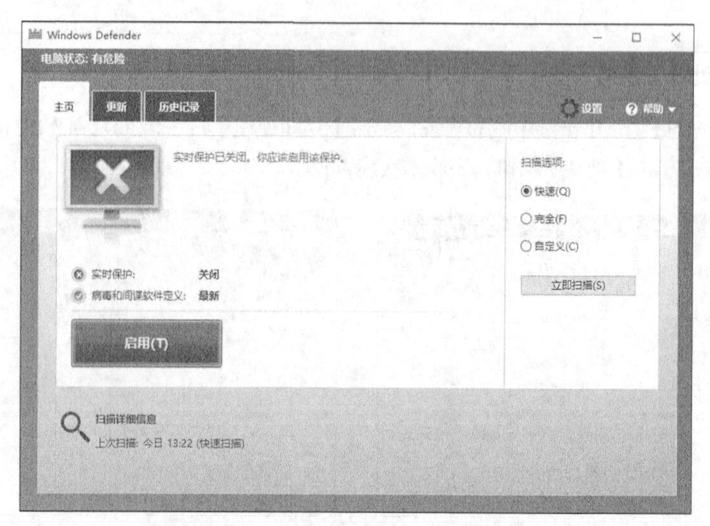

在软件界面，单击【设置】按钮，在弹出的【设置】对话框中，将【实时保护】功能设置为【开】即可启用实时保护，软件顶部颜色条即变为绿色。

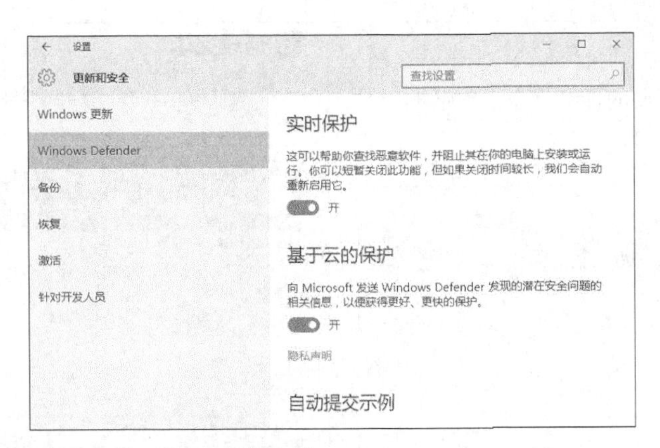

2. 使用Windows Defender进行系统扫描

Windows Defender主要提供了“快速”“完全”和“自定义”三种扫描方式，用户可以根据需求选择系统扫描方式。下面以“快速”扫描为例，具体操作步骤如下。

1 单击【立即扫描】按钮

在Windows Defender主界面中，选择【快速】单选项，并单击【立即扫描】按钮。

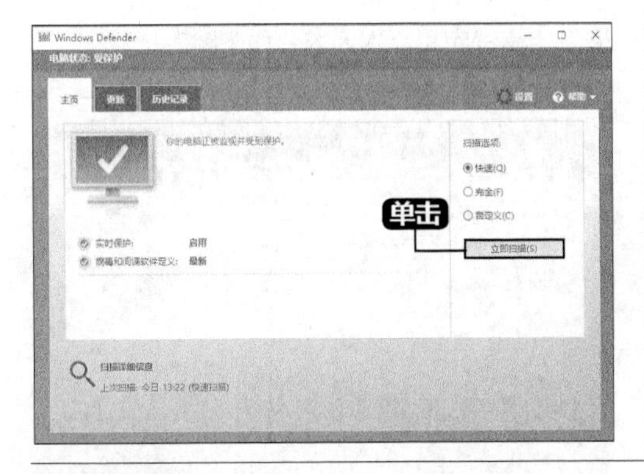

2 进行扫描

软件即会对电脑进行扫描，如下图所示，如果单击【取消扫描】按钮，则停止当前系统扫描。

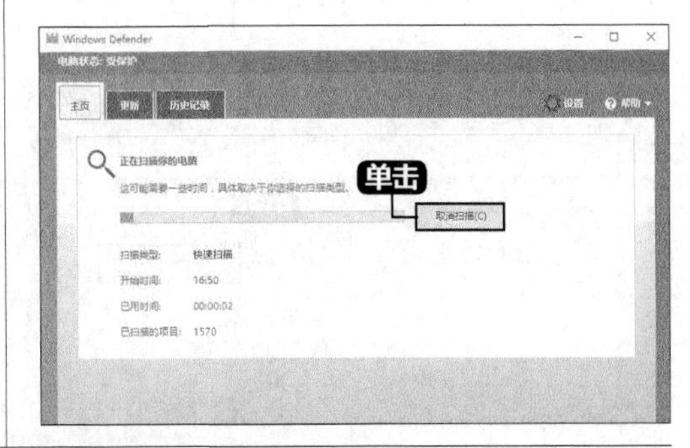

3 扫描完成

扫描完成后，即可看到电脑系统的检测情况，如下图则显示未检测到任何威胁。

4 单击【清理电脑】按钮

如果检查到有潜在威胁，单击【清理电脑】按钮。

5 进行清理

弹出【潜在威胁的详细信息】对话框，对检测到的项目进行清理。

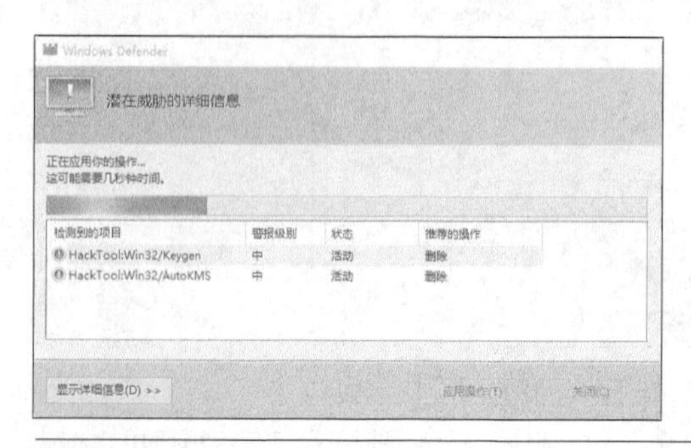

6 清理完毕

清理完毕后，单击【关闭】按钮即可。

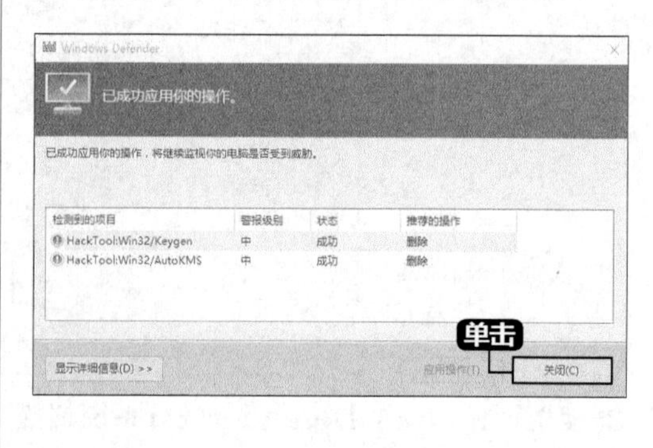

3. 更新Windows Defender

在使用Windows Defender时，用户可以对病毒库和软件版本等进行更新，具体操作步骤如下。

1 单击【更新】按钮

在Windows Defender软件界面，单击【更新】选项卡，单击【更新】按钮。

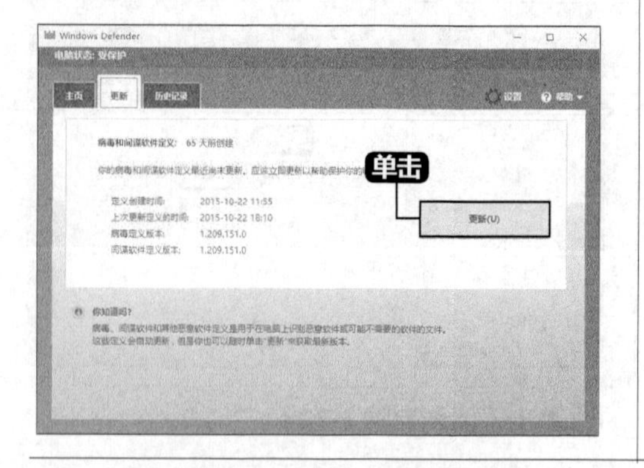

2 下载最新的病毒库和版本内容

软件即会从Microsoft服务器上查找并下载最新的病毒库和版本内容，如下图所示。

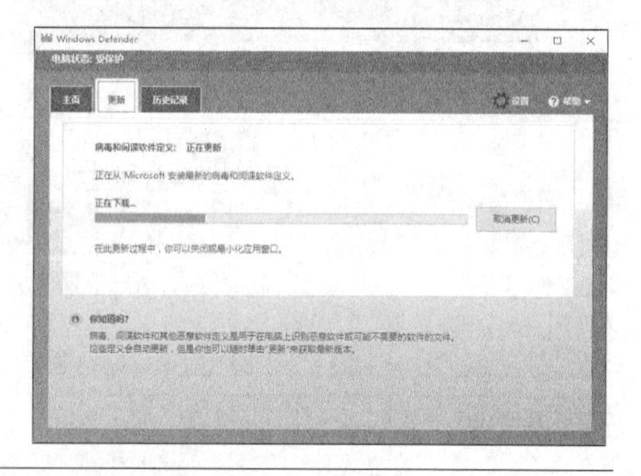

10.1.4 Windows 10防火墙

防火墙指的是一个由软件和硬件设备组合而成、在内部网和外部网之间、专用网与公共网之间的界面上构造的保护屏障，开启系统防火墙，可以保护电脑的网络安全。

Windows 防火墙集成于系统中，默认处于开启状态，如果要打开或关闭防火墙，可以按照以下步骤操作。

1 选择【Windows防火墙】选项

在搜索框中，输入“防火墙”，在弹出的搜索结果列表中，选择【Windows防火墙】选项。

2 启用或关闭防火墙

弹出【Windows防火墙】对话框，选择【启用或关闭Windows防火墙】超链接，打开【自定义设置】对话框，用户即可在该对话框中启用或关闭防火墙。

提示

如果没有打开其他防火墙，建议不要关闭Windows防火墙。关闭Windows防火墙可能会使电脑更容易受到蠕虫或黑客的侵害。

10.2 使用360安全卫士优化电脑

本节视频教学时间 / 5分钟

使用软件对操作系统进行优化是常用的优化系统的方式之一。目前，网络上存在多种软件都能对系统进行优化，如360安全卫士、腾讯电脑管家、百度卫士等，本节主要讲述如何使用360优化电脑。

10.2.1 优化加速

360安全卫士的优化加速功能可以提升开机速度、系统速度、上网速度和硬盘速度，具体操作步骤如下。

1 单击【优化加速】图标

双击桌面上的【360安全卫士】快捷图标，打开【360安全卫士】主窗口，单击【优化加速】图标。

2 单击【开始扫描】按钮

进入【优化加速】界面，单击【开始扫描】按钮。

3 单击【立即优化】按钮

扫描完成后，会显示可优化项，单击【立即优化】按钮。

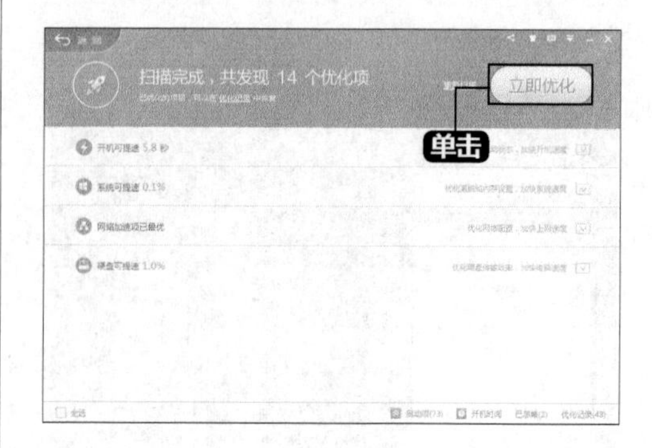

4 单击【确认优化】按钮

弹出【一键优化提醒】对话框，勾选需要优化的选项。如需全部优化，单击【全选】按钮；如需进行部分优化，在需要优化的项目前，单击复选框，然后单击【确认优化】按钮。

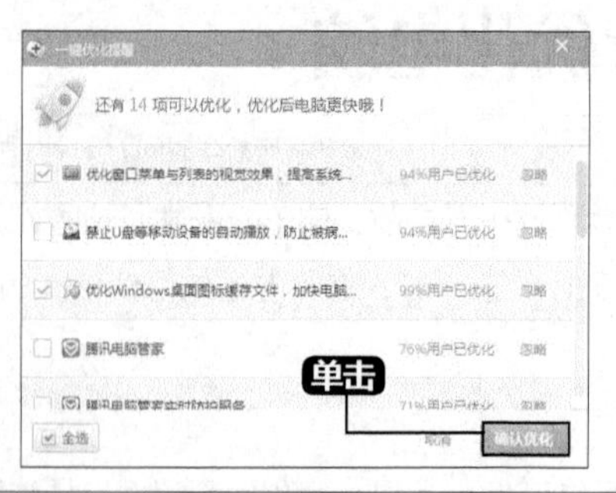

5 优化完成

对所选项目优化完成后，即可提示优化的项目及优化提升效果，如下图所示。

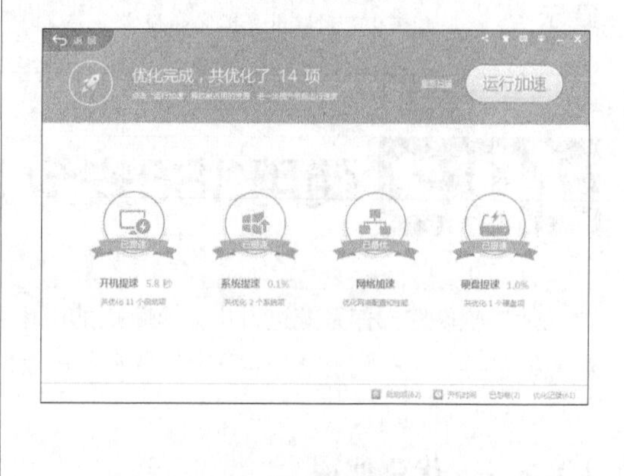

6 单击【运行加速】按钮

单击【运行加速】按钮，则弹出【360加速球】对话框，可快速实现对可关闭程序、上网管理、电脑清理等管理。

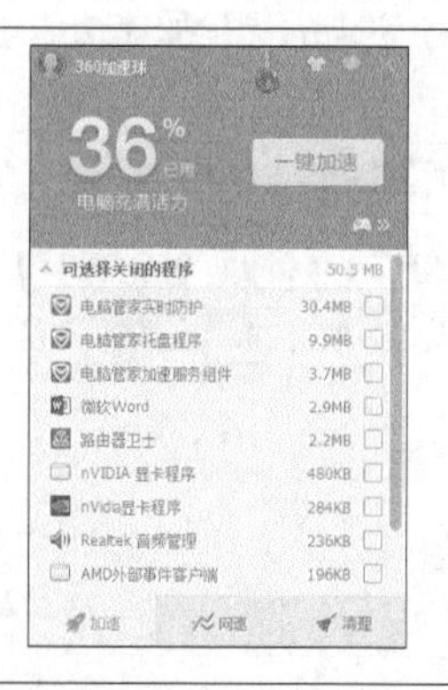

10.2.2 给系统盘瘦身

如果系统盘可用空间太小，则会影响系统的正常运行，本节主要讲述使用360安全卫士的【系统盘瘦身】功能，释放系统盘空间。

1 单击【更多】超链接

双击桌面上的【360安全卫士】快捷图标，打开【360安全卫士】主窗口，单击窗口右下角的【更多】超链接。

2 单击【添加】按钮

进入【全部工具】界面，在【系统工具】类别下，将鼠标移至【系统盘瘦身】图标上，单击显示的【添加】按钮。

3 单击【立即瘦身】按钮

工具添加完成后，打开【系统盘瘦身】工具，单击【立即瘦身】按钮，即可进行优化。

4 重启电脑

完成后，即可看到释放的磁盘空间。由于部分文件需要重启电脑后才能生效，单击【立即重启】按钮，重启电脑。

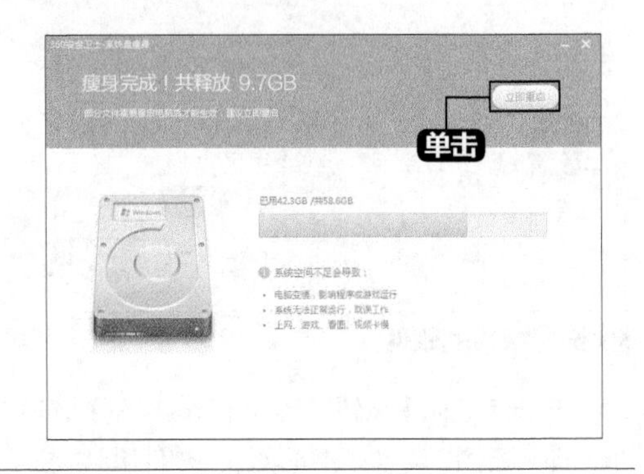

10.2.3 转移系统盘重要资料和软件

如果使用了【系统盘瘦身】功能后，系统盘可用空间还是偏小，可以尝试转移系统盘重要资料和软件，腾出更大的空间。本节使用【C盘搬家】小工具转移资料和软件，具体操作步骤如下。

1 添加【C盘搬家】工具

进入360安全卫士的【全部工具】界面，在【实用小工具】类别下，添加【C盘搬家】工具。

2 单击【一键搬资料】按钮

添加完毕后，打开该工具。在【重要资料】选项卡下，勾选需要搬移的重要资料，单击【一键搬资料】按钮。

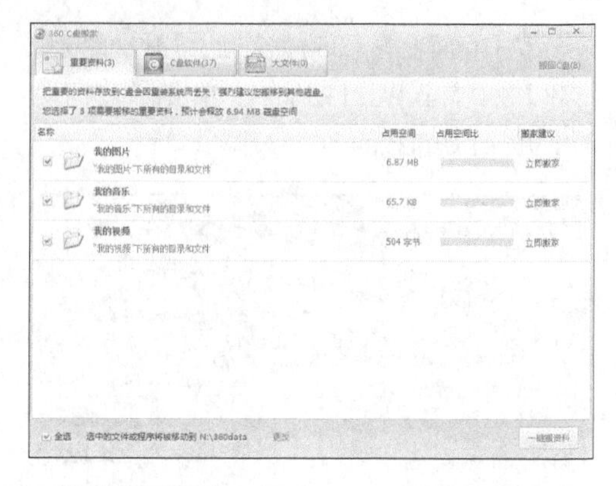

提示

如果需要修改重要资料和软件，搬移的目标文件，单击窗口下面的【更改】按钮即可修改。

3 单击【继续】按钮

弹出【360 C盘搬家】提示框，单击【继续】按钮。

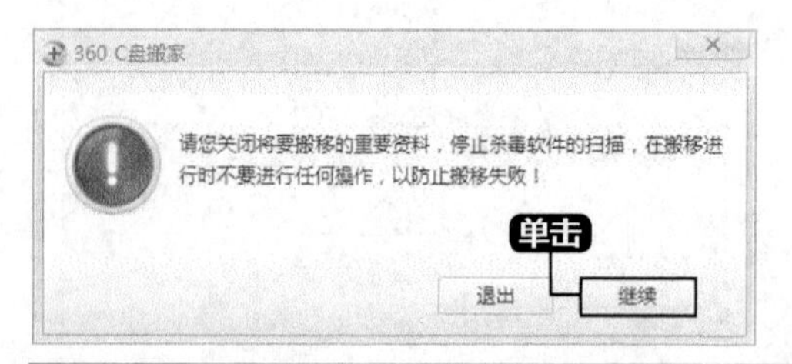

4 提示搬移的情况

此时，即可对所选重要资料进行搬移，完成后，则提示搬移的情况，如下图所示。

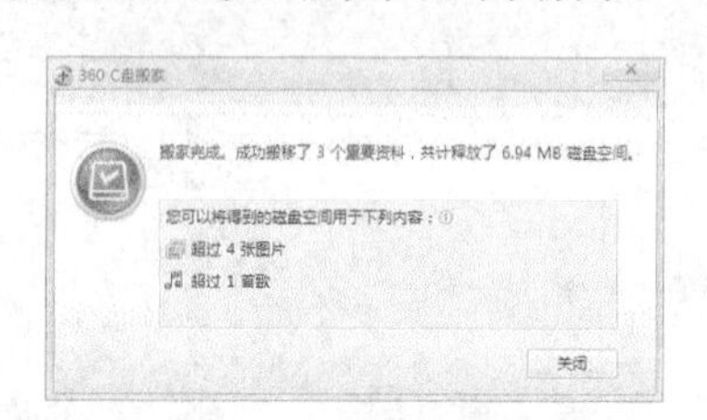

5 选择搬移的软件

单击【关闭】按钮，选择【C盘软件】选项卡，即可看到C盘中安装的软件。软件默认勾选建议搬移的软件，用户也可以自行选择搬移的软件，在软件名称前，勾选复选框即可。选择完毕后，单击【一键搬软件】按钮。

6 单击【继续】按钮

弹出【360 C盘搬家】提示框，单击【继续】按钮。

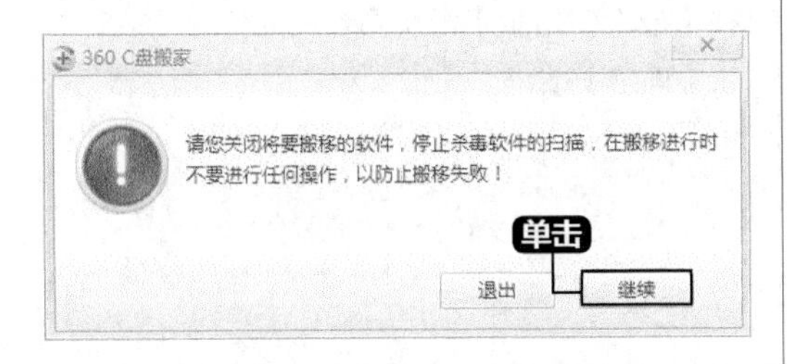

7 释放磁盘空间

此时，即可进行软件搬移，完成后即可看到释放的磁盘空间。

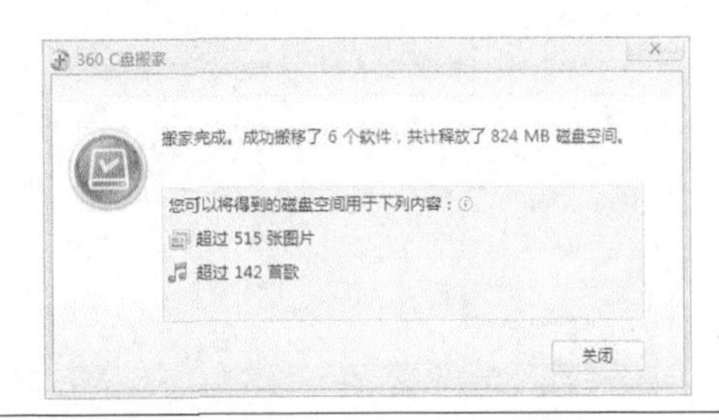

按照上述方法，用户也可以搬移C盘中的大型文件。另外除了讲述的小工具，用户还可以使用【查找打文件】、【注册表瘦身】、【默认软件】等优化电脑，在此不再一一赘述，用户可以进行有需要的添加和使用。

10.3 使用Windows系统工具备份与还原系统

本节视频教学时间 / 4分钟

Windows 10操作系统中自带了备份工具，支持对系统的备份与还原，在系统出问题时可以使用创建的还原点，恢复的还原点状态。

10.3.1 使用Windows系统工具备份系统

Windows操作系统自带的备份还原功能非常强大，支持4种备份还原工具，分别是文件备份还原、系统映像备份还原、早期版本备份还原和系统还原，为用户提供了高速度、高压缩的一键备份还原功能。

1. 开启系统还原功能

部分系统或因为某些优化软件会关系系统还原功能，因此要想使用Windows系统工具备份和还原系统，需要开启系统还原功能。具体的操作步骤如下。

1 选择【属性】菜单命令

右键单击电脑桌面上的【此电脑】图标，在弹出快捷菜单命令中，选择【属性】菜单命令。

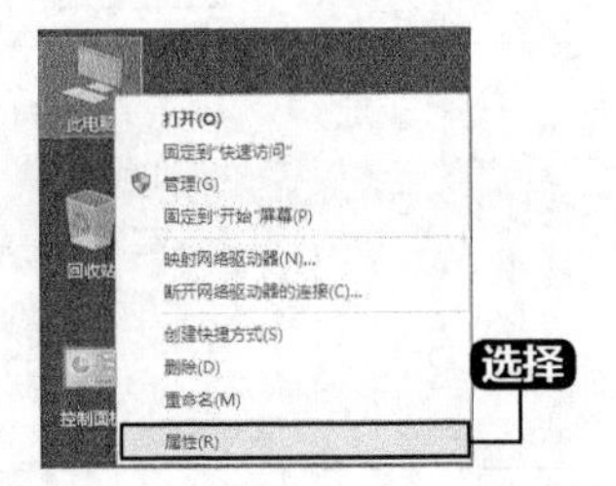

2 单击【系统保护】超链接

在打开的窗口中，单击【系统保护】超链接。

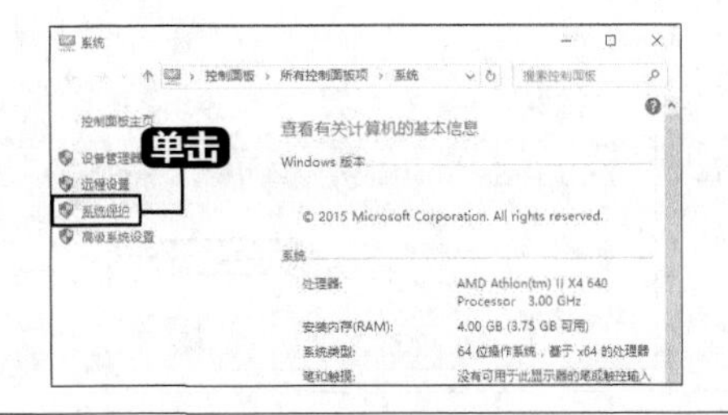

3 单击【配置】按钮

弹出【系统属性】对话框，在【保护设置】列表框中选择系统所在的分区，并单击【配置】按钮。

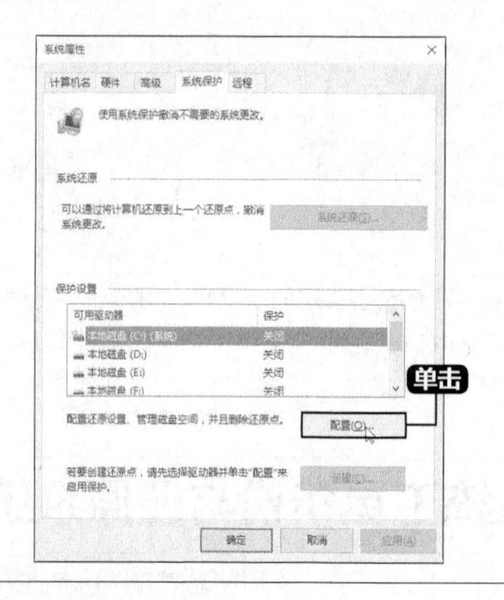

4 单击【确定】按钮

弹出【系统保护本地磁盘】对话框，单击选中【启用系统保护】单选按钮，单击鼠标调整【最大使用量】滑块到合适的位置，然后单击【确定】按钮。

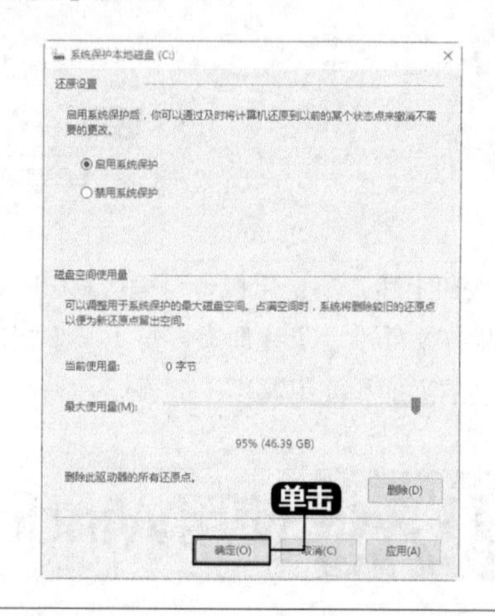

2. 创建系统还原点

用户开启系统还原功能后，默认打开保护系统文件和设置的相关信息，保护系统。用户也可以创建系统还原点，当系统出现问题时，就可以方便地恢复到创建还原点时的状态。

1 单击【创建】按钮

根据上述的方法，打开【系统属性】对话框，并单击【系统保护】选项卡，然后选择系统所在的分区，单击【创建】按钮。

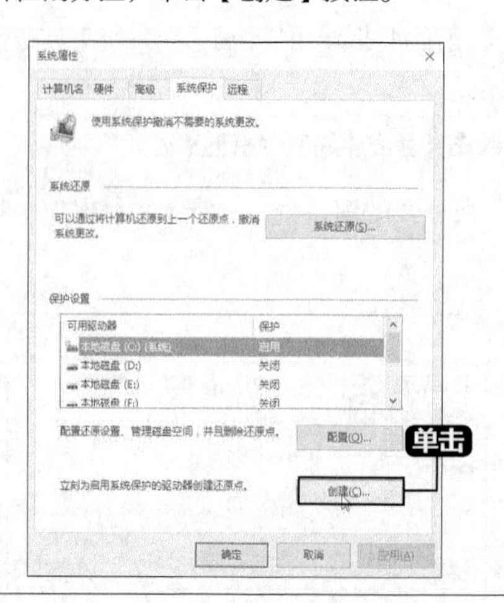

2 单击【创建】按钮

弹出【系统保护】对话框，在文本框中输入还原点的描述性信息。单击【创建】按钮。

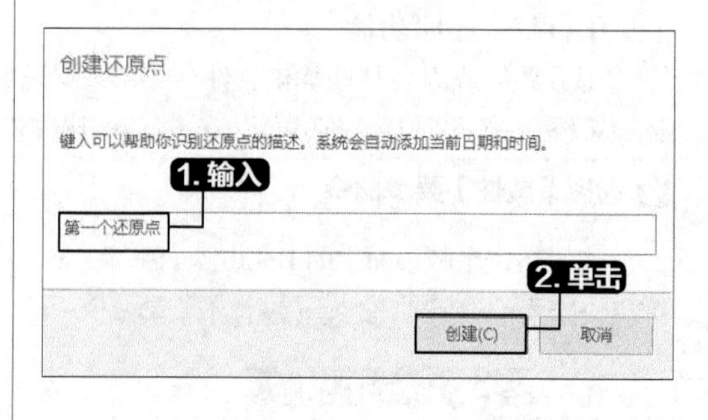

3 开始创建还原点

即可开始创建还原点。

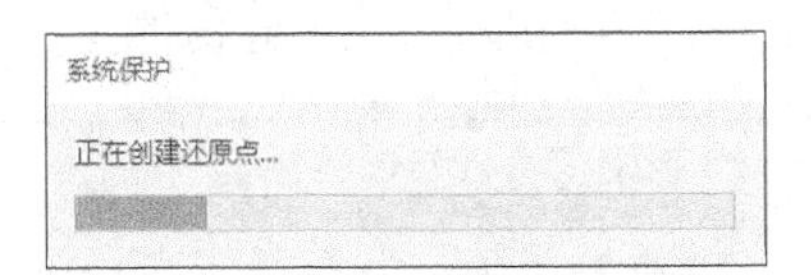

4 单击【关闭】按钮

创建还原点的时间比较短，稍等片刻就可以了。创建完毕后，将弹出“已成功创建还原点”提示信息，单击【关闭】按钮即可。

提示　可以创建多个还原点，因系统崩溃或其他原因需要还原时，可以选择还原点还原。

10.3.2 使用Windows系统工具还原系统

在为系统创建好还原点之后，一旦系统遭到病毒或木马的攻击，致使系统不能正常运行，这时就可以将系统恢复到指定还原点。

下面介绍如何还原到创建的还原点，具体操作步骤如下。

1 单击【系统还原】按钮

打开【系统属性】对话框，在【系统保护】选项卡下，单击【系统还原】按钮。

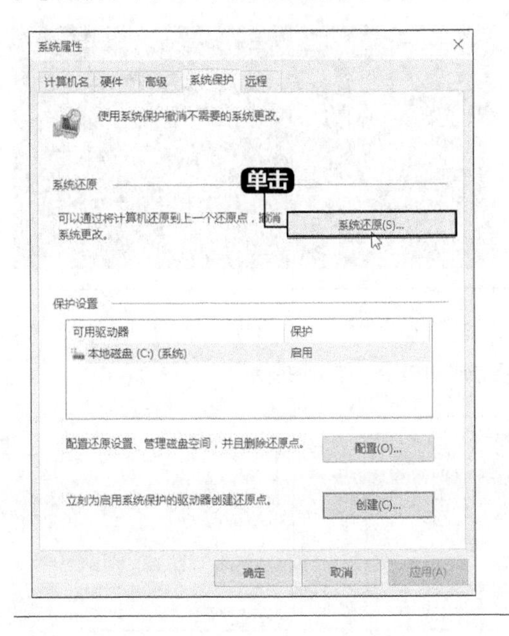

2 单击【下一步】按钮

弹出【系统还原】对话框，单击【下一步】按钮。

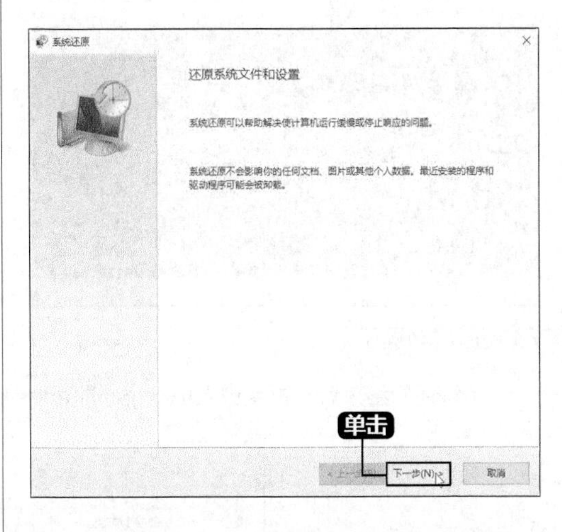

3 选择还原点

在【确认还原点】界面中，显示了还原点，如果有多个还原点，建议选择距离出现故障时间最近的还原点即可，单击【完成】按钮。

4 单击【是】按钮

弹出"启动后，系统还原不能中断。你希望继续吗？"提示框，单击【是】按钮。

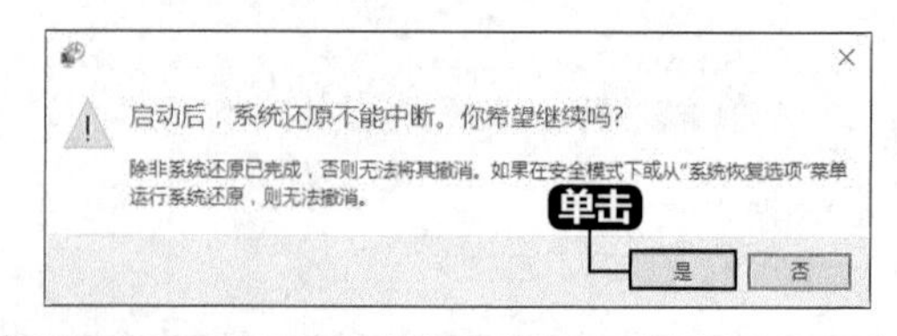

5 电脑自动重启

即会显示正在准备还原系统，当进度条结束后，电脑自动重启。

6 进入配置更新界面

进入配置更新界面，如下图所示，无需任何操作。

7 配置更新完成

配置更新完成后，即会还原Windows文件和设置。

8 还原成功提示

系统还原结束后，再次进入电脑桌面即可看到还原成功提示，如下图所示。

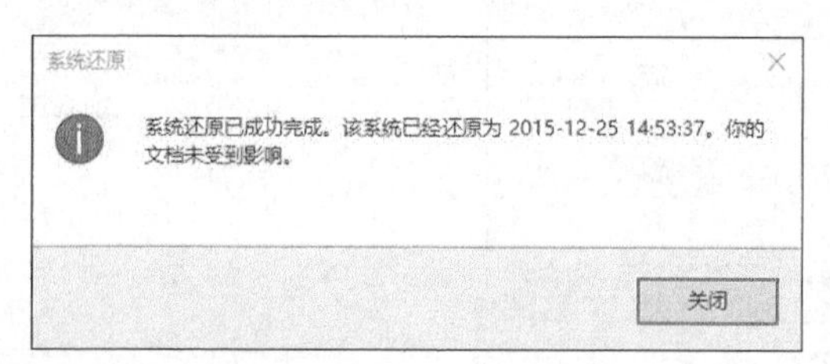

10.3.3 系统无法启动时进行系统还原

系统出问题无法正常进入系统时，就无法通过【系统属性】对话框进行系统还原，就需要通过其他办法进行系统恢复。具体解决办法，可以参照以下方法。

1 单击【疑难解答】选项

当系统启动失败两次后，第三次启动即会进入【选择一个选项】界面，单击【疑难解答】选项。

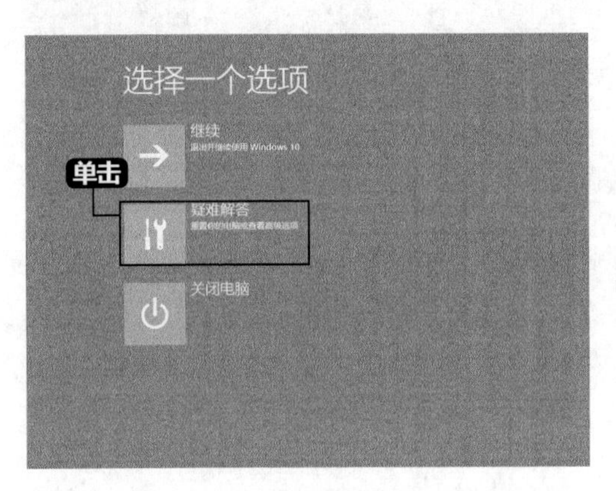

2 单击【高级选项】选项

打开【疑难解答】界面，单击【高级选项】选项。

提示 如果没有创建系统还原，则可以单击【重置此电脑】选项，将电脑恢复到初始状态。

3 单击【系统还原】选项

打开【高级选项】界面，单击【系统还原】选项。

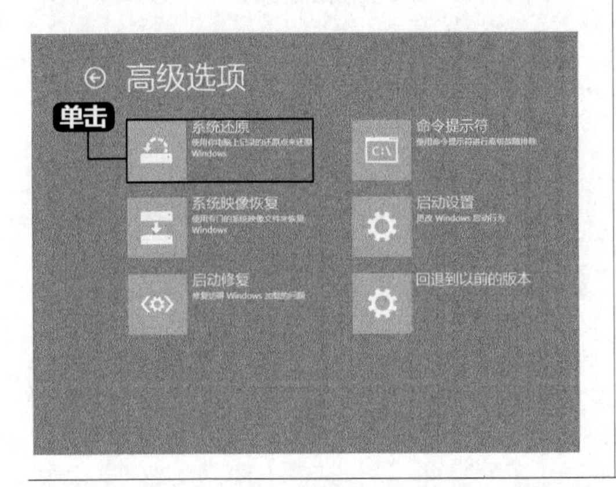

4 正在准备系统还原

电脑即会重启，显示“正在准备系统还原”界面，如下图所示。

5 选择要还原的账户

进入【系统还原】界面，选择要还原的账户。

6 单击【继续】按钮

选择账户后，在文本框输入该账户的密码，并单击【继续】按钮。

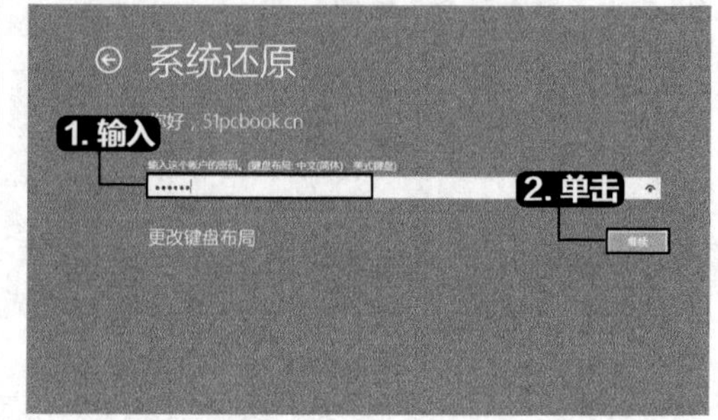

7 弹出【系统还原】对话框

弹出【系统还原】对话框，用户即可根据提示进行操作，具体操作步骤和10.3.2节方法相同，这里不再赘述。

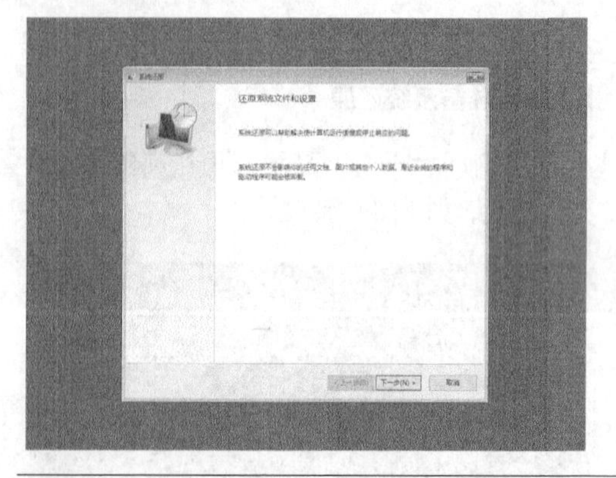

8 选择要还原的点

在【将计算机还原到所选事件之前的状态】界面中，选择要还原的点，单击【下一步】按钮。

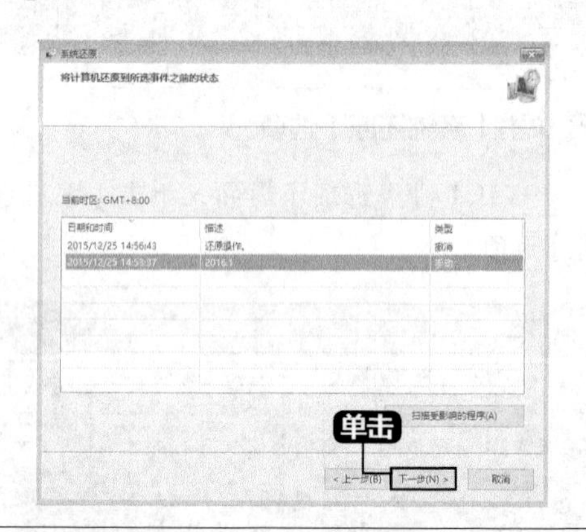

9 单击【完成】按钮

在【确认还原点】界面中，单击【完成】按钮。

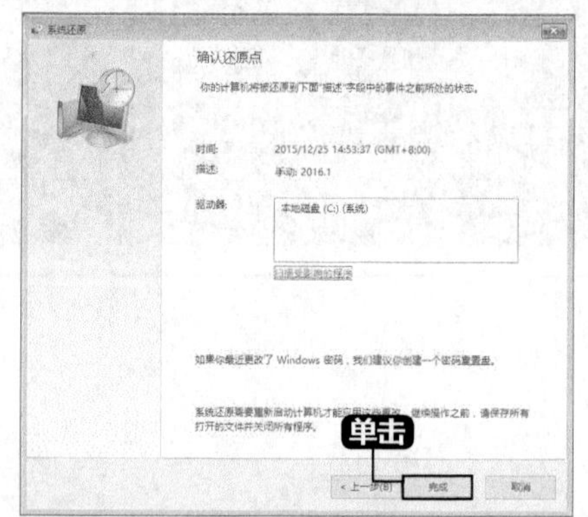

10 进入还原中

系统即进入还原进程中，如下图所示。

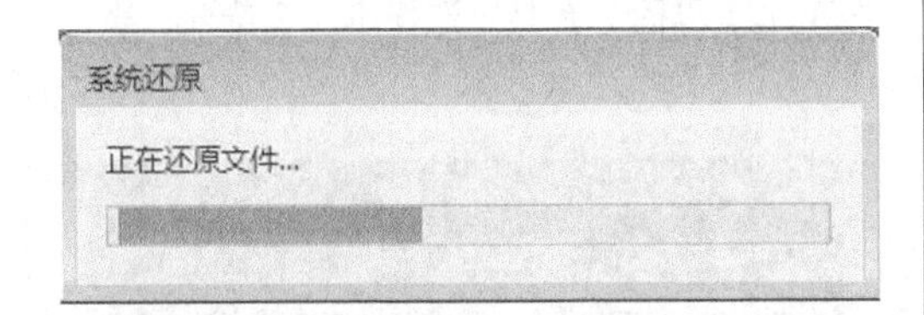

11 还原成功

提示系统还原成功后，单击【重新启动】按钮即可。

10.4 使用GHOST一键备份与还原系统

本节视频教学时间 / 2分钟

虽然Windows 10操作系统中自带了备份工具，但操作较为麻烦，下面介绍一种快捷的备份和还原系统的方法——使用GHOST备份和还原。

10.4.1 一键备份系统

使用一键GHOST备份系统的操作步骤如下。

1 单击【备份】按钮

下载并安装一键GHOST后，即可打开【一键恢复系统】对话框，此时一键GHOST开始初始化。初始化完毕后，将自动选中【一键备份系统】单选项，单击【备份】按钮。

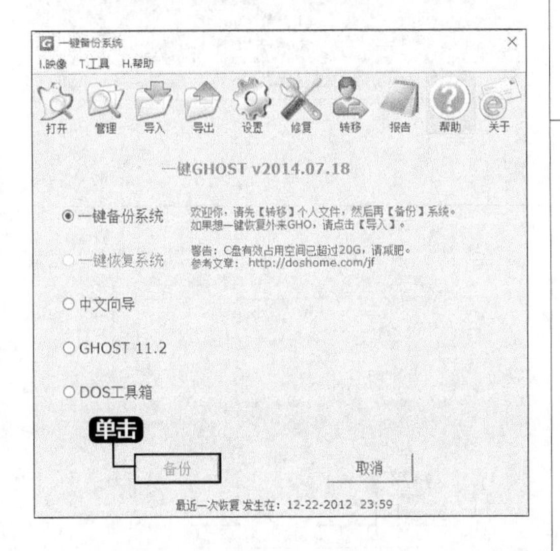

2 单击【确定】按钮

打开【一键Ghost】提示框，单击【确定】按钮。

3 启动一键GHOST

系统开始重新启动，并自动弹出GRUB4DOS菜单，在其中选择第一个选项，表示启动一键GHOST。

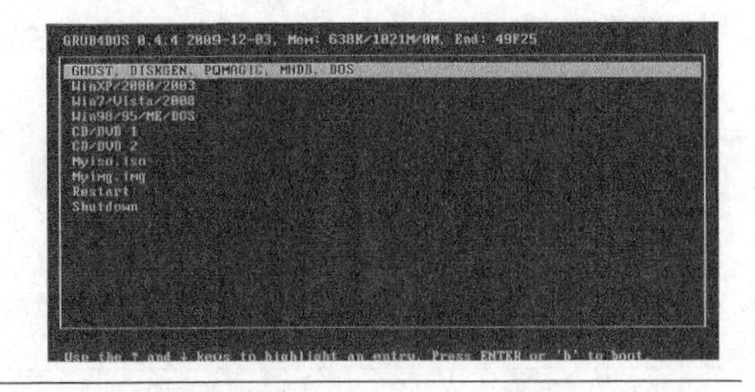

4 选择第一个选项

系统自动选择完毕后，接下来会弹出【MS-DOS一级菜单】界面，在其中选择第一个选项，表示在DOS安全模式下运行GHOST 11.2。

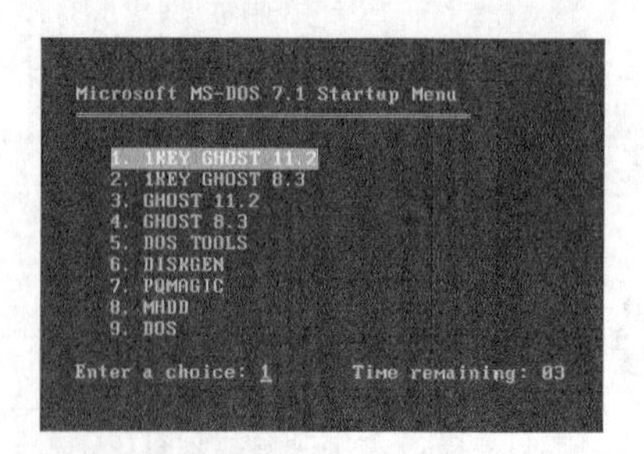

5 选择第一个选项

选择完毕后，接下来会弹出【MS-DOS二级菜单】界面，在其中选择第一个选项，表示支持IDE、SATA兼容模式。

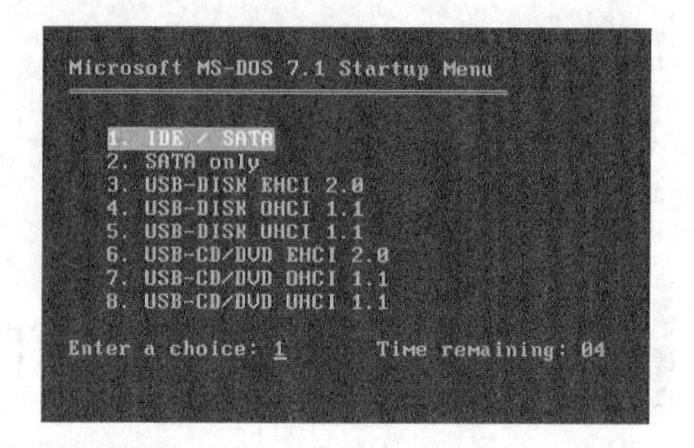

6 选择【备份】按钮

根据C盘是否存在映像文件，将会从主窗口自动进入【一键备份系统】警告窗口，提示用户开始备份系统。选择【备份】按钮。

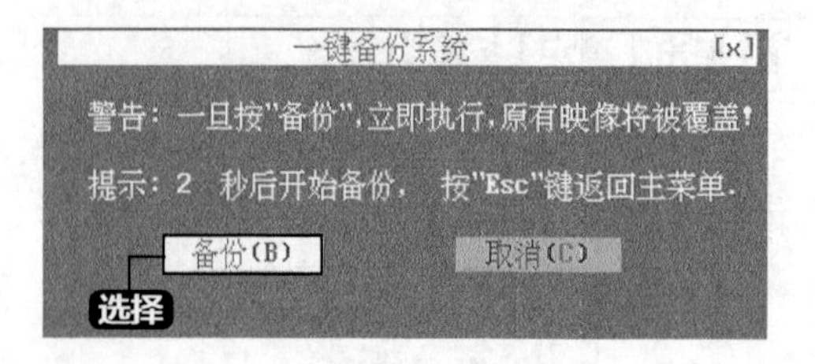

7 开始备份

此时，开始备份系统如下图所示。

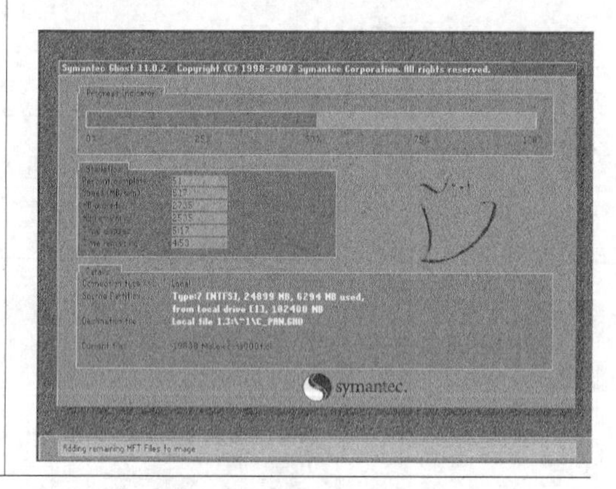

10.4.2 一键还原系统

使用一键GHOST还原系统的操作步骤如下。

1 单击【恢复】按钮

打开【一键GHOST】对话框。单击【恢复】按钮。

2 单击【确定】按钮

打开【一键GHOST】对话框，提示用户电脑必须重新启动，才能运行【恢复】程序。单击【确定】按钮。

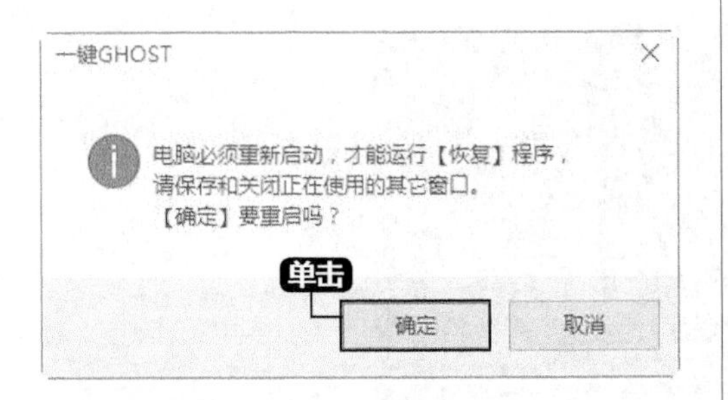

3 启动一键GHOST

系统开始重新启动，并自动弹出GRUB4DOS菜单，在其中选择第一个选项，表示启动一键GHOST。

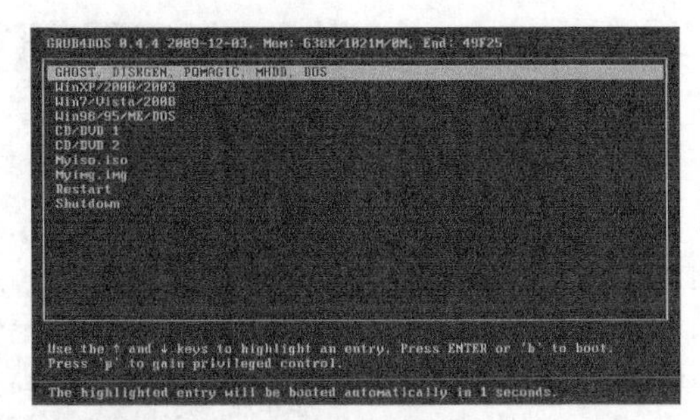

4 在DOS安全模式下运行

系统自动选择完毕后，接下来会弹出【MS-DOS一级菜单】界面，在其中选择第一个选项，表示在DOS安全模式下运行GHOST 11.2。

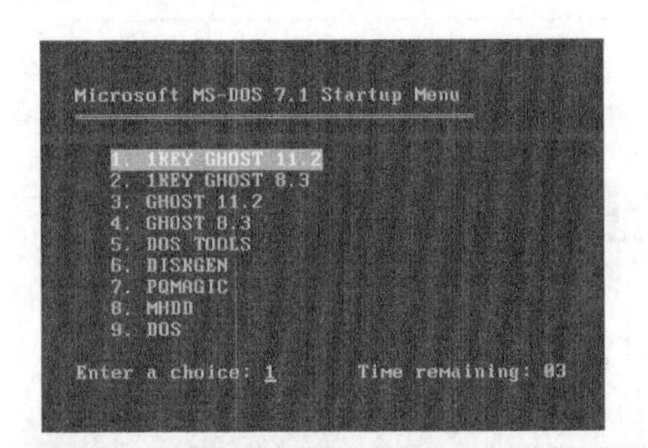

5 支持IDE、SATA兼容模式

选择完毕后，接下来会弹出【MS-DOS二级菜单】界面，在其中选择第一个选项，表示支持IDE、SATA兼容模式。

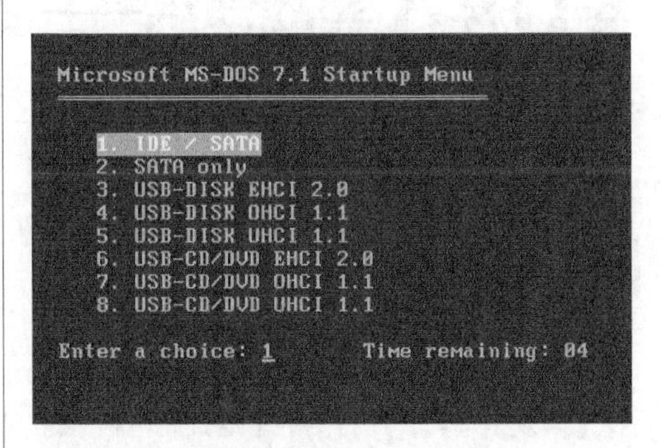

6 选择【恢复】按钮

根据C盘是否存在映像文件，将会从主窗口自动进入【一键恢复系统】警告窗口，提示用户开始恢复系统。选择【恢复】按钮，即可开始恢复系统。

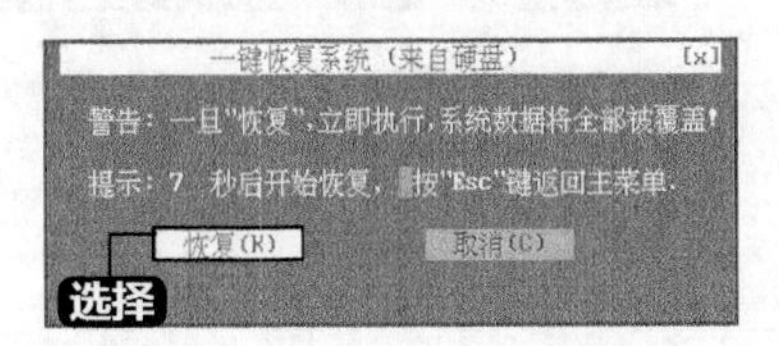

7 开始恢复系统

此时，开始恢复系统，如下图所示。

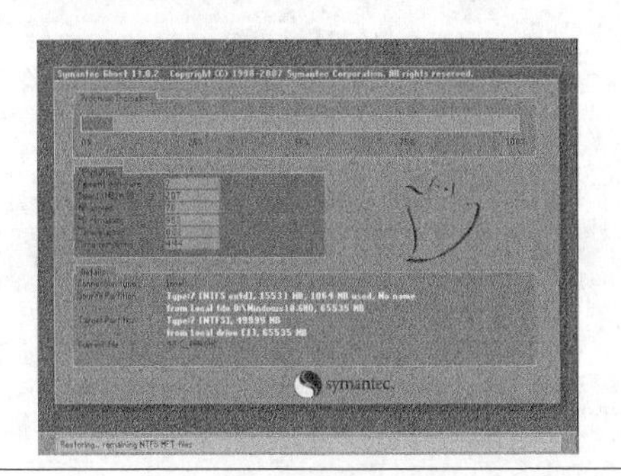

8 恢复成功

在系统还原完毕后，将弹出一个信息提示框，提示用户恢复成功，单击【Reset Computer】按钮重启电脑，然后选择从硬盘启动，即可将系统恢复到以前的系统。至此，就完成了使用GHOST工具还原系统的操作。

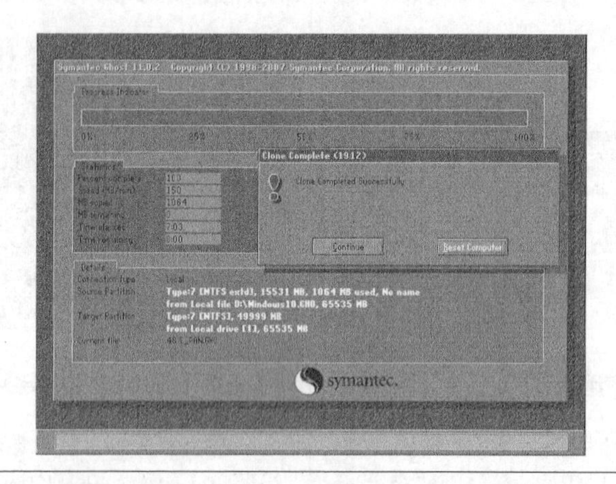

10.5 实战演练——重置电脑

本节视频教学时间 / 2分钟

Windows 10操作系统中提供了重置电脑功能，用户可以在电脑出现问题、无法正常运行或者需要恢复到初始状态，可以重置电脑，具体操作如下。

1 单击【开始】按钮

按【Win+I】组合键，打开【设置】界面，单击【更新和安全】➤【恢复】选项，选择【恢复】选项，在右侧的【重置此电脑】区域单击【开始】按钮。

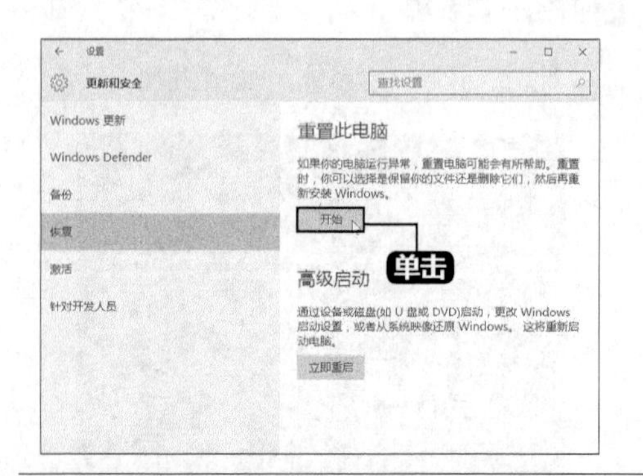

2 选择【保留我的文件】选项

弹出【选择一个选项】界面，单击选择【保留我的文件】选项。

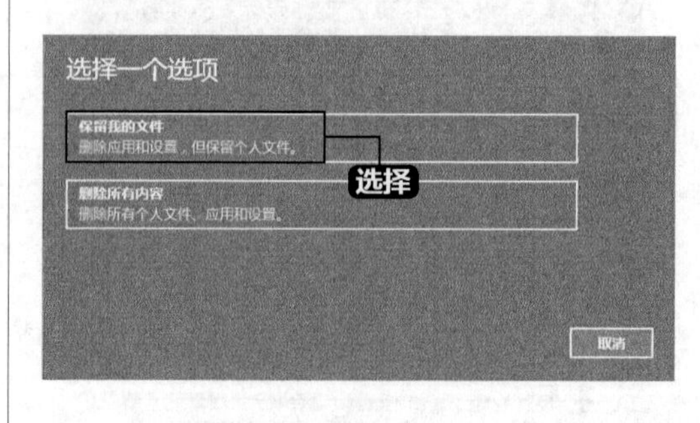

3 单击【下一步】按钮

弹出【将会删除你的应用】界面，单击【下一步】按钮。

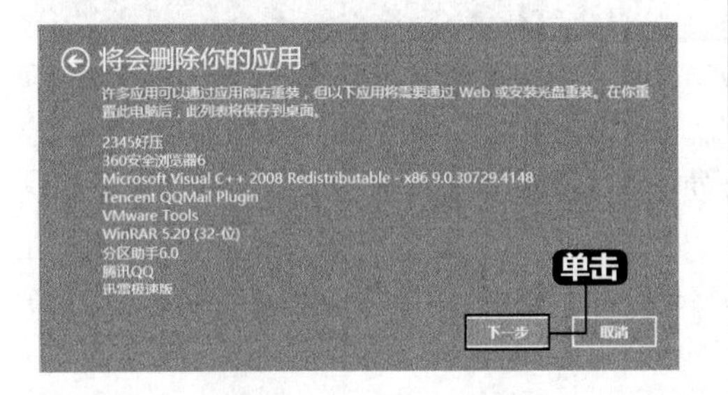

4 单击【下一步】按钮

弹出【警告】界面，单击【下一步】按钮。

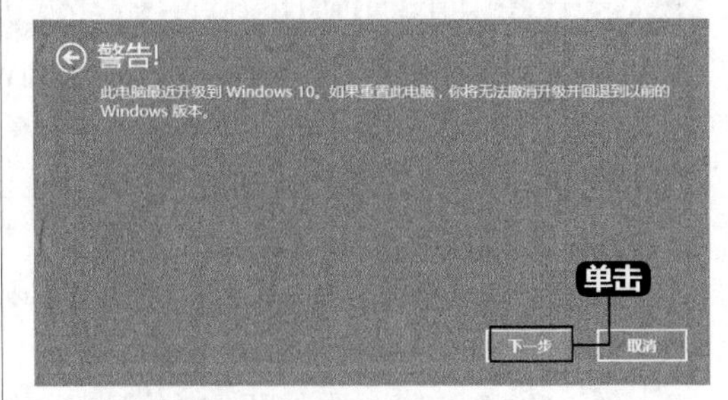

5 单击【重置】按钮

弹出【准备就绪，可以重置这台电脑】界面，单击【重置】按钮。

6 进入【重置】界面

电脑重新启动，进入【重置】界面。

7 进入Windows 安装界面

重置完成后会进入Windows 安装界面。

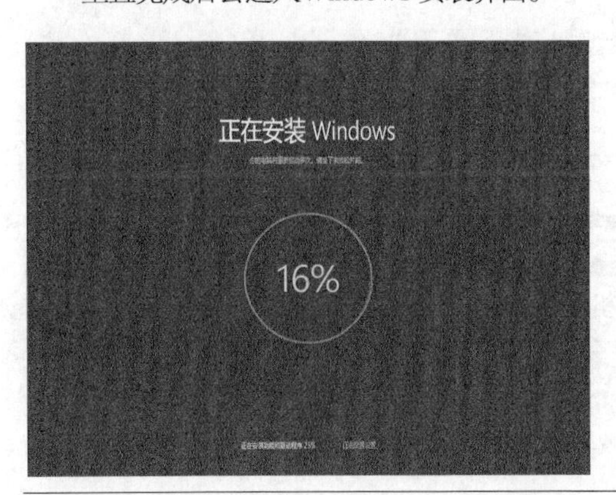

8 自动进入Windows 10桌面

安装完成后自动进入Windows 10桌面以及看到恢复电脑时删除的应用列表。

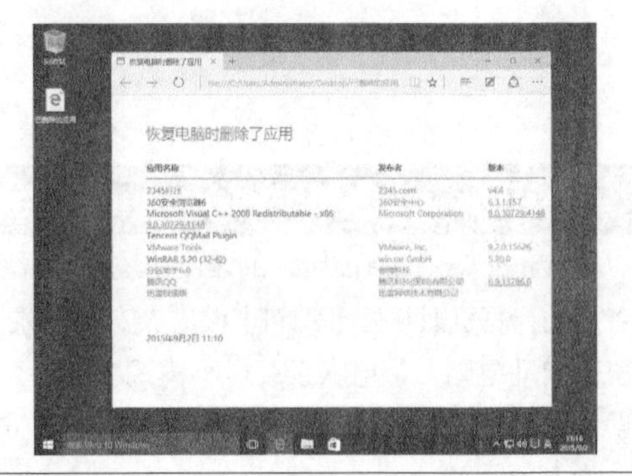

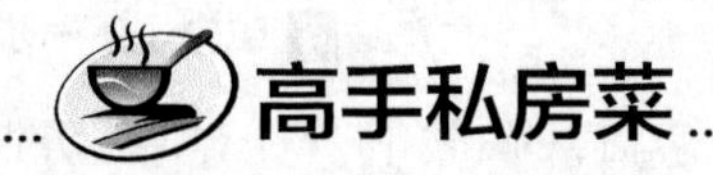

技巧1：回退到Windows 7或Windows 8.1

使用Windows 7或者Windows 8.1升级到Windows 10系统之后，如果对升级后的系统不满意，还可以回退到升级Windows 10系统之前的系统。回退后的Windows 7或Windows 8.1系统仍然保持激活状态。可以使用系统自带的回退功能或者使用360升级助手回退。

1. 回退需要满足的条件

如果要回退到升级到Windows 10系统前的Windows 7或者Windows 8.1系统，要满足以下条件。

（1）升级到Windows 10操作系统时产生的$Windows~BT和Windows.old文件夹仍保留，也就是说，如果希望回退到Windows 7或者Windows 8.1，这两个文件夹不能删除。

（2）在升级到Windows 10系统后，回退功能有效期为一个月。

2. 使用系统自带的回退功能

按【Win+I】组合键，打开【设置】界面，单击【更新和安全】➤【恢复】选项，在右侧【回退到Windows 7】区域单击【开始】按钮，即可根据提示进行回退。

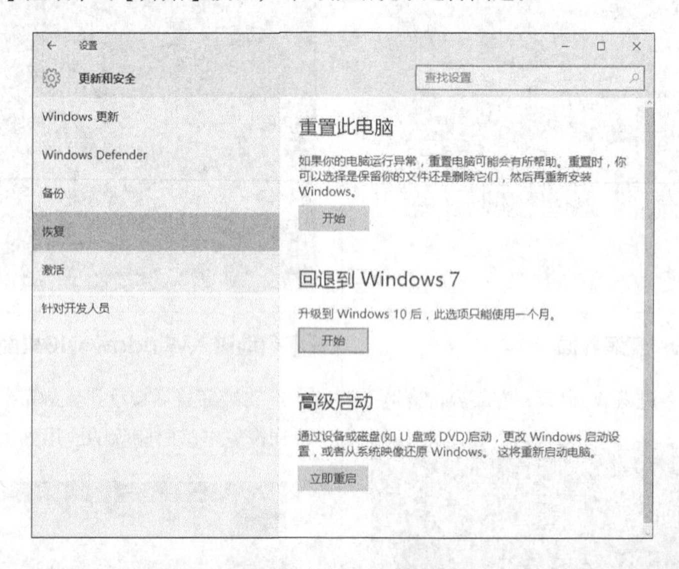

技巧2：进入Windows 10安全模式

Windows 10以前版本的操作系统，可以在开机进入Windows系统启动画面之前按【F8】键或者启动计算机时按住【Ctrl】键进入安全模式，安全模式下可以在不加载第三方设备驱动程序的情况下启动电脑，使电脑系统最小模式在运行，这样用户就可以方便地检测与修复计算机系统的错误。下面介绍在Windows 10操作系统中进入安全模式的操作步骤。

1 单击【更新和安全】图标选项

按【Win+I】组合键，打开【设置】窗口，单击【更新和安全】图标选项。

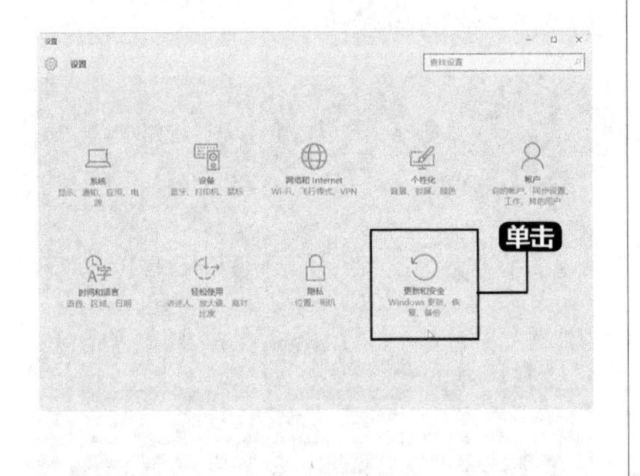

2 单击【立即重启】按钮

弹出【更新和安全】设置窗口，在左侧列表中选择【恢复】选项，在右侧【高级启动】区域单击【立即重启】按钮。

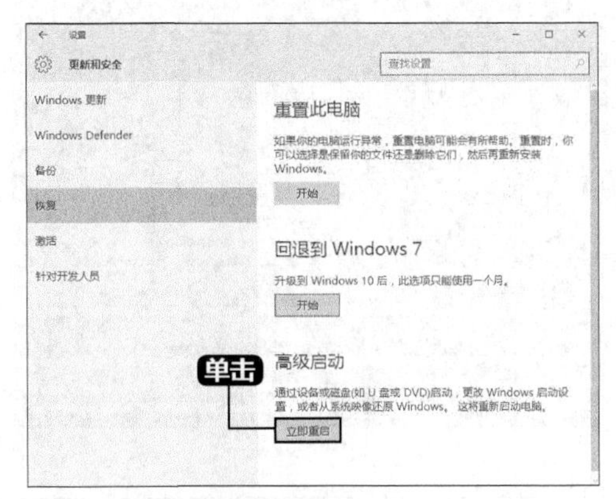

3 单击【疑难解答】选项

打开【选择一个选项】界面，单击【疑难解答】选项。

提示 在Windows 10桌面，按住【Shift】键的同时依次选择【电源】➤【重新启动】选项，也可以进入该界面。

4 单击【高级选项】选项

打开【疑难解答】界面，单击【高级选项】选项。

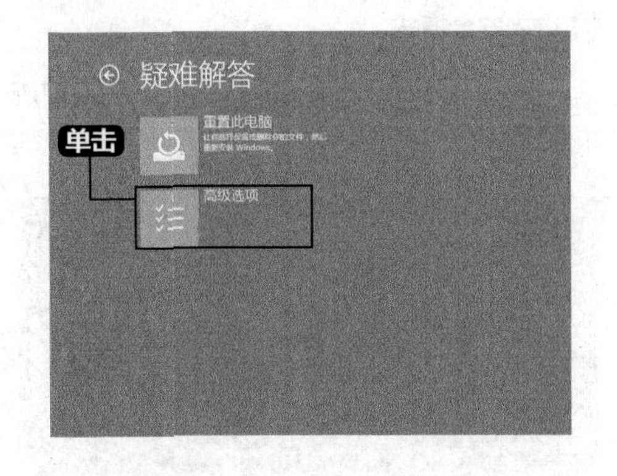

5 单击【启动设置】选项

进入【高级选项】界面，单击【启动设置】选项。

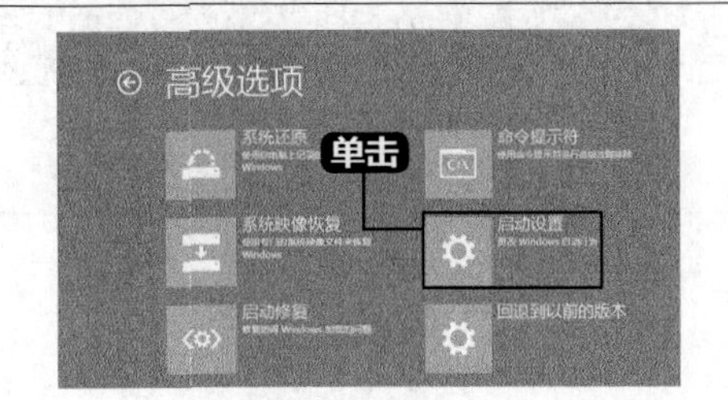

6 单击【重启】按钮

进入【启动设置】界面，单击【重启】按钮。

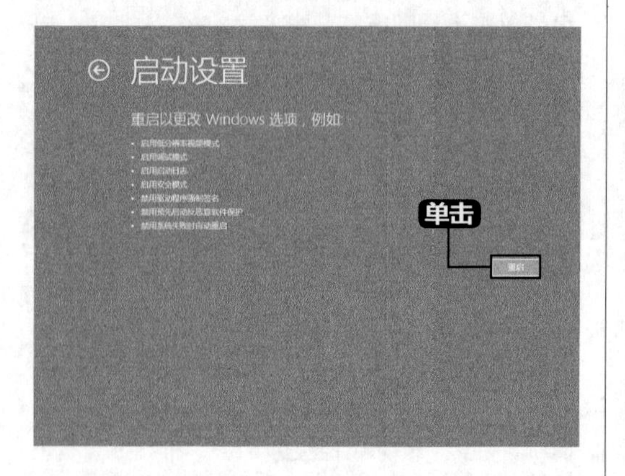

7 启用安全模式

系统即可开始重启，重启之后，重启后会看到下图所示的界面。按【F4】键或数字【4】键选择“启用安全模式”。

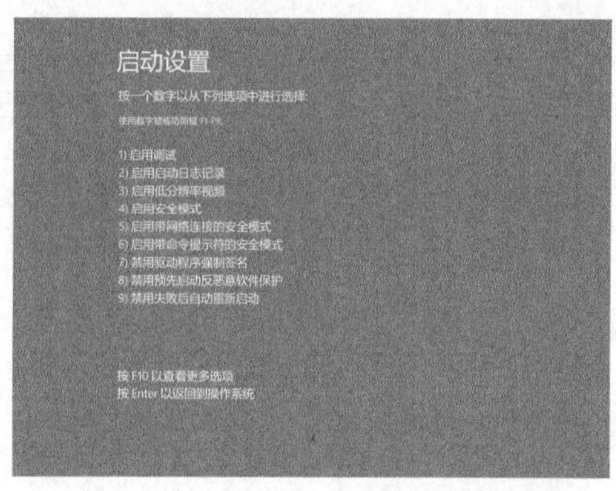

提 示　如果你需要使用Internet，选择5或F5进入“网络安全模式”。

8 进入安全模式

电脑即会重启，进入安全模式，如下图所示。

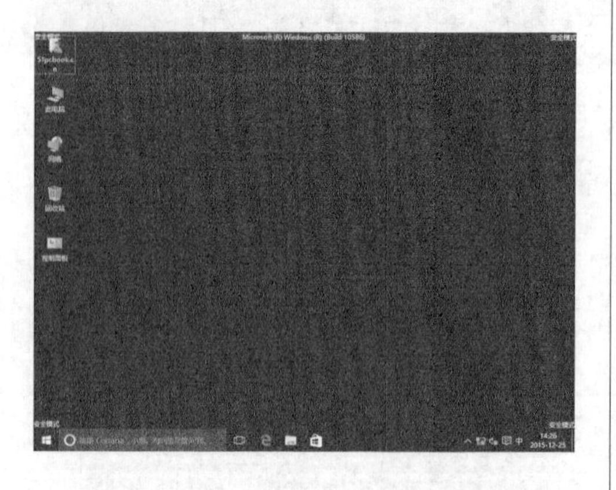

提 示　打开【运行】对话框，输入“msconfig”后单击【确定】按钮，在打开的【系统配置】对话框中选择【引导】选项卡，在【引导选项】组中单击选中【安全引导】复选框，然后单击【确定】按钮，系统提示重新启动后，即进入安全模式。

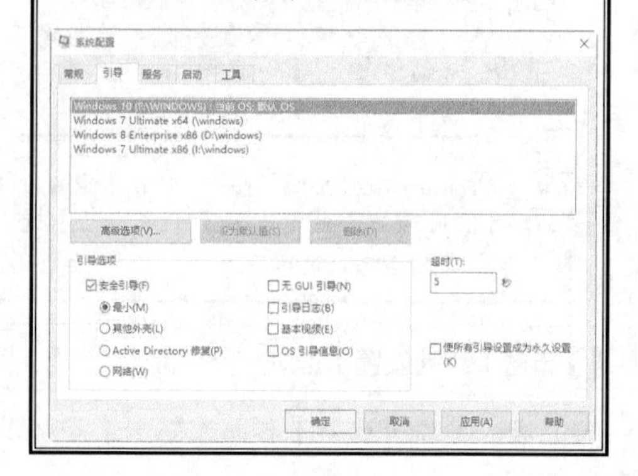

第11章 Windows 10实战秘技

重点导读

本章视频教学时间：9分钟

学习了前面内容后，读者已经可以掌握Windows的主要知识，通过后续工作中的使用与积累，更为熟练。在本书的最后，为读者提供几个办公实战秘技，以丰富读者知识。

学习效果图

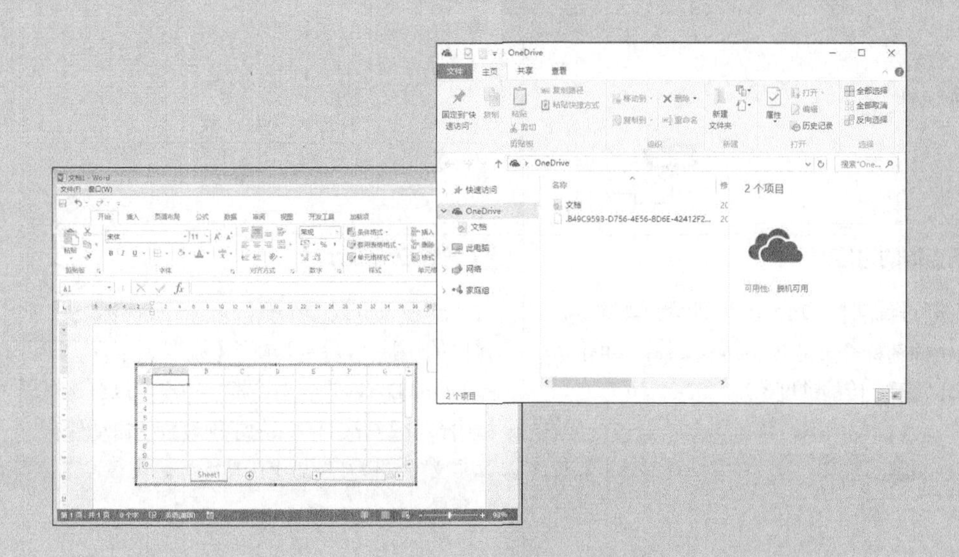

11.1 使用OneDrive同步数据

本节视频教学时间 / 3分钟

OneDrive是微软推出的一款个人文件存储工具，也叫网盘，支持电脑端、网页版和移动端的访问网盘中存储的数据，还可以借助OneDrive for Business，将用户的工作文件与其他人共享并与他们进行协作。Windows 10操作系统中集成了桌面版OneDrive，可以方便地上传、复制、粘贴、删除文件或文件夹等操作。本节主要介绍OneDrive同步数据

1 单击【开始】按钮

单击任务栏的【OneDrive】图标或在【此电脑】窗口中单击【OneDrive】选项。将会弹出【欢迎使用OneDrive】对话框，单击【开始】按钮，根据提示完成Microsoft账户的设置。

2 打开【OneDrive】窗口

设置完成后，图标变成白色云朵，在该图标上单击鼠标右键，在弹出的快捷菜单中选择【打开你的OneDrive文件夹】选项，打开【OneDrive】窗口，即可对文件或文件夹进行上传、复制、粘贴、删除、重命名等操作。

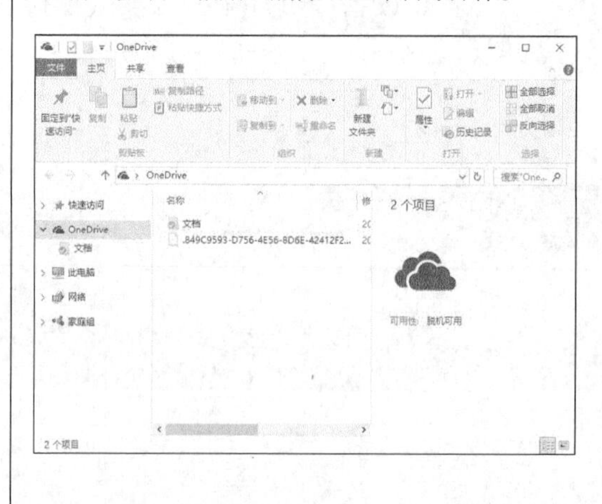

3 显示上传的进度条

当进行操作时，OneDrive即会自动同步，状态栏中的图标会显示为上传状态，单击该图标即会显示上传的进度条。

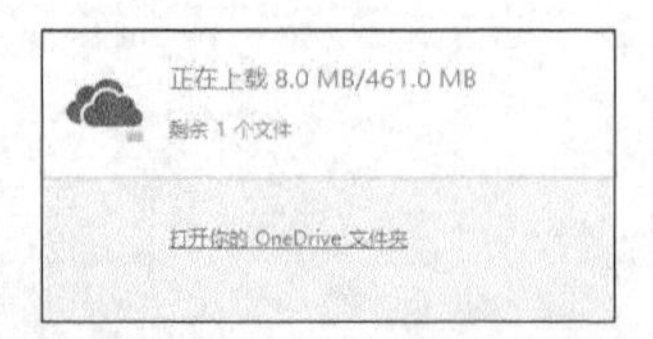

4 设置OneDrive

用户也可以右键单击OneDrive图标，在弹出的快捷菜单中，选择【设置】命令，即可打开OneDrive设置对话框，用户可以在该对话框中，设置OneDrive的常规设置、自动保存、同步文件夹以及批量上传功能等。

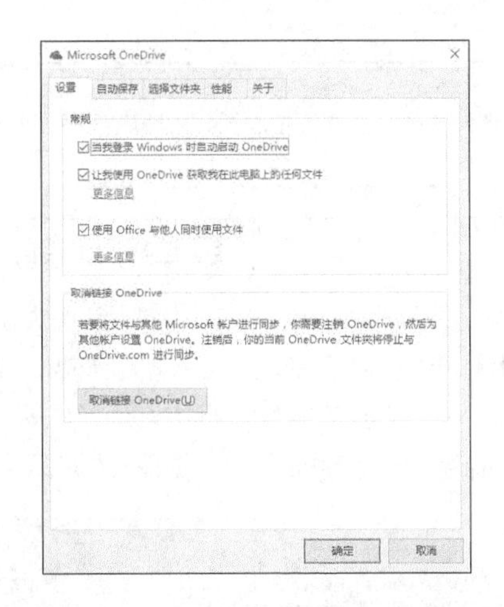

11.2 使用云盘同步重要数据

本节视频教学时间 / 4分钟 

随着云技术的快速发展，各种云盘也争相竞夺，其中使用最为广泛的当属百度云管家、360云盘和腾讯微云三款软件，它们不仅功能强大，而且具备了很好的用户体验，如下图也列举了三款软件的初始容量和最大免费扩容情况，方便读者参考。

	百度云管家	360云盘	腾讯微云
初始容量	5GB	5GB	2GB
最大免费扩容容量	2055GB	36TB	10TB
免费扩容途径	下载手机客户端送2TB	1.下载电脑客户端送10TB 2.下载手机客户端送25TB 3.签到、分享等活动赠送	1.下载手机客户端送5GB 2.上传文件，赠送容量 3.每日签到赠送

上传、分享和下载是各类云盘最主要的功能，用户可以将重要数据文件上传到云盘空间，可以将其分享给其他人，也可以在不同的客户端下载云盘空间上的数据，方便了不同用户、不同客户端直接的交互，下面介绍百度云盘如何上传、分享和下载文件。

1 安装【百度云管家】

下载并安装【百度云管家】客户端后，在【此电脑】中，双击设备和驱动器列表中的【百度云管家】图标，打开该软件。

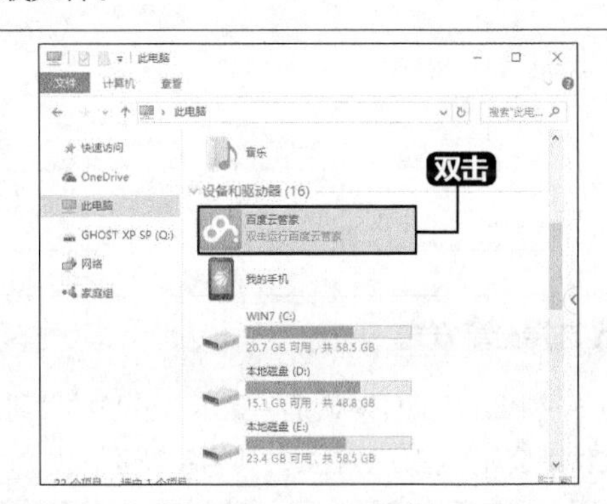

提示　一般云盘软件均提供网页版，但是为了有更好的功能体验，建议安装客户端版。

2 新建分类目录

打开百度云管家客户端，在【我的网盘】界面中，用户可以新建目录，也可以直接上传文件，如这里单击【新建文件夹】按钮 新建文件夹，新建分类目录，并命名。如下图新建一个为“云备份”目录。

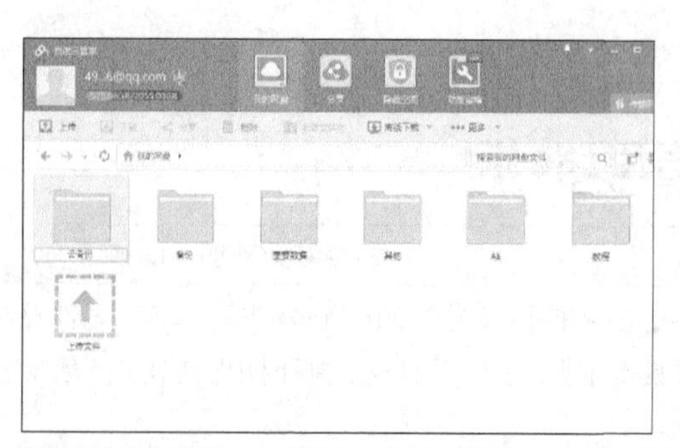

3 选择要上传的文件

打开新建目录文件夹，单击【上传】按钮 上传，在弹出的【请选择文件/文件夹】对话框中，选择电脑中要上传的文件或文件夹，单击【存入百度云】按钮。

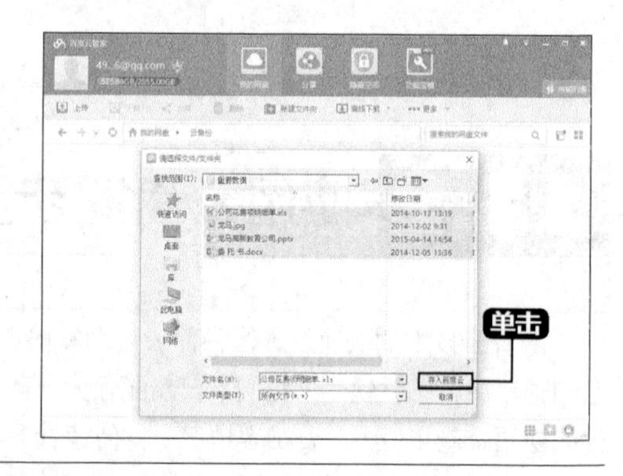

4 查看具体传输情况

此时，资料即会上传至云盘中，如下图所示，如需删除未上传完文件，单击对应文件右上角的⊗按钮即可。另外也可以单击【传输列表】按钮查看具体传输情况。

5 单击【分享】按钮

上传完毕后，选择要分享的文件，单击【分享】按钮 分享 。

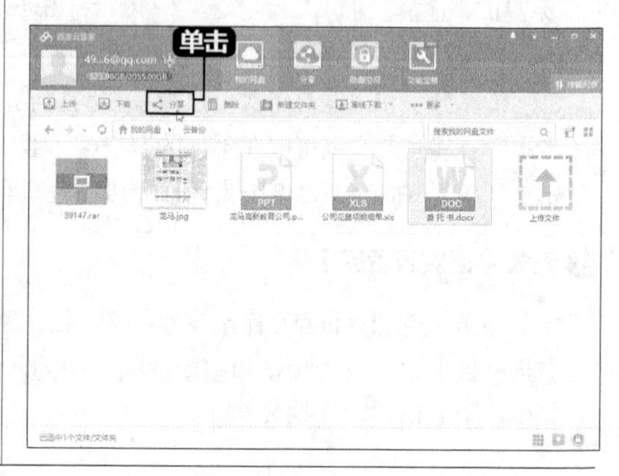

6 选择分享方式

弹出分享文件对话框，显示了分享的两种方式：公开分享和私密分享。如果创建公开分享，该文件则会显示在分享主页，其他人都可下载；而私密分享，系统会自动为每个分享链接生成一个提取密码，只有获取密码的人才能通过链接查看并下载私密共享的文件。如这里单击【私密分享】选项卡下的【创建私密链接】按钮，即可看到生成的链接和密码，单击【复制链接及密码】按钮，即可将复制的内容发送给好友进行查看。

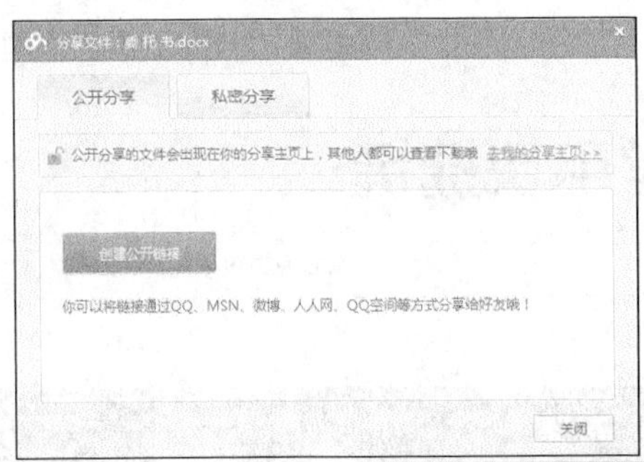

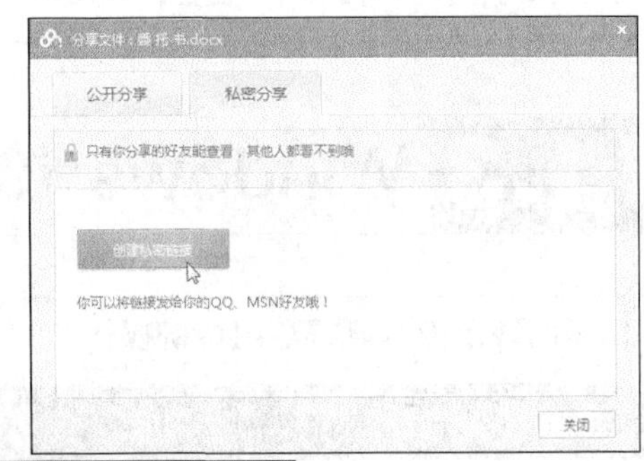

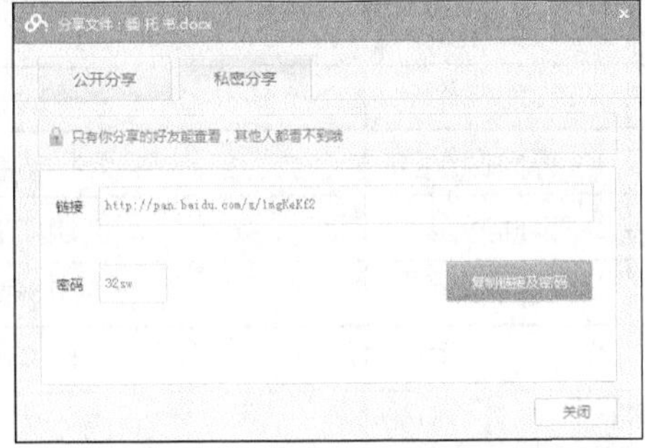

7 取消分享的文件

在【我的云盘】界面，单击【分类查看】按钮，并单击左侧弹出的分类菜单【我的分享】选项，弹出【我的分享】对话框，列出了当前分享的文件，带有标识，则表示为私密分享文件，否则为公开分享文件。勾选分享的文件，然后单击【取消分享】按钮，即可取消分享的文件。

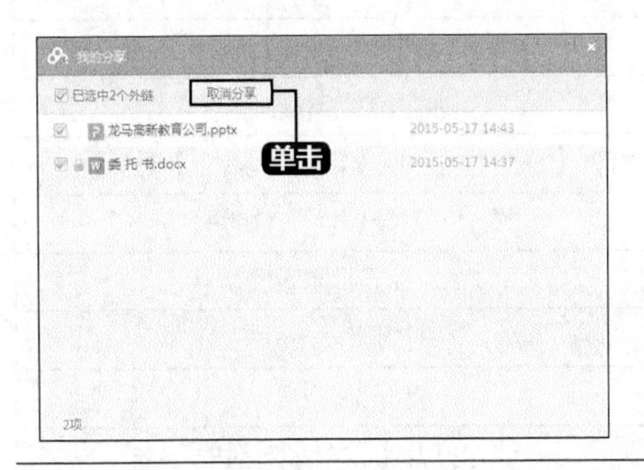

8 将文件下载到电脑

用户可以将网盘中的文件下载到电脑、手机或平板电脑上，以电脑端为例。选择要下载的文件，单击【下载】按钮可将该文件下载到电脑中。

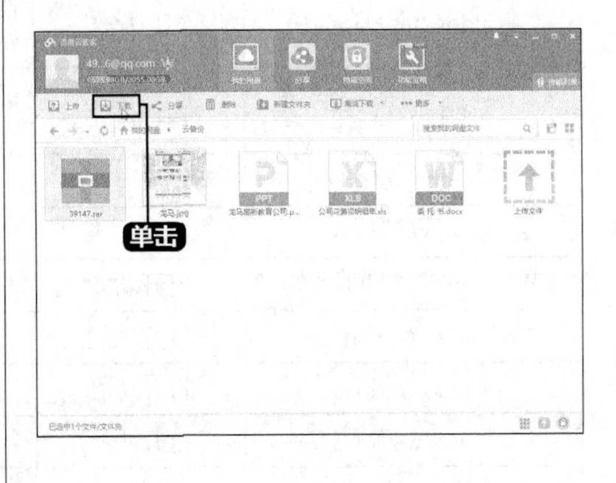

提示

单击【删除】按钮，可将其从云盘中删除。另外单击【设置】按钮，可在【设置】➤【传输】对话框中，设置文件下载的位置、任务数和传输速度等。

11.3 Windows 10常用快捷键

本节视频教学时间 / 2分钟

1. 常用的Windows快捷/组合键操作

快捷键/组合键	功能	功能描述
Windows键	桌面操作	桌面与【开始】菜单切换按键
Windows键+,	桌面操作	临时查看桌面
Windows键+B	桌面操作	光标移至通知区域
Windows键+Ctrl+D	桌面操作	创建新的虚拟桌面
Windows键+Ctrl+F4	桌面操作	关闭当前虚拟桌面
Windows键+Ctrl+左/右	桌面操作	切换虚拟桌面
Windows键+D	桌面操作	显示桌面，第二次键击恢复桌面（不恢复开始屏幕应用）
Windows键+L	桌面操作	锁定Windows桌面
Windows键+T	桌面操作	切换任务栏上的程序
Windows键+P	窗口操作	多显示器的切换
Windows键+M	窗口操作	最小化所有窗口
Windows键+Home	窗口操作	最小化所有窗口，第二次键击恢复窗口（不恢复开始屏幕应用）
Windows键+←	窗口操作	最大化窗口到左侧的屏幕上（与“开始”屏幕应用无关）
Windows键+→	窗口操作	最大化窗口到右侧的屏幕上
Windows键+A	打开功能	打开操作中心
Windows键+Alt+回车	打开功能	打开【任务栏和“开始”菜单属性】对话框
Windows键+Break	打开功能	显示“系统属性”对话框
Windows键+C	打开功能	唤醒Cortana至迷你版聆听状态
Windows键+E	打开功能	打开此电脑
Windows键+H	打开功能	打开共享栏
Windows键+I	打开功能	快速打开【设置】对话框

续表

快捷键/组合键	功能	功能描述
Windows键+K	打开功能	打开连接栏
Windows键+Q	打开功能	快速打开搜索框
Windows键+R	打开功能	打开【运行】对话框
Windows键+S	打开功能	打开Cortana主页
Windows键+Tab	打开功能	打开任务视图
Windows键+U	打开功能	打开【轻松使用设置中心】对话框
Windows键+X	打开功能	打开开始快捷菜单
Windows键+Enter	打开功能	打开“讲述人”
Windows键+空格键	输入法切换	切换输入语言和键盘布局
Windows键+减号	放大镜操作	缩小（放大镜）
Windows键+加号	放大镜操作	放大（放大镜）
Windows键+Esc	放大镜操作	关闭（放大镜）

2. 功能键区的操作

快捷键	功能
Esc键	撤销某项操作、退出当前环境或返回原菜单
F1键	搜索“在Windows 10中获取帮助”
F2键	重命名选定项目
F3键	搜索文件或文件夹
F4键	在Win资源管理器中显示地址栏列表
F5键	刷新活动窗口
F6键	在窗口中或桌面上循环切换屏幕元素

3. 常用的Alt、Ctrl和Shift组合键

快捷键/组合键	功能描述
Alt+D	选择地址栏
Alt+Enter	显示所选项的属性
Alt+Esc	以项目打开的顺序循环切换项目
Alt+F4	关闭活动项目或者退出活动程序
Alt+P	显示/关闭预览窗格

续表

快捷键/组合键	功能描述
Alt+Tab	切换桌面窗口
Alt+空格键	为活动窗口打开快捷方式菜单
Ctrl+A	选择文档或窗口中的所有项目
Ctrl+Alt+Tab	使用箭头键在打开的项目之间切换
Ctrl+D	删除所选项目并将其移动到“回收站”
Ctrl+E	选择搜索框
Ctrl+Esc	桌面与【开始】菜单切换按键
Ctrl+F	选择搜索框
Ctrl+F4	关闭活动文档
Ctrl+N	打开新窗口
Ctrl+Shift	在启用多个键盘布局时切换键盘布局
Ctrl+Shift	加某个箭头键选择一块文本
Ctrl+Shift+E	显示所选文件夹上面的所有文件夹
Ctrl+Shift+Esc	打开任务管理器
Ctrl+Shift+N	新建文件夹
Ctrl+Shift+Tab	在选项卡上向后移动
Ctrl+Tab	在选项卡上向前移动
Ctrl+W	关闭当前窗口
Ctrl+C	复制选择的项目
Ctrl+X	剪切选择的项目
Ctrl+V	粘贴选择的项目
Ctrl+Z	撤销操作
Ctrl+Y	重新执行某项操作
Ctrl+鼠标滚轮	更改桌面上的图标大小
Ctrl+向上键	将光标移动到上一个段落的起始处
Ctrl+向下键	将光标移动到下一个段落的起始处
Ctrl+向右键	将光标移动到下一个字词的起始处
Ctrl+向左键	将光标移动到上一个字词的起始处
Shift+Tab	在选项上向后移动

续表

快捷键/组合键	功能描述
Shift+Delete	将所选项目直接将其删除
Shift+F10	选中项目的右菜单

4. Microsoft Edge的快捷键

快捷键/组合键	功能描述
Alt+方向右	前进到下一页面
Ctrl+0	重置页面缩放级别，恢复100%
Ctrl+1，2，3，…，8	切换到指定序号的标签
Ctrl+9	切换到最后一个标签
Ctrl+D	将当前页面添加到收藏夹或阅读列表
Ctrl+E	在地址栏中执行搜索查询
Ctrl+F	在页面上查找
Ctrl+G	打开阅读列表面板
Ctrl+H	打开历史记录面板
Ctrl+J	打开下载列表页面
Ctrl+K	重复打开当前标签页
Ctrl+L/F4或Alt+D	选中地址栏内容
Ctrl+N	新建窗口
Ctrl+P	打印当前页面
Ctrl+R或F5	刷新当前页
Ctrl+Shift+P	新建InPrivate（隐私）浏览窗口
Ctrl+Shift+R	进入阅读模式
Ctrl+Shift+Tab	切换到上一个标签
Ctrl+Shift+鼠标左键单击	在新标签页中打开链接，并导航至新标签页
Ctrl+T	新建标签页
Ctrl+Tab	切换到下一个标签
Ctrl+W	关闭当前标签页

续表

快捷键/组合键	功能描述
Ctrl+加号(+)	页面缩放比例增加25%
Ctrl+减号(−)	页面缩放比例减小25%
Ctrl+鼠标左键单击	在新标签中打开链接
Esc	停止加载页面